准噶尔盆地周缘典型油气苗特征信息图集

蒋宜勤 周 妮 曹 剑 李二庭 等 著

科 学 出 版 社

北 京

内 容 简 介

油气苗是石油、天然气及其衍生物在地表的露头，因其记录了含油气系统的形成与演化过程，又是石油产区的重要线索，而具有显著的基础理论与实践应用研究价值。准噶尔盆地的油气苗以分布广、类型多著称，可作为我国，乃至全球油气苗研究的代表性盆地之一。本书较系统介绍了准噶尔盆地油气苗出露的地质背景、野外剖面、岩相学和地球化学特征，在此基础上对油气苗的形成模式与勘探意义进行了探讨，是迄今为止首次对该盆地油气苗剖面较全面的总结。全书共分五章，分别对应准噶尔盆地及其周缘的五个主要油气苗出露区，每一节对应一个典型的油气苗剖面，力图使读者较全面地了解典型油气苗剖面的野外产状、岩石学和地球化学特征，以及石油地质意义。

本书属于石油地质、地球化学与油气勘探研究的基础科学著作，适合从事石油勘探、研究和教学相关领域的人员阅读参考。

图书在版编目（CIP）数据

准噶尔盆地周缘典型油气苗特征信息图集 / 蒋宜勤等著. —北京：科学出版社，2020.5

ISBN 978-7-03-065012-2

Ⅰ.①准… Ⅱ.①蒋… Ⅲ.①准噶尔盆地-油气藏-特征-图集
Ⅳ.①P618.130.2-64

中国版本图书馆CIP数据核字（2020）第075273号

责任编辑：焦 健 / 责任校对：王 瑞
责任印制：肖 兴 / 封面设计：北京图阅盛世

科学出版社 出版
北京东黄城根北街16号
邮政编码：100717
http：//www.sciencep.com

北京九天鸿程印刷有限责任公司 印刷
科学出版社发行 各地新华书店经销
*
2020年5月第 一 版 开本：787×1092 1/16
2020年5月第一次印刷 印张：13 1/2
字数：310 000

定价：198.00元

（如有印装质量问题，我社负责调换）

主要作者名单

蒋宜勤 周　妮 曹　剑 李二庭 向宝力 米巨磊

张景坤 师天明 李　际 王　明 马万云 王　岩

任江玲 高秀伟 王　熠 杨　召 罗正江 郑秀亮

马　聪 迪丽达尔·肉孜 刘向军

前 言

油气苗是石油、天然气及其衍生物在地表的露头，对油气勘探具有重要指示意义，能够反映出复杂的油、气、水相互作用用过程，所以历来是石油地质学与地球化学研究的一个热点。据不完全统计，中国报道的油气苗点有932处（包括海域），其中准噶尔盆地有209处，占比22%，并以分布广、类型多而著称，既有固态的沥青，也有液态的油泉，还有气态的泥火山，因而研究准噶尔盆地的油气苗具有代表意义，可作为我国，乃至全球油气苗研究的一个代表性盆地。

对准噶尔盆地油气苗的研究最早可追溯到20世纪50年代，半个世纪内总共进行了三轮踏勘工作，大多以公司内部调查报告的形式记录了油气苗特征。进入21世纪以后，随着石油地质学、地球化学理论与技术的不断进步，油气苗的现状、成因模式及勘探意义等信息都需要不断更新与深化，以挖掘更深层次、更系统的信息。有鉴于此，我们拟以《准噶尔盆地周缘典型油气苗特征信息图集》系统阐述准噶尔盆地油气苗的产状及成因信息，丰富各油气苗剖面的基础地质、地球化学数据信息，包括（但不限于）油气苗分布和地质背景、地质路线与剖面、宏观与微观岩相学、基础与分子地球化学特征等，在此基础上力图全面系统地对油气苗的成因、成藏模式进行深入探讨。

研究表明，准噶尔盆地西北缘的油气苗以油泉、沥青及油砂为主，分布于超剥带的油砂以红山梁沟、吐孜沟、深底沟、油砂山剖面为代表，其成因模式属于“断裂＋不整合”型；而“断裂＋背斜”型的油气苗分布于断褶带，其中高能型模式以黑油山剖面为代表，低能型模式则以乌尔禾沥青脉剖面为代表。

准噶尔盆地南缘的油气苗类型包括泥火山、油苗、油砂和沥青，都分布于北天山山前冲断带，其成因模式可主要概括成三大类。具体而言，“源储一体”型油气苗以大龙口沥青和南安集海油砂剖面为代表；“近源成藏”型油气苗则以霍尔果斯油砂、液态油苗和托斯台东油砂最为典型；而乌苏、阿尔钦沟和独山子泥火山剖面则为“远源成藏”的代表剖面，除了泥火山以外，还有油砂、沥青等多种类型油气苗共生。

准噶尔盆地东缘的油气苗以沙丘河油砂剖面为代表，分布于沙帐断褶带，属于“远源成藏”模式。外围的几个小盆地，和丰盆地布龙果尔沥青属于“近源成藏”类型；伊犁盆地的群吉萨依和油香沟沥青都分布于盆地山前，以“源储一体”为特色。

目　录

第一章

准噶尔盆地西北缘地区油气苗

第一节　地质背景和油气苗分布

准噶尔盆地西北缘是介于扎伊尔山—哈拉阿拉特山系与玛湖凹陷之间，总体呈北东—北东东向展布的一个狭长地带，面积约为 $1.03\times10^4\text{km}^2$。这一地区构造上位于准噶尔地体与西准噶尔造山带之间，形成于古生代—新生代长期的构造地质演化，主要包括四期构造演化事件：①晚石炭世—早二叠世的前陆洋盆阶段；②中—晚二叠世的周缘前陆盆地；③三叠纪—白垩纪的陆内坳陷阶段；④古近纪—第四纪的前陆盆地活化阶段。一般认为主要发育前三期构造演化。

盆地西北缘地区经历多期构造活动叠合改造，形成了复杂而具有特色的构造体系，可以概括为“南北分段、东西分带、纵横交错、深浅耦合”。平面上，北东—北东东向发育的逆冲断裂系统与北西向起调节作用的横断裂系统构成了“南北分段、纵横交错”的断裂体系（图 1.1），其中逆冲断裂系统包括红山嘴—车排子断裂带（简称“红车断裂”）、克拉玛依—百口泉断裂带（简称“克百断裂”）和乌尔禾—夏子街断裂带（简称“乌夏断裂”），其规模均在 80km 左右，而横断裂系统主要包括红山嘴东断裂带、大侏罗沟断裂带、黄羊泉断裂带和红旗坝断裂带等，其规模平均在 60km 左右。剖面上，深层石炭纪—三叠纪（C—T）断裂系统与浅层侏罗纪—白垩纪（J—K）断裂系统构成了“深浅耦合”断裂体系，其中深层断裂系统主要包括北东向逆冲断裂与北西向横断裂系统，而浅层断裂系统则主要由浅层张（扭）性小断裂构成。横向上，自凹陷到山前可进一步划分为凹陷带、斜坡带、断褶带和超剥带，构成了“东西分带”的构造特征。此外，西北缘地区大型不整合构造发育，主要包括石炭纪—二叠纪（C—P_1j）、二叠纪—三叠纪（P_3w—T_1b）、三叠纪—侏罗纪（T_3b—J_1b）和侏罗纪—白垩纪（J_2t—K_1TG）。

盆地西北缘地区发育中—上石炭统到白垩系，总厚度约 10km。其中，中—上石炭统主要由火山碎屑岩构成；二叠系厚约 8km，主要由碎屑岩构成，其底部含有部分火山碎屑岩；三叠系厚约 100 ～ 800m，包括砾岩、砂岩、粉砂岩、泥岩和页岩；侏罗系—白垩系厚约 1500m，主要由砂岩和泥岩构成，数条沼泽相煤线广泛分布于下—中侏罗统，并且几乎在整个盆地都有出现，是重要的标志层。

这些地层构成了有效的生 - 储 - 盖系统，形成了丰富的油气资源（图 1.2）。首先，对于烃源岩，西北缘地区紧邻玛湖凹陷，主要发育三套潜在的烃源岩，即下二叠统佳木河组（P_1j）、风城组（P_1f）和中二叠统下乌尔禾组（P_2w）。佳木河组沉积中心位于乌夏断裂带，累计沉积厚度约 250m，底部是湖相深灰色泥岩及凝灰质泥岩，其总有机碳（TOC）为 0.08% ～ 2.0%（平均值 0.56%），镜质组反射率 R_o 为 1.38% ～ 1.90%，干酪根以Ⅲ型

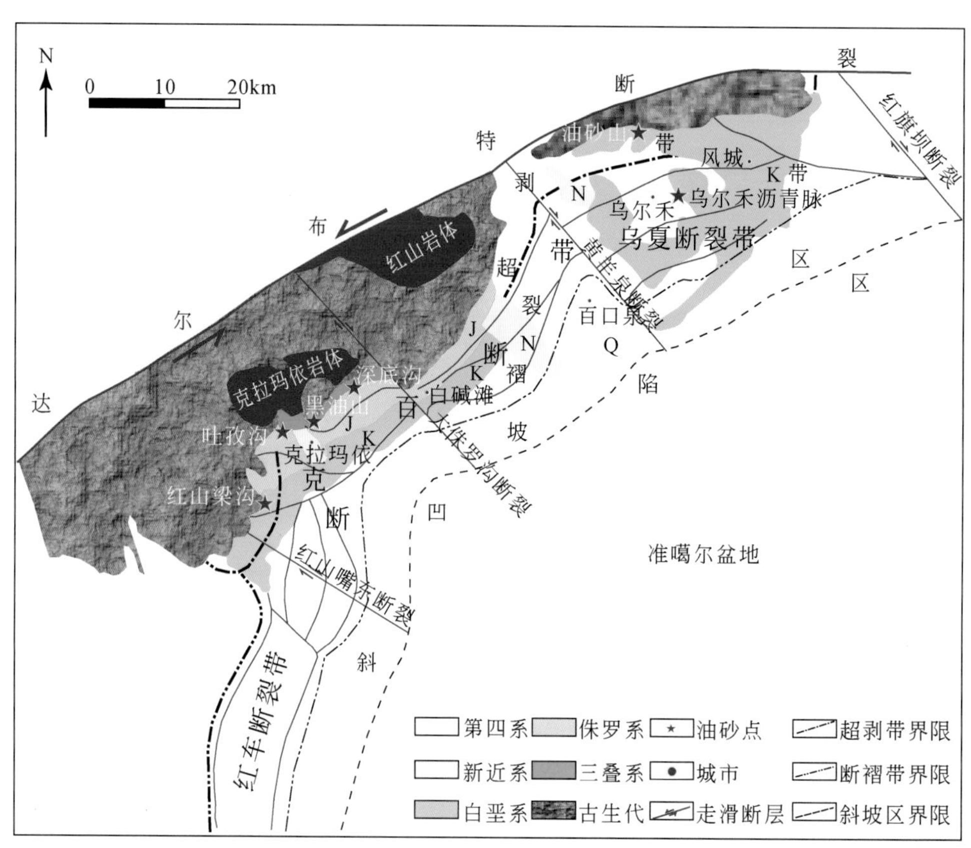

图 1.1　准噶尔盆地西北缘地区构造单元划分及油气苗分布简图（改自张景坤等，2017）

为主，含有部分的Ⅱ$_1$和Ⅱ$_2$型，佳木河组烃源岩现处于过成熟阶段，以生气为主。风城组（P_1f）分布范围比佳木河组更广，沉积中心位于乌尔禾地区，最大沉积厚度约 250m，为强还原沉积环境，由深灰色泥岩、白云质泥岩、凝灰质泥岩和凝灰质白云岩构成，该套烃源岩 TOC 平均为 1.26%，镜质组反射率 R_o 为 0.85% ～ 1.16%，干酪根为Ⅰ～Ⅱ型，风城组烃源岩现处于过成熟阶段，既可生油，也可生气。下乌尔禾组（P_2w）沉积中心位于玛西地区，累计沉积厚度为 250m，由深灰色泥岩和粉砂质泥岩构成，TOC 为 0.7% ～ 1.4%，平均镜质组反射率 R_o 在断裂带为 0.86%，斜坡区为 1.0%，干酪根以Ⅲ型为主，含有部分的Ⅱ$_1$和Ⅱ$_2$型，该套烃源岩现处于成熟—过熟阶段，既可生油也可生气。

对于储集层，西北缘地区主要的油气储集层为二叠系—侏罗系砂砾岩扇体。二叠系扇体主要发育于佳木河组（P_1j）和上乌尔禾组（P_3w），这两个储集层系物性明显优于其他二叠系地层；三叠系扇体主要发育于下三叠统百口泉组（T_1b）和中三叠统克拉玛依组（T_2k）；侏罗系扇体主要发育于下三叠统八道湾组（J_1b）和中三叠统头屯河组（J_2t）。

对于盖层，西北缘地区发育三套区域性盖层和四套局部盖层，“三套区域性盖层”包括上三叠统白碱滩组（T_3b）、下侏罗统三工河组（J_1s）和下白垩统吐谷鲁群（K_1TG）泥岩。白碱滩组泥岩因其厚度大（40 ～ 300m）、分布广（几乎整个西北缘地区）成为区域最重要的盖层，研究发现该套盖层平均孔隙度与渗透率分别低于 2% 和 $1\times10^{-3}\mu m^2$；三工河组累计厚度在 110 ～ 270m，其平均孔隙度和渗透率分别低于 2% 和 $2\times10^{-3}\mu m^2$；西北缘地区绝大多数油气藏都是聚集在白碱滩组和三工河组盖层之下。下白垩统吐谷鲁群泥岩厚度在 140 ～ 180m，与三工河组泥岩具有相似的沉积和物性特征，但其分布范围更广。“四套局部盖层”包括下二叠统佳木河组（P_1j）、中二叠统下乌尔禾组（P_2w）、上二叠统上乌尔禾组（P_3w）和中侏罗统头屯河组（J_2t）泥岩。克乌断裂带风化壳下伏佳木河组相关的典型油气田有五区南油气田，下乌尔禾组、上乌尔禾组和头屯河组泥岩在局部对下伏油气藏起到了重要的盖层保护作用，典型实例有五区南油气田、玛北油田和车排子重质油田。

前人报道的油苗主要产出于三叠系—白垩系（图 1.2），类型主要包括油泉、沥青和油砂等。其中，沥青与油砂具有工业开采规模，典型的油砂矿主要分布于红山嘴、克拉玛依、白碱滩、乌尔禾和风城地区；而沥青矿主要出露于乌尔禾地区。分布上，该地区油苗呈现“两群夹一带”的特征，“两群”是指两个特色油气苗群，即以黑油山油泉为中心的克拉玛依油

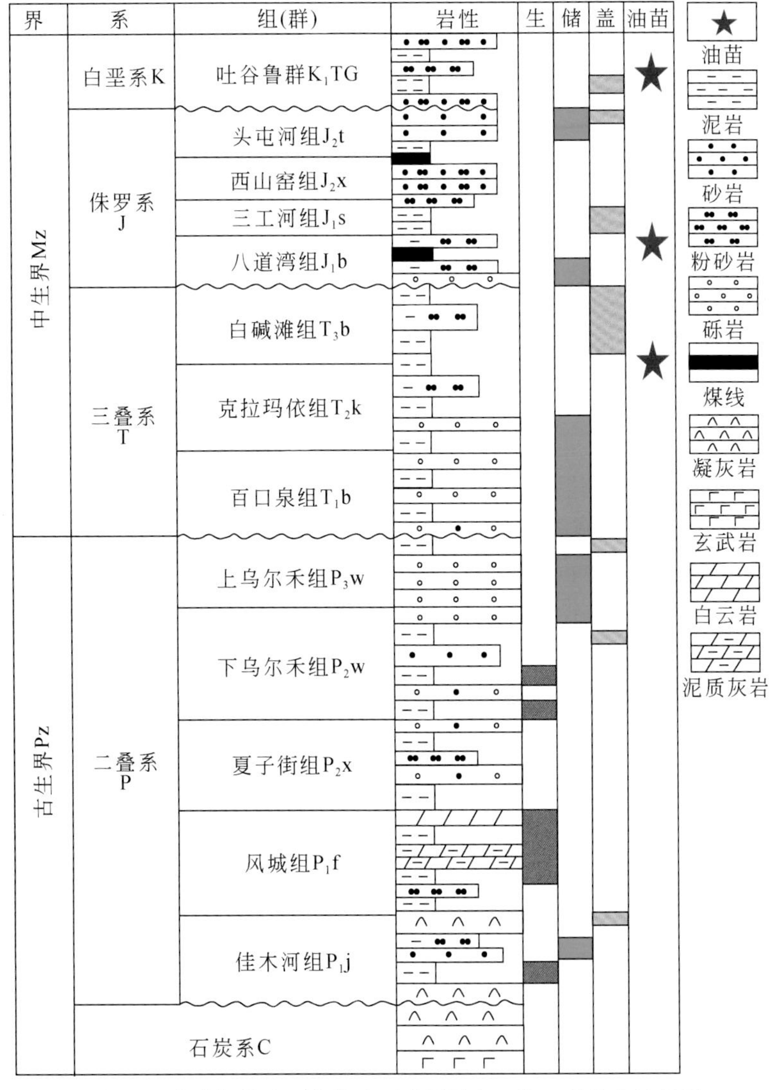

图 1.2　准噶尔盆地西北缘地区地层及生 - 储 - 盖综合柱状图

苗群和以乌尔禾沥青脉矿床为中心的乌尔禾油苗群；“一带”指的是油砂沿山前呈带状分布。油气苗的分布主要位于山前超剥带与断褶带，且在断裂系统的“纵横交错”处尤为丰富。

第二节　典型油气苗剖面

西北缘地区前人报道了28处油气苗点①，在仔细梳理前人研究成果认识的基础上，本次工作遴选了6处具有代表性的油苗剖面进行踏勘与深入研究，自南向北分别为红山梁沟油砂、吐孜沟油砂、黑油山油泉/沥青丘、深底沟油砂、油砂山油砂和乌尔禾沥青脉沥青砂岩（图1.1）。上述油苗剖面，在类型上包括了液体油苗与固体油砂；分布上，自南向北覆盖了西北缘油苗产出区域，涵盖了重要的油苗产出带“断褶－超剥带”；垂向上以中生代地层（T—K）为油苗的主要出露层位，因此保证了研究的完整性与代表性。

针对上述油苗出露剖面，采集59件样品，岩相学与地球化学分析共计302项次，主要测试分析项目包括岩石学薄片、油气苗的氯仿沥青含量、族组分、同位素、链烷烃、生物标志物和扫描电镜等。在此基础上，结合地质条件建立了不同位置油苗的成因模式，探讨其形成的主控因素与勘探意义。

第三节　红山梁沟油砂剖面

一、地质路线与剖面

如图1.3所示，红山梁沟油砂剖面位于克拉玛依市区西南直线距离约30km处，地理坐标为45°23′6″N，84°41′42.8″E。驱车从克拉玛依市新疆油田公司实验检测研究院（简称实验检测研究院，准噶尔路29号）出发沿准噶尔路向西行驶约6km，转入西环路向南行驶约4.5km，转入世纪大道向西南行驶约8km，转入奎阿高速（G3014）向南行驶约18km，转入沙漠便道行驶约4km到达该剖面。

红山梁沟油砂剖面位于山前超剥带（图1.1），出露于白垩系与古生代火成岩不整合面处的吐谷鲁群（K_1TG）下条带色底部（图1.4）。该套地层是向东南呈2°～3°倾斜的单斜层，其中发育有浅层小型断裂与下伏不整合构造组合使得该剖面油砂的分布具有很强的非均质性，靠近小型断裂的位置油气显示强，油砂新鲜面能闻到刺鼻的油味。

二、油砂岩石学特征

红山梁沟油砂剖面吐谷鲁群地层底部为砾岩及砂岩，砾岩呈均角砾状，直径有0.5～1.5cm，成分为绿泥岩与千枚岩，泥砂质胶结，疏松、易碎，粗砂成分很高，向顶部逐渐过渡为砾状砂岩，再到砂岩夹泥岩透镜体，其上为泥砂岩互层。泥岩为红褐色，致

① 据新疆油田公司内部报告，1994，油气苗卡片。

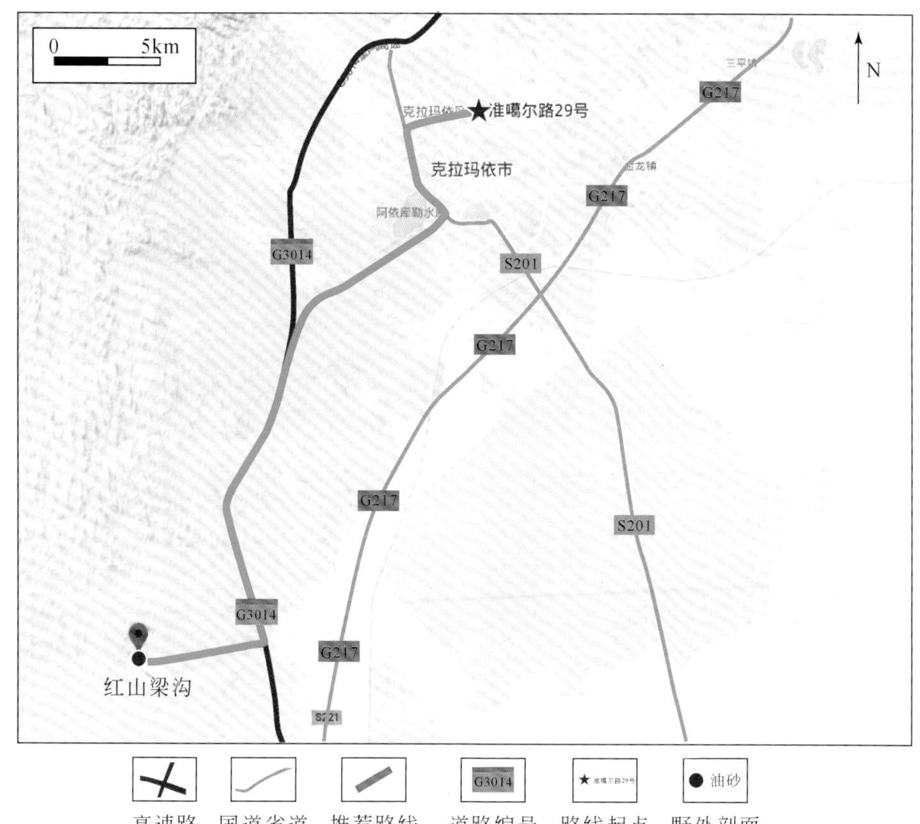

图 1.3　红山梁沟油砂剖面交通位置示意图（底图源自谷歌地图）

图 1.4　准噶尔盆地西北缘典型油气苗野外产状图（红山梁沟油砂剖面）

a. 油苗产出剖面图；b. 油砂 HSL-1；c. 油砂 HSL-2；d. 油砂 HSL-3；e. 油砂 HSL-4；f. 油砂 HSL-5；g. 油砂 HSL-6

密，块状含砂质，局部含钙质砂岩，下部为较致密的细砂岩，主要为泥砂质胶结，均呈透镜状（图 1.4a）。

油气显示与断层关系密切，表现为自底部向上，越接近断层，油气显示越强。底部砾岩野外有微弱油气显示（图 1.4b），胶结松散，以沥青与方解石胶结为主（图 1.5a），微弱荧光显示（图 1.5b）。至顶部，样品手标本新鲜面有刺鼻的油气味，沥青含量增加（图 1.4g），微弱的沥青与方解石胶结（图 1.5c），较强的黄绿色荧光显示（图 1.5d）。顶部沥青砂岩（HSL-6）孔隙度为 31.03% ～ 42.56%，渗透率最低为 $1.57\times10^{-3}\mu m^2$，最高为 $32.40\times10^{-3}\mu m^2$，一般为 4.65×10^{-3} ～ $12.80\times10^{-3}\mu m^2$。

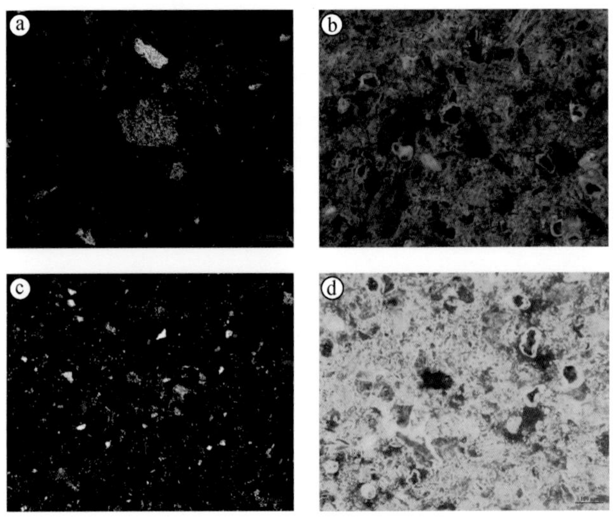

图 1.5 准噶尔盆地西北缘红山梁沟油砂显微岩相学特征

a. 油砂 HSL-1 正交偏光照片；b. 油砂 HSL-1 荧光照片；c. 油砂 HSL-6 正交偏光照片；d. 油砂 HSL-6 荧光照片

三、油砂有机地球化学特征与意义

本书分析了油砂的有机地球化学特征，包括宏观的基础有机地球化学特征和微观的分子有机地球化学特征。

1. 基础有机地球化学特征

红山梁沟典型油砂的族组分组成以靠近断裂的样品 HSL-6 为代表，以沥青质为主，含量为 48.07%，其次为饱和烃，含量为 16.62%，非烃为 8.31%，而芳香烃最低为 2.08%。测得氯仿沥青碳同位素分布在 −29.34‰ ～ −28.09‰，平均为 −28.87‰。自剖面底端向上，油砂氯仿沥青同位素变轻，由 −28.09‰（HSL-1）、−29.19‰（HSL-3）到 −29.34‰（HSL-6）。

2. 分子有机地球化学特征

如图 1.6 所示，在对红山梁沟油砂的分子有机地球化学特征分析中发现，仅检出部分抗降解强度较大的生物标志化合物，表明该剖面由于长时间暴露于地表而遭受过蚀变改造。

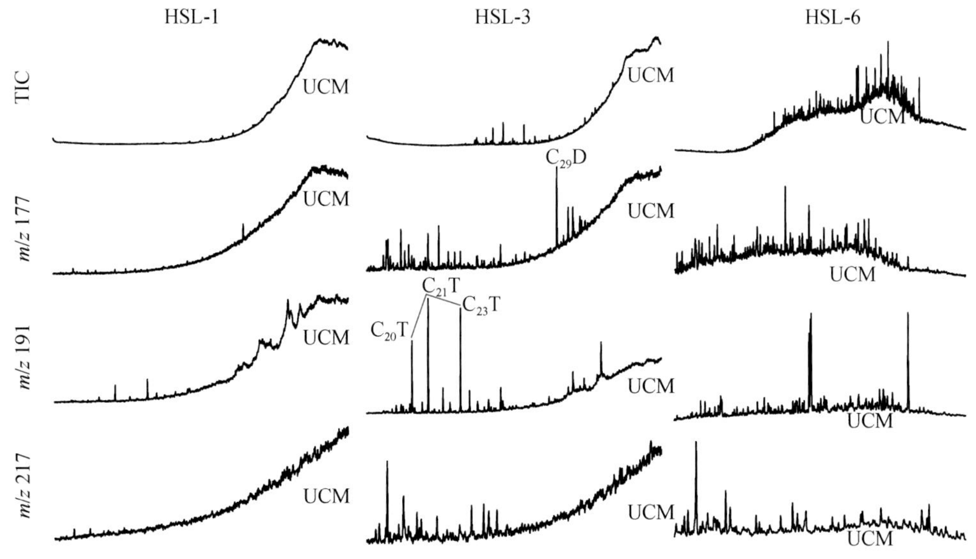

图 1.6　准噶尔盆地西北缘红山梁沟油砂分子有机地球化学谱图

UCM 代表未知化合物（Unresolved Complex Mixtures）；T. 三环萜烷；D. 25- 降藿烷

如图 1.6 所示，在油砂的色质总离子流谱图（TIC）上显示有明显的 UCM 鼓包，表明这些油砂样品均遭受生物降解，结合 *m*/*z* 177、*m*/*z* 191 和 *m*/*z* 217 谱图，谱图中的生物标志化合物基本消失，进一步说明其遭受过比较严重的生物降解。抗降解能力较高的三环萜烷、Ts/Tm 与伽马蜡烷有部分残留，C_{19} 三环萜烷含量低，C_{20}/C_{21} 三环萜烷低于 0.09，底部样品 HSL-1 三环萜烷 C_{20}、C_{21} 和 C_{23} 呈“上升型”分布，$C_{23} > C_{21} > C_{20}$，而中上部样品 HSL-3 和 HSL-6 三环萜烷 C_{20}、C_{21} 和 C_{23} 呈“山峰型”分布，$C_{20} < C_{21} > C_{23}$。C_{24} 四环萜烷 /C_{26} 三环萜烷由底部（HSL-1）到顶部（HSL-6）逐渐增加，可能与两者抗降解强度的差异有关，后者抗降解强度更大。最后，油砂样品 HSL-6 的甾烷异构化指数 C_{29}-20S/（20S+20R）和 C_{29}-ααα/（ααα+αββ）分别为 0.47 与 0.5，处于有机质成熟演化阶段。

3. 地球化学意义

综合上述该剖面油砂的有机地球化学组成特征，最为显著的是次生蚀变（生物降解），这对其原油的油源与成熟度判识都有重要影响；同时，少许具有高抗生物降解能力的生物标志化合物又为潜在的油源与成熟度判识提供了信息。

（1）次生蚀变（生物降解）

综合图 1.6 可知，该剖面油砂遭受了强烈的生物降解，典型判识特征包括：①可溶有机质含量少，即使测出，族组分也以沥青质为主；②正构烷烃、类异戊二烯烃与绝大部分生物标志化合物消失；③指示严重生物降解的 25- 降藿烷系列在底部严重降解样品中消失，暗示其遭受过极其严重的生物降解。其原因，最有可能与长期暴露有关。

该剖面油砂的含油显示具有显著的非均质性，但也有很强的规律性，即自底部向断裂方向，其降解强度减弱、油气显示强度增强，这与常见地质现象有点不符，因为后者位于更浅的地表，理论而言其生物降解或水洗作用应该更强。该现象可能与浅层断裂油气输导或逸散有关，即存在后期的油气充注与补偿，因而在近断裂附近，原油会受多期叠加作用影响，并保留部分抗降解强度较大的生物标志化合物（张景坤等，2017）。

（2）油源

由于该剖面油砂遭受了严重的生物降解或水洗作用改造，常见的生物标志化合物油源判识指标很可能已受影响。因此从抗降解强度相对较大的三环萜烷 C_{20}、C_{21} 和 C_{23} 的分布上看，前期呈“上升型”分布的原油可能来源于下二叠统风城组烃源岩，而后期呈“山峰型”分布的原油可能来源于不同有机相、成熟度的风城组烃源岩，或者中二叠统下乌尔禾组烃源岩。

（3）成熟度

该剖面受严重的生物降解影响，未能获得正构烷烃成熟度指标 OEP 与 CPI，仅降解程度较低的 HSL-6 样品中检出可以表征成熟度的甾烷异构化指数 C_{29}-20S/（20S+20R）和 C_{29}-ααα/（ααα+αββ）分别为 0.47 与 0.5，反映有机质处于成熟演化阶段。

四、油砂成因模式

综合上述油砂的地质、岩相学与有机地球化学特征，结合宏观的构造地质学背景，建立了红山梁沟油砂的成因模式，如图 1.7 所示。

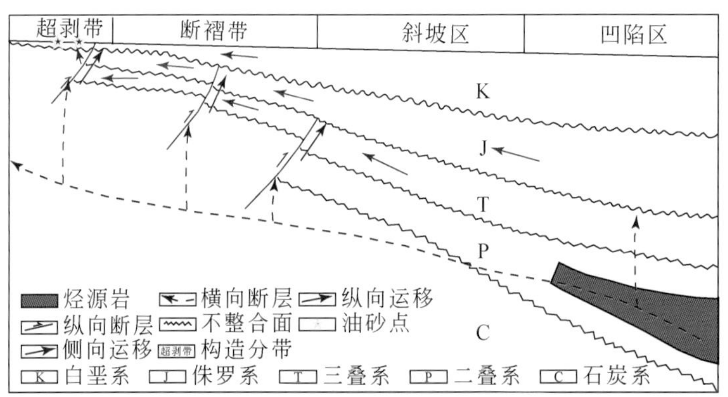

图 1.7　准噶尔盆地西北缘红山梁沟油砂成因模式图

该剖面油砂的形成具有典型“断裂 + 不整合控”特征，构造是该油苗形成的主要因素。首先，从剖面上看，油砂主要聚集于下白垩统吐谷鲁群下条带色层系与石炭系不整合面附近，也靠近浅层小断裂（图 1.4a）。其次，从平面上看，油砂出露于超剥带，紧邻克百（克拉玛依—百口泉）大型逆冲断裂带与红山嘴东横断裂，具有“纵横交错”断裂控制成藏特征（图 1.1）。第三，从油源来看，为二叠系油源，有机质处于成熟演化阶段。最后，油砂的形成，尤其是强烈的生物降解和（或）水洗作用改造主要是因为浅层缺乏有效的盖层。

由于超剥带是该地区油苗主要富集的区带，该模式可能是同类型油苗的共同成因模式，具有普遍代表意义。

第四节　吐孜沟油砂剖面

一、地质路线与剖面

如图 1.8 所示，吐孜沟油砂剖面位于克拉玛依市区西北直线距离约 10km 处，地理坐标为 45°38′43.8″N，84°47′5.1″E。驱车从克拉玛依市实验检测研究院（准噶尔路 29 号）出发沿准噶尔路向西行驶约 4km，向右进入西环路（201 省道）行驶约 3km，向左转进入油建北路（西霞路）行驶 3.7km，向左转前往莲花路行驶约 0.6km，右转行驶 1.6km，左转进入西湖路行驶 0.35km 到达该剖面。

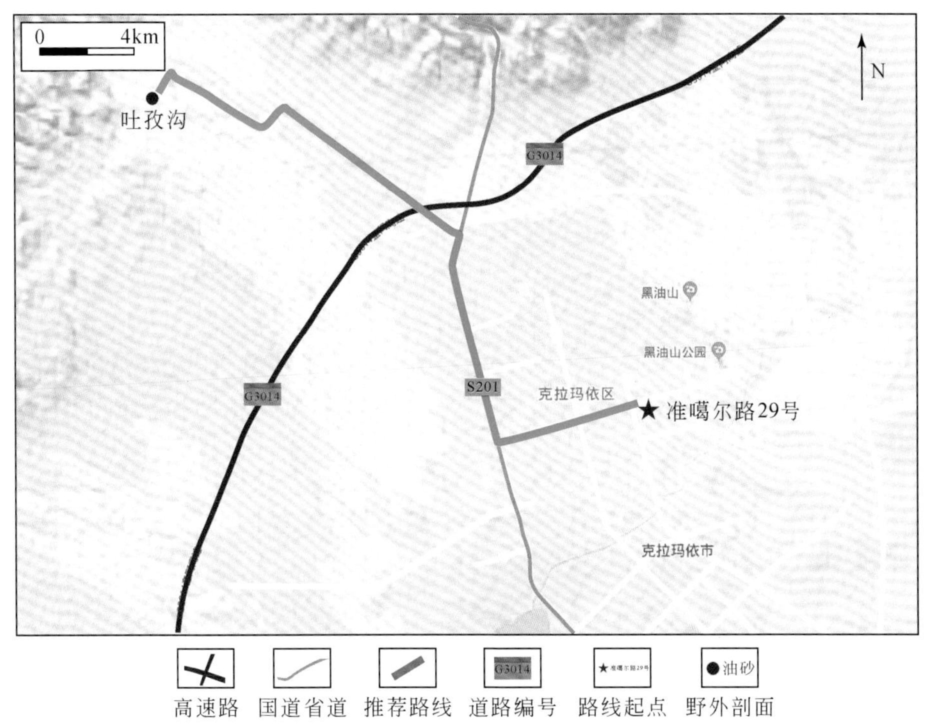

图 1.8　吐孜沟油砂剖面交通位置示意图（底图源自谷歌地图）

吐孜沟油砂剖面位于山前超剥带（图 1.1），出露于下侏罗统八道湾组（J_1b）与中三叠统克拉玛依组（T_2k）之间的不整合面附近（图 1.9）。该剖面两套地层均以砾岩为主，夹少量的砂岩及粉砂岩透镜体。剖面右侧发育浅层小型断裂，油砂在该剖面主要出露于不整合面构造下伏与断裂下盘的克拉玛依组之中，而八道湾组仅有少许出露。

二、油砂岩石学特征

吐孜沟油砂剖面克拉玛依组为浅灰色中、厚层砂岩、含砾砂岩夹黑色碳质泥岩、薄煤

图 1.9　准噶尔盆地西北缘吐孜沟油砂野外剖面与产状图

a. 油苗产出剖面图；b. 油砂 TZG-1；c. 油砂 TZG-2；d. 油砂 TZG-3；e. 油砂 TZG-4；f. 油砂 TZG-5；g. 油砂 TZG-6；h. 油砂 TZG-7；i. 油砂 TZG-8；j. 油砂 TZG-9；k. 油砂 TZG-10；l. 油砂 TZG-11；m. 油砂 TZG-12；n. 油砂 TZG-13；o. 油砂 TZG-14

层，发育油砂，八道湾组为灰白、浅灰色砾岩、砂岩，沿不整合面发育少许油砂（图 1.9a）。

该油砂剖面在不整合面结构上下油气显示差异显著，不整合构造下伏地层油气显示强，而上覆地层显示弱。下伏油砂样品（TZG-11）油味甚浓，具有刺鼻的气味（图 1.9l），砾岩胶结松散，以沥青与方解石胶结为主（图 1.10a），具有强烈的亮黄色荧光（图 1.10b），该段油砂的平均孔隙度为 28.6%，平均渗透率为 $65.3\times10^{-3}\mu m^2$。上覆油砂样品（TZG-13）在手标本上也具有一定的油气味（图 1.9n），以方解石胶结为主，胶结松散（图 1.10c），以矿物荧光为主，颗粒之间荧光显示弱（图 1.10d），该段油砂的平均孔隙度为 31%，平均渗透率为 $26.02\times10^{-3}\mu m^2$。

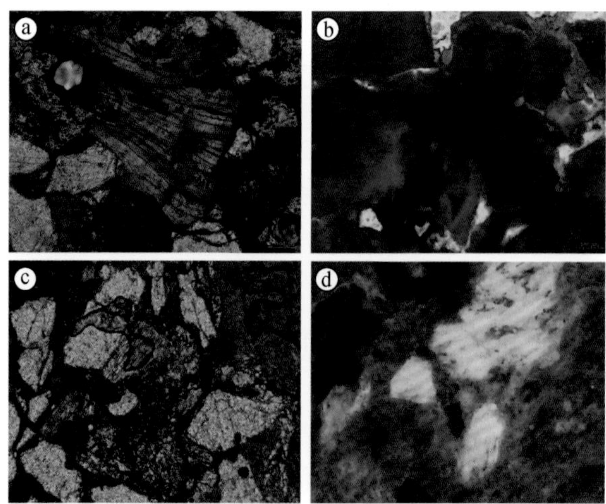

图 1.10　准噶尔盆地西北缘吐孜沟油砂显微岩相学特征

a. 油砂 TZG-11 正交偏光照片；b. 油砂 TZG-11 荧光照片；c. 油砂 TZG-13 正交偏光照片；d. 油砂 TZG-13 荧光照片

三、油砂有机地球化学特征与意义

分析了油砂的有机地球化学特征，包括宏观的基础有机地球化学特征和微观的分子有机地球化学特征。

1. 基础有机地球化学特征

吐孜沟油砂氯仿沥青族组分组成特征如表 1.1 所示，总体变化较大，其中饱和烃 8% ～ 60.63%，平均为 30.21%；芳香烃 2% ～ 18.03%，平均为 11.23%；非烃 9.52% ～ 39.78%，平均为 23.6%；沥青质 1.48% ～ 7.18%，平均为 3.94%。位于克拉玛依组底部的样品 TZG-1、TZG-4 和位于八道湾组的样品 TZG-13 以非烃 + 沥青质为主，而其余样品均以饱和烃 + 芳香烃为主，且自下而上，饱和烃含量逐渐增大，到不整合构造附近达到最大为 60.63%，饱和烃 + 芳香烃为 76.82%，反映了不整合对油气聚集的影响。

表 1.1　吐孜沟油砂基础有机地球化学数据表

项目		TZG-1	TZG-4	TZG-5	TZG-7	TZG-9	TZG-10	TZG-11	TZG-13
样品类型		油砂	油砂	油砂	油砂	油砂	油砂	油砂	油砂
层位		T_2k	T_2k	T_2k	T_2k	T_2k	T_2k	T_2k	J_1b
族组分 /%	饱和烃	8	10.37	17.8	24.07	45.99	54.96	60.63	19.89
	芳香烃	2	11.11	18.03	14.52	12.66	10.34	16.19	4.97
	非烃	31.33	33.33	26.93	17.52	19.62	10.78	9.52	39.78
	沥青质	3.33	1.48	6.09	3.04	1.69	3.02	5.71	7.18
	饱和烃 + 芳香烃	10	21.48	35.83	38.32	58.65	65.3	76.82	24.86
	非烃 + 沥青质	34.66	34.81	33.02	20.56	21.31	13.8	15.23	46.96
碳同位素 /（‰，PDB 标准）	氯仿沥青	−29.47	−29.51	−29.74	−29.68	−29.92	−30.44	−29.30	−29.52
	饱和烃	−28.74	−29.15	−28.75	−28.75	−29.05	−28.86	−27.95	−29.42
	芳香烃	−28.11	−28.84	−28.28	−29.06	−29.49	−29.17	−28.00	−29.46
	非烃	−28.96	−28.94	−28.77	−29.03	−28.93	−28.72	−28.23	−26.90
	沥青质	−28.86	−29.00	−28.88	−27.67	−28.42	−28.35	−27.92	−28.47

如表 1.1 所示，吐孜沟剖面油砂样品的氯仿沥青同位素组成区间为 −30.44‰ ～ −29.30‰，变化较小，整体偏轻。相比而言，其族组分碳同位素变化较大，饱和烃碳同位素 −29.42‰ ～ −27.95‰，平均为 −28.83‰；芳香烃碳同位素 −29.49‰ ～ −28.00‰，平均为 −28.80‰；非烃碳同位素 −29.03‰ ～ −26.90‰，平均为 −28.56‰；沥青质碳同位素 −29.00‰ ～ −27.67‰，平均为 −28.45‰。族组分同位素组成上不同样品间并无明显的趋势，表明该剖面油砂可能经历过一定程度的差异改造。

2. 分子有机地球化学特征

如图 1.11 和表 1.2，在对吐孜沟油砂的分子有机地球化学特征分析中发现，检出了相对丰富的烷烃、类异戊二烯烃、萜烷和甾烷类化合物。

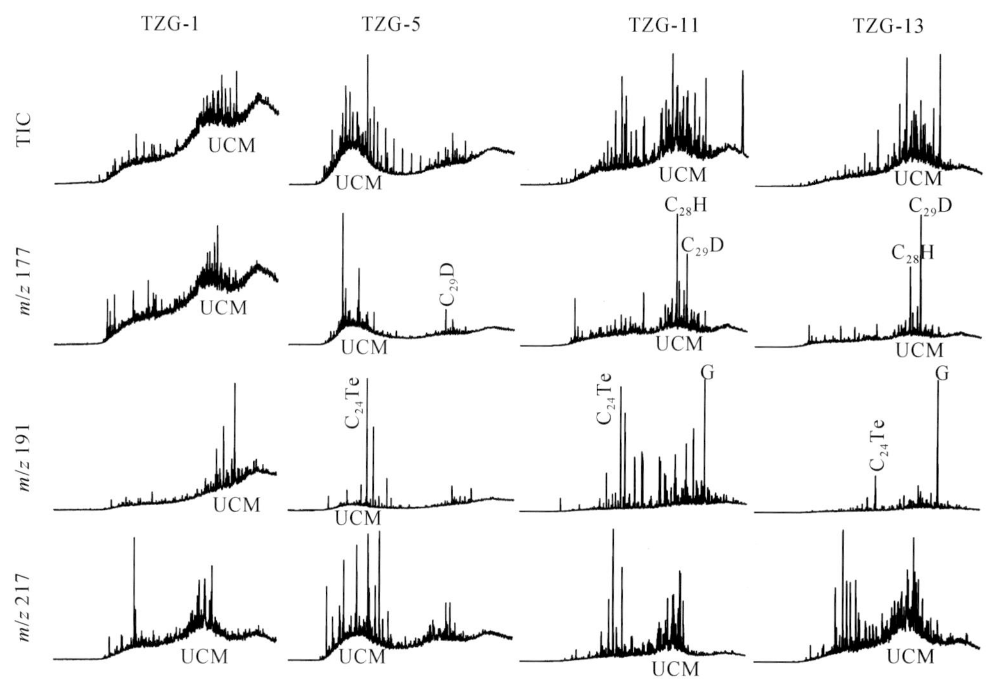

图 1.11　准噶尔盆地西北缘吐孜沟油砂分子有机地球化学谱图

UCM 代表未知化合物（Unresolved Complex Mixtures）；Te. 四环萜烷；D. 25- 降藿烷；G. 伽马蜡烷；H. 藿烷

表 1.2　吐孜沟油砂分子有机地球化学参数

类型	参数	TZG-1	TZG-4	TZG-5	TZG-7	TZG-9	TZG-10	TZG-11	TZG-13
正构烷烃	主峰碳	nC_{22}	nC_{18}	nC_{20}	nC_{22}	nC_{17}	nC_{22}	nC_{23}	nC_{16}
	碳数范围	nC_{13}—nC_{37}	nC_{13}—nC_{24}	nC_{13}—nC_{22}	nC_{13}—nC_{36}	nC_{13}—nC_{33}	nC_{13}—nC_{36}	nC_{13}—nC_{36}	nC_{13}—nC_{36}
	OEP	0.63	0.84	0.31	0.76	1.00	0.68	2.62	0.88
	CPI	0.80	/	/	0.81	1.68	0.70	2.98	0.58
	$\Sigma C_{21-}/\Sigma C_{22+}$	0.79	1.63	3.55	0.53	1.54	0.77	0.89	1.17
	$C_{21}+C_{22}/C_{28}+C_{29}$	3.75	/	/	1.47	6.72	5.07	3.49	1.61
类异戊二烯烃	Pr/Ph	0.42	0.29	0.53	0.47	1.09	0.51	0.64	1.02
	Pr/nC_{17}	0.88	0.86	1.24	0.86	1.64	1.20	2.07	0.59
	Ph/nC_{18}	1.37	1.69	1.72	1.68	1.72	1.48	1.27	0.90
萜烷	C_{19}/C_{21} 三环萜烷	1.57	1.66	1.63	0.83	0.28	0.11	0.41	1.09
	C_{20}/C_{21} 三环萜烷	0.40	0.36	0.40	0.27	0.40	0.29	0.96	0.80
	C_{21}/C_{23} 三环萜烷	0.45	0.53	0.29	0.65	0.45	0.21	0.76	0.74
	C_{24} 四环萜烷 / C_{26} 三环萜烷	1.07	3.60	0.56	0.71	0.41	1.04	0.97	0.09

续表

类型	参数	TZG-1	TZG-4	TZG-5	TZG-7	TZG-9	TZG-10	TZG-11	TZG-13
藿烷	Ts/Tm	0.38	1.32	0.50	3.12	1.27	0.43	0.37	2.85
	伽马蜡烷 / C_{30} 藿烷	1.95	6.93	6.04	20.39	2.19	1.61	0.43	22.06
甾烷	C_{27}/C_{29} 规则甾烷	2.54	4.93	5.03	0.88	0.63	0.22	0.26	2.24
	C_{28}/C_{29} 规则甾烷	0.81	0.41	0.19	0.38	0.24	0.76	0.53	0.38
	C_{29}-20S/（20S+20R）	0.85	0.92	0.69	0.53	0.34	0.56	0.59	0.69
	C_{29}-ααα/（ααα+αββ）	0.84	0.68	0.72	0.48	0.26	0.56	0.64	0.61

注：“/”代表无数据。

首先，如图 1.11 所示，在油砂的色质总离子谱图上显示有明显的 UCM 鼓包，表明该油砂样品均遭受生物降解，由于 TIC 谱图具有翘尾特征，*m/z* 177 上检出 25- 降藿烷，同时 *m/z* 191 和 *m/z* 217 谱图中的部分生物标志化合物消失，表明其遭受过严重的生物降解。然而，部分容易遭受降解的正构烷烃与类异戊二烯烃同样被检出，表明可能存在晚期油气充注叠加改造，使得部分被降解的化合物得以补偿，这与宏观地球化学组成中相对高含量的饱和烃组分相对应。

其次，结合表 1.2 可知，受后期油气充注叠加的影响，该剖面油砂样品具有相对完整的有机地球化学参数。C_{19} 三环萜烷含量变化较大，其中降解程度较高的样品如 TZG-1、TZG-4、TZG-5 和 TZG-13 的 C_{19}/C_{21} 三环萜烷大于 1.0，其余样品均低于 0.83。油砂样品的三环萜烷 C_{20}、C_{21} 和 C_{23} 均呈“上升型”分布，$C_{23} > C_{21} > C_{20}$。C_{24} 四环萜烷 /C_{26} 三环萜烷、Ts/Tm、伽马蜡烷 /C_{30} 藿烷均有较大的变化，可能暗示多期复杂的油气混合叠加改造作用。

最后，油砂样品的甾烷参数均具有较大的异常变化，如样品 TZG-1、TZG-4、TZG-5 和 TZG-13 具有高的 C_{27}/C_{29} 规则甾烷，与 C_{19}/C_{21} 三环萜烷一致，表明其可能是受降解影响。同时，甾烷异构化指数 C_{29}-20S/（20S+20R）和 C_{29}-ααα/（ααα+αββ）分别为 0.34 ～ 0.92 与 0.26 ～ 0.84，异常值可能是受复杂的油气充注与降解叠加所致。

3. 地球化学意义

综合上述对该剖面油砂有机地球化学特征的分析，最为显著的是次生蚀变（生物降解）与后期低降解程度原油充注的叠加改造作用，其对油砂油源、成熟度判识具有重要影响，也间接影响了油砂成因模式的分析。

（1）次生蚀变（生物降解）

综合表 1.1、表 1.2 和图 1.11 可知，该剖面油砂由于长期暴露遭受了强烈的生物降解，其典型的判识特征包括：①样品 TZG-1、TZG-4 和 TZG-13 的氯仿沥青族组成以非烃 + 沥青质为主；②油砂样品的 TIC 谱图上 UCM 鼓包显著；③ *m/z* 177 色质谱图中检出丰富的可指示严重生物降解的 25- 降藿烷；④ *m/z* 191 和 *m/z* 217 色质谱图中大部分化合物遭受过改造。同时后期原油充注叠加特征显著，主要证据为：①样品 TZG-9、TZG-10 和 TZG-11 的氯仿沥青族组成具有高含量的饱和烃 + 芳香烃（高于 50%）；②检出了一定含量的正构烷烃与类异戊二烯烃。

该剖面油砂的含油显示具有显著的非均质性，但也具有很强的规律性，表现在不整合面与小型断裂对其具有重要的控制作用。具体而言，距离不整合面越近、油气显示越强；而浅层小型逆断裂主要起遮挡作用，其下盘为油气聚集的有利区，上盘油气显示弱一些。

（2）油源

由于该剖面油砂遭受了严重的生物降解或水洗作用改造，常见的生物标志化合物油源判识指标可能已经受此影响，因此只能从抗降解强度相对较大的三环萜烷 C_{20}、C_{21} 和 C_{23} 的分布上来进行分析，结果表明，主要呈“上升型”分布，Pr/Ph 小于 1.2，偏还原，且具有相对较高的伽马蜡烷，对比研究区烃源岩和油源背景，其原油可能来源于下二叠统风城组烃源岩。

（3）成熟度

如前所述，该剖面油砂遭受了比较严重的生物降解影响，因此成熟度指标可能是多期充注和降解作用叠加改造后的综合结果。剖面油砂的 OEP 与 CPI 分布区间分别为 0.31 ～ 2.62 和 0.58 ～ 2.98，变化很大，表明受生物降解作用影响严重。$\sum C_{21-}/\sum C_{22+}$ 与 $C_{21}+C_{22}/C_{28}+C_{29}$ 这两个比值与上述两个成熟度指标的特点一致，也呈现出异常值，但相比而言，后者规律比较一致，显示以低碳数烷烃为主，进一步表明存在后期油气充注。甾烷异构化指数 C_{29}-20S/（20S+20R）和 C_{29}-ααα/（ααα+αββ）异常显著，因此该油砂有机质成熟度难以准确判断，依地质背景，可能也以成熟演化为主。

四、油砂成因模式

综合上述油砂的地质、岩相学与有机地球化学特征，结合宏观的构造地质学背景，建立吐孜沟油砂的成因模式，如图 1.12 所示。

该剖面与红山梁沟油矿剖面相似，均具有典型的“断裂 + 不整合控”特征，构造是该油苗形成的主要因素。首先，从剖面上看，油砂主要聚焦于下侏罗统八道湾组与中三叠统克拉玛依组之间的不整合构造的下伏层位，小型逆断裂的下盘（图 1.9a）。其次，从平面上看，油砂出露于超剥带，紧邻克百（克拉玛依—百口泉）大型逆冲断裂带，具有“断控”成藏特征（图 1.1）。再次，受构造活动影响，小型断裂与裂缝的发育为油气的输导运移与遮挡成藏提供了有利条件。最后，从油源与保存条件上看，油砂来源于下二叠统风城组烃源岩，其成熟度已经达到成熟演化阶段，油砂的形成，尤其是强烈的生物降解和（或）水洗作用改造主要是因为浅层缺乏有效的盖层。

由于超剥带是该地区油苗富集的主要区带，因此该模式可能是同类型油苗的共同成因模式，具有代表意义。

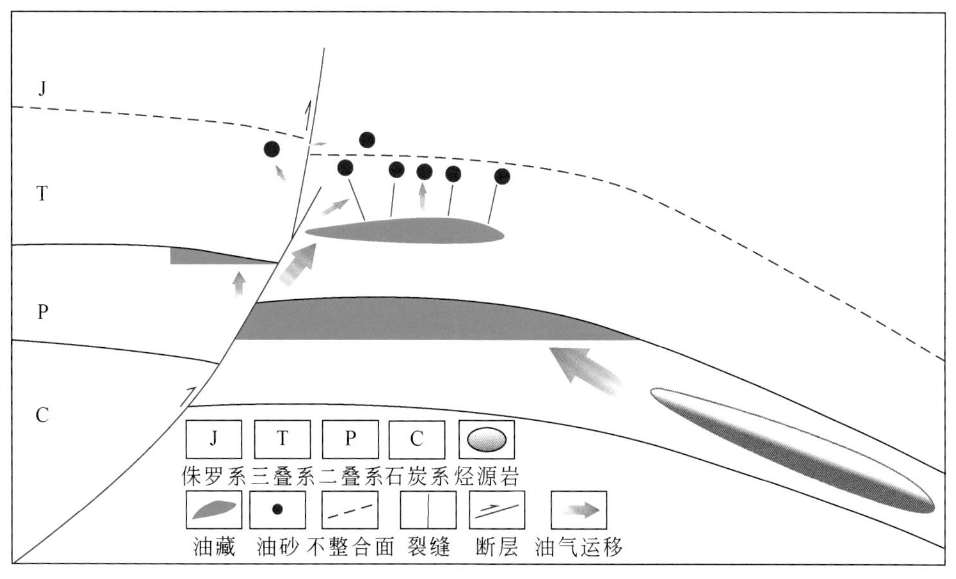

图 1.12　准噶尔盆地西北缘吐孜沟油砂成因模式图

第五节　黑油山油泉剖面

一、地质路线与剖面

如图 1.13 所示，黑油山油泉剖面位于克拉玛依市区东北直线距离约 1.3km 处，地理

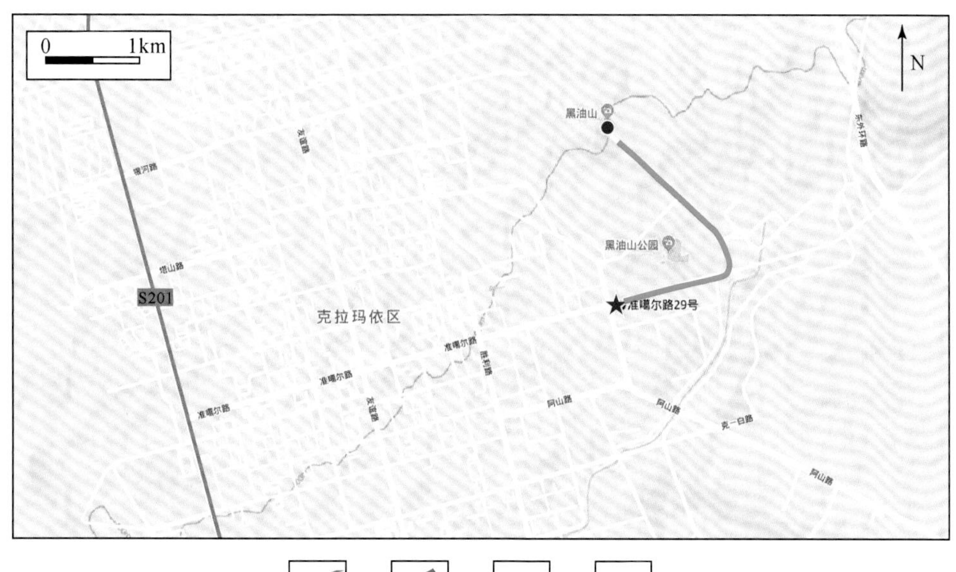

图 1.13　黑油山油泉剖面交通位置示意图（底图源自谷歌地图）

坐标为45°36′52.6″N，84°53′26.8″E。驱车从克拉玛依市实验检测研究院（准噶尔路29号）出发沿准噶尔路向东行驶约0.85km，向左转入油泉路继续行驶约1.4km即可到达该剖面，剖面已建成地质公园。

黑油山油泉剖面位于山前克百断裂带（图1.1）、克拉玛依东段轴部位置，该背斜轴沿北西西向展布，长约1.65km，宽约0.5km，北东翼倾角9°～24°，南西翼倾角32°，轴部出露地层为中三叠统克拉玛依组砾岩（图1.14）。该剖面现在比较活跃的油泉有四个，分别为2#、3#、9#和11#，其周缘受油泉外溢与浸染，形成大规模的沥青丘与沥青砂岩。

图1.14 准噶尔盆地西北缘黑油山油泉及周缘油砂野外剖面与产状图

a. 油苗产出剖面图；b. 油泉2#；c. 油泉3#；d. 油泉9#；e. 油泉11#；f. 油砂HYS-1；g.HYS-2；h. 油砂HYS-3；i. 油砂HYS-4；j. 油砂HYS-5；k. 油砂HYS-6；l. 油砂HYS-7；m. 油砂HYS-8

二、油砂岩石学特征

黑油山油泉剖面油苗出露地层克拉玛依组为灰色砾岩，油气显示强烈，以油泉、沥青丘和沥青砂岩的形式产出，地表未见断裂与不整合等控藏构造。油泉2#、3#、9#和11#规模较大，且较为活跃（图1.14b～e）。油泉周缘的沥青砂岩手标本具有浓烈刺鼻的油气味（图1.14f，l），松散胶结，以沥青胶结为主，石英次生加大或方解石胶结次之（图1.15a，c），荧光显示好（图1.15b，d）。

三、油泉和油砂有机地球化学特征与意义

分析了油泉及周缘油砂的有机地球化学特征，包括宏观的基础有机地球化学特征和微观的分子有机地球化学特征。

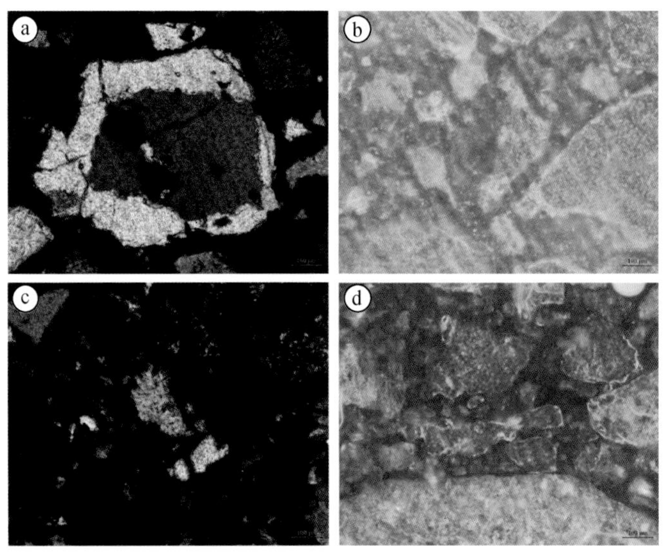

图 1.15　准噶尔盆地西北缘黑油山油泉及周缘油砂显微岩相学特征

b. 油砂 HYS-1 正交偏光照片；c. 油砂 HYS-1 荧光照片；e. 油砂 HYS-7 正交偏光照片；f. 油砂 HYS-7 荧光照片

1. 基础有机地球化学特征

黑油山油泉及其周缘油砂的族组分数据如表 1.3 所示，变化较大，其中饱和烃 18.33% ～ 61.69%，平均为 43.58%；芳香烃 6.4% ～ 29.49%，平均为 15.24%；非烃 10.31% ～ 50.4%，平均为 20.52%；沥青质 1.13% ～ 10.42%，平均为 5.78%。4 个采自油泉的液体油苗样品与 HYS-8 油砂样品的饱和烃含量高于 50%，整体而言，油泉样品具有较高的饱和烃含量。

表 1.3　黑油山油泉及周缘油砂基础有机地球化学数据表

项目		2#	3#	9#	11#	HYS-1	HYS-2	HYS-6	HYS-7	HYS-8	平均值
样品类型		油泉	油泉	油泉	油泉	油砂	油砂	油砂	油砂	油砂	/
层位		T_2k	T_2k	T_2k	T_2k	T_2k	T_2k	T_2k	T_2k	T_2k	/
族组分 /%	饱和烃	61.69	56.85	57.07	58.96	25.6	46.04	18.33	30.13	53.78	43.58
	芳香烃	11.83	11.01	10.05	10.39	6.4	20.14	22.08	29.49	14.8	15.24
	非烃	15.21	16.37	17.66	16.1	50.4	10.31	22.08	26.6	13.65	20.52
	沥青质	1.13	5.06	6.52	1.82	10.4	7.43	10.42	3.85	3.62	5.78
	饱和烃 + 芳香烃	73.52	67.86	67.12	69.35	32	66.18	40.41	59.62	68.58	58.82
	非烃 + 沥青质	16.34	21.43	24.18	17.92	60.80	17.74	32.50	30.45	17.27	26.31
碳同位素 /（‰，PDB 标准）	氯仿沥青 / 原油	−28.94	−28.68	−28.68	−28.42	−29.47	−29.69	−29.35	−29.55	−29.88	−29.27
	饱和烃	−29.3	−29.68	−29.67	−29.26	−29.47	−29.53	−28.87	−29.89	−29.91	−29.54
	芳香烃	−28.02	−28.43	−27.75	−28.43	−28.76	−29.07	−29.02	−28.89	−29.06	−28.65
	非烃	−28.6	−29.21	−28.56	−29.02	−29.21	−28.77	−28.71	−28.79	−28.78	−28.86
	沥青质	−27.07	−28.37	−27.56	−27.68	−28.90	−28.58	−28.44	−28.63	−28.65	−28.25

注：“/”代表无数据。

如表 1.3 所示，黑油山油泉及其周缘油砂样品的氯仿沥青 / 原油碳同位素组成区间为 −29.88‰ ～ −28.42‰，整体偏轻。饱和烃碳同位素 −29.91‰ ～ −28.87‰，平均为 29.54‰；芳香烃碳同位素 −29.07‰ ～ −27.75‰，平均为 −28.65‰；非烃碳同位素 −29.21‰ ～ −28.56‰，平均为 −28.86‰；沥青质碳同位素 −28.90‰ ～ −27.07‰，平均为 −28.25‰；整体而言饱和烃（芳香烃）碳同位素轻于沥青质（非烃）。

2. 分子有机地球化学特征

如图 1.16 和表 1.4 所示，在对黑油山油泉及其周缘油砂的分子有机地球化学特征分析中，检出了少量的烷烃、类异戊二烯烃和相对丰富的萜烷和甾烷类化合物。

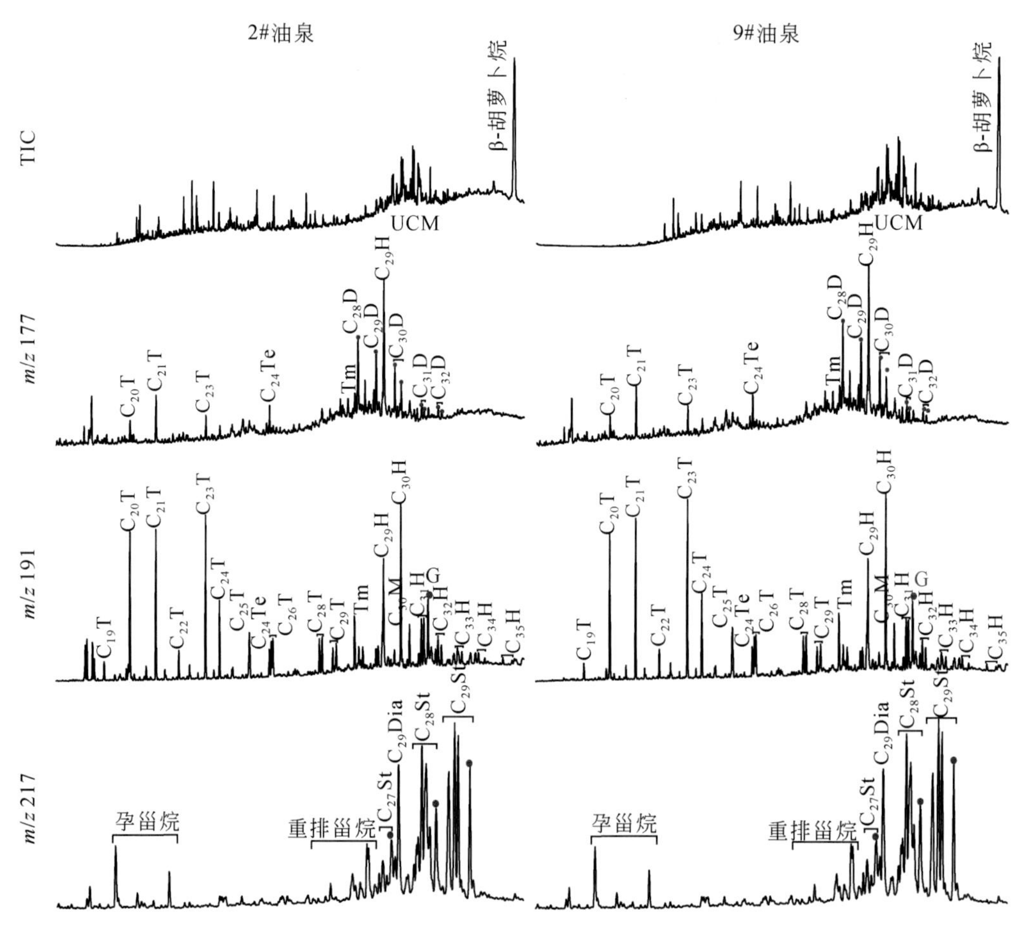

图 1.16 准噶尔盆地西北缘黑油山油泉分子有机地球化学谱图

UCM. 未知化合物（Unresolved Complex Mixtures）；T. 三环萜烷；Te. 四环萜烷；H. 藿烷；M. 莫烷；St. 甾烷；Dia. 重排甾烷；D. 25- 降藿烷；G. 伽马蜡烷

表 1.4　黑油山油泉及周缘油砂分子有机地球化学数据表

类型	参数	2#	3#	9#	11#	HYS-1	HYS-2	HYS-6	HYS-7	HYS-8
类异戊二烯烃	Pr/Ph	1.09	/	2.07	1.01	/	/	/	/	/
	Pr/nC_{17}	/	/	/	/	/	/	/	/	/
	Ph/nC_{18}	/	/	/	/	/	/	/	/	/
萜烷	C_{19}/C_{21} 三环萜烷	0.13	0.12	0.11	0.12	0.4	0.11	0.36	0.12	0.13
	C_{20}/C_{21} 三环萜烷	0.97	0.92	0.94	0.93	0.61	0.73	0.78	0.7	0.93
	C_{21}/C_{23} 三环萜烷	0.94	0.94	0.88	0.97	0.47	0.73	0.48	0.73	0.98
	C_{24} 四环萜烷 /C_{26} 三环萜烷	0.38	0.38	0.36	0.37	0.33	0.31	0.22	0.25	0.4
藿烷	Ts/Tm	0.06	0.06	0.06	0.06	0.09	0.05	0.09	0.03	0.04
	伽马蜡烷 /C_{30} 藿烷	0.46	0.44	0.43	0.45	0.33	0.43	0.54	0.45	0.4
甾烷	C_{27}/C_{29} 规则甾烷	0.38	0.26	0.31	0.33	0.86	0.31	0.77	0.4	0.26
	C_{28}/C_{29} 规则甾烷	0.86	0.96	0.98	0.89	0.81	0.93	0.83	0.99	0.91
	C_{29}-20S/（20S+20R）	0.56	0.56	0.56	0.56	0.58	0.58	0.66	0.6	0.55
	C_{29}-ααα/（ααα+αββ）	0.48	0.48	0.48	0.48	0.42	0.44	0.42	0.42	0.49

注：“/”代表无数据。

首先，如图 1.16 所示，在油泉、油砂的色质总离子谱图上显示有明显的 UCM 鼓包，表明该油砂样品均遭受生物降解，由于 TIC 谱图具有翘尾特征，*m*/*z* 177 色质谱图上检出 25- 降藿烷，表明其遭受过严重的生物降解。然而，部分容易遭受降解的正构烷烃与类异戊二烯烃被检出，表明可能存在晚期油气充注叠加改造，使得部分被降解的化合物得以补偿，这与 *m*/*z* 191 与 *m*/*z* 217 色质谱图中分布相对完整的萜、甾烷一致。

其次，结合表 1.4 可知，受后期油气充注叠加的影响，该剖面油砂样品具有相对完整的有机地球化学参数。C_{19} 三环萜烷含量变化较小，C_{19}/C_{21} 三环萜烷小于 0.4。油泉及其周缘油砂样品的三环萜烷 C_{20}、C_{21} 和 C_{23} 均呈“上升型”分布，$C_{23} > C_{21} > C_{20}$。C_{24} 四环萜烷 /C_{26} 三环萜烷低于 0.4，Ts/Tm 低于 0.09，伽马蜡烷 /C_{30} 藿烷为 0.33 ～ 0.54。

最后，油泉及其油砂样品的甾烷参数表明规则甾烷 C_{27}、C_{28} 和 C_{29} 呈“上升型”分布，甾烷异构化指数 C_{29}-20S/（20S+20R）和 C_{29}-ααα/（ααα+αββ）分别为 0.55 ～ 0.66 与 0.42 ～ 0.49。

3. 地球化学意义

综合上述该剖面油砂的有机地球化学特征，最为显著的是次生蚀变（生物降解），以及后期低降解程度原油充注的叠加改造，其对油泉和油砂的原油来源、成熟度判识具有重要影响。

（1）次生蚀变（生物降解）

综合表 1.3、表 1.4 和图 1.16 可知，该剖面油泉及油砂由于长期暴露遭受了强烈的生物降解，典型判识特征包括：①油砂样品氯仿沥青族组成中非烃＋沥青质含量较高；②油砂样品的 TIC 谱图上"UCM 鼓包"显著；③ *m/z* 177 色质谱图中检出了丰富的可指示严重生物降解的 25- 降藿烷。同时后期原油充注叠加特征显著，主要证据为：①油泉样品具有高含量的饱和烃＋芳香烃（高于 65%）；②检出了一定含量的正构烷烃与类异戊二烯烃；③在原油遭受严重生物降解的情况下，*m/z* 191 和 *m/z* 217 色质谱图中仍然检出分布相对完整的萜、甾烷系列化合物。

（2）油源

如前所述，该剖面油泉和油砂遭受了比较严重的生物降解和（或）水洗作用改造，因此常见的生物标志化合物油源判识指标可能已经受到影响，但由于后期油气充注补偿，大部分参数仍然可以反映油源。从抗降解强度较大的三环萜烷 C_{20}、C_{21} 和 C_{23} 的分布上看，其呈"上升型"分布，结合高丰度的 β- 胡萝卜烷和高的伽马蜡烷比值（伽马蜡烷 /C_{30} 藿烷＞0.33），对比研究区烃源岩发育背景，可知其原油最可能来源于下二叠统风城组烃源岩。

（3）成熟度

该剖面受严重的生物降解作用影响，原油成熟度指标可能是多期充注和降解作用叠加改造后的综合结果。因生物降解影响，未能获得正构烷烃成熟度指标 CPI 和 OEP。甾烷异构化指数 C_{29}-20S/（20S+20R）和 C_{29}-ααα/（ααα+αββ）均指示原油处于成熟—高成熟演化阶段，这与下二叠统风城组烃源岩的演化特征一致。

四、油泉和油砂成因模式

综合上述油泉和油砂的地质、岩相学与有机地球化学特征，结合宏观的构造地质学背景，建立了黑油山油泉的成因模式，如图 1.17 所示。

该剖面与前述的红山梁沟和吐孜沟油砂剖面具有较大的差异，主要体现在两个方面：一是其所处的构造位置不一样，黑油山油泉位于断褶带，而前述两个剖面位于更加靠近山前的超剥带；二是构造组合不一样，黑油山油泉位于主断裂带，同时处于克拉玛依背斜轴部，具有典型的"断裂＋背斜控"特征，与前述两个剖面"断裂＋不整合控"的特征具有明显的差异。

对于该类型油苗成因模式的分析，应该注意或考虑以下几个重要方面：①"断裂＋背斜轴部"所提供的张性应力场，这能为流体的纵向输导提供有利的流体势；②"油（气）-水－岩"体系的来源与形成；③优质烃源岩提供的丰富油源基础。

首先，优质烃源岩是油气系统形成与演化的基础；其次，优质的储集层能为油气的聚集提供理想的空间；再次，致密的盖层封闭、地层水的驱使和松散层岩屑的加入形成高流势的油（气）－水－岩系统；最后，构造活动为该流体系统的上升与活动提供了动力，主力活动部位位于张性褶皱轴部。总体而言，黑油山油泉和油砂的形成机制与南缘地区的（泥）火山有相似之处，油（气）－水－岩系统向四周坍塌形成一系列的沥青丘或沥青砂岩。

由于断褶带是该地区油苗富集的区带之一，该模式可能是同类型油苗的共同成因模式，具有代表意义。

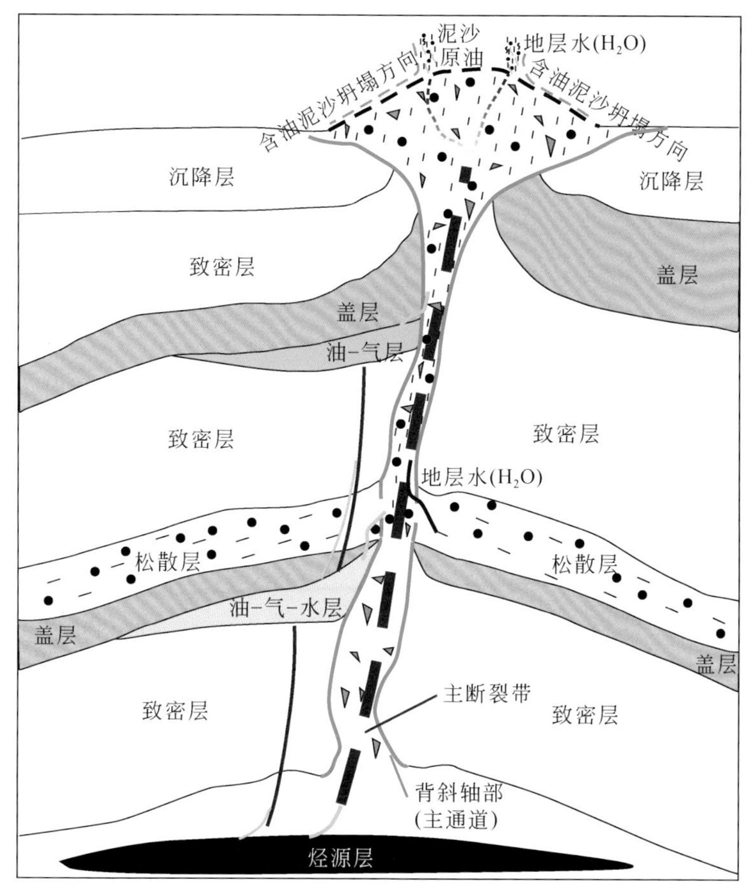

图 1.17　准噶尔盆地西北缘黑油山油泉和油砂成因模式图

第六节　深底沟油砂剖面

一、地质路线与剖面

如图 1.18，深底沟油砂剖面位于克拉玛依市区东北直线距离约 16km 处，地理坐标 45°43′25.7″N，84°59′24.6″E。驱车从克拉玛依市实验检测研究院（准噶尔路 29 号）出发沿准噶尔路向西行驶约 4km，向右进入西环路（201 省道）行驶约 3km，向左转进入油建北路（西霞路）行驶约 0.65km，向左转上匝道前往奎阿高速（G3014）继续行驶约 10km，转奎塔高速（G3015）行驶约 7km，向右进入沙漠便道继续行驶约 2km 到达该剖面。

深底沟油砂剖面位于山前超剥带（图 1.1），出露于深底沟上游侏罗系—三叠系与古生代变质基岩不整合构造附近（图 1.19）。该剖面为单斜带，出露地层为中三叠统克拉玛依组、下侏罗统八道湾组和三工河组。剖面油砂的油气显示较弱，手标本新鲜面油味较弱，且主要在近不整合附近的克拉玛依组油气显示比较强。

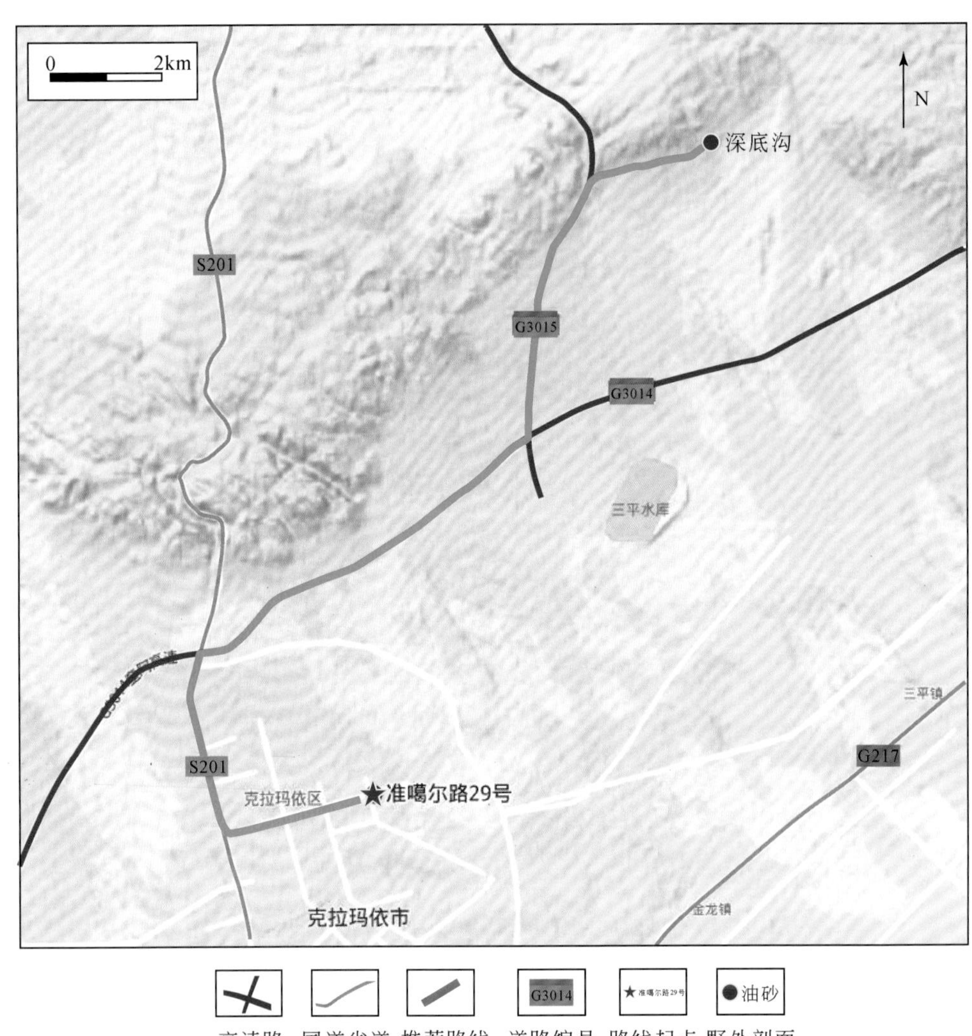

图 1.18 深底沟油砂剖面交通位置示意图（底图源自谷歌地图）

二、油砂岩石学特征

深底沟油砂剖面中三叠统克拉玛依组岩性主体为黄绿色、灰色砾岩，夹少量的砂岩与泥岩，均或多或少被沥青浸染，但油砂或沥青砂岩最主要是富集于该组中部的砾岩层（图 1.19a）。具体到不同层位，下侏罗统八道湾组和三工河组，前者以砾岩为主，油气显示较强，而后者为砂岩夹泥岩，油气显示相对较弱。油砂手标本新鲜面油味淡（图 1.19e，k），胶结松散，以方解石脉胶结为主（图 1.20a，c），有荧光显示（图 1.20b，d）。

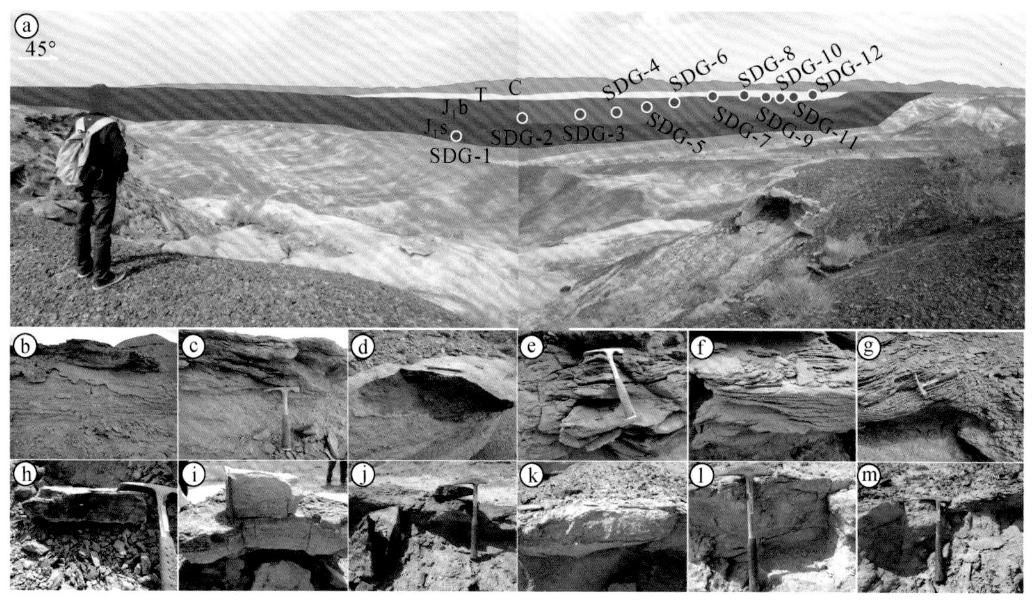

图 1.19　准噶尔盆地西北缘深底沟油砂野外剖面与产状图

a. 油苗产出剖面图；b. 油砂 SDG-1；c. 油砂 SDG-2；d. 油砂 SDG-3；e. 油砂 SDG-4；f. 油砂 SDG-5；g. 油砂 SDG-6；h. 油砂 SDG-7；i. 油砂 SDG-8；j. 油砂 SDG-9；k. 油砂 SDG-10；l. 油砂 SDG-11；m. 油砂 SDG-12

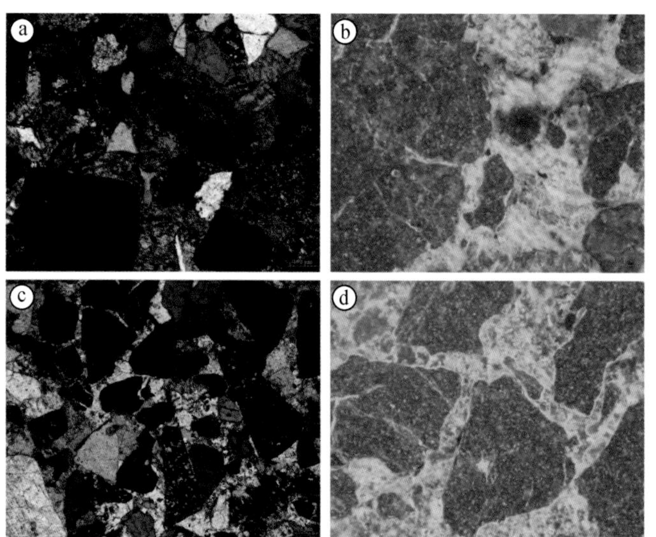

图 1.20　准噶尔盆地西北缘深底沟油砂显微岩相学特征

a. 油砂 SDG-4 正交偏光照片；b. 油砂 SDG-4 荧光照片；c. 油砂 SDG-10 正交偏光照片；d. 油砂 SDG-10 荧光照片

三、油砂有机地球化学特征

深底沟剖面油砂由于含油性较差，且长期暴露于地表遭受生物降解或水洗作用等次生改造强烈使其原油轻质组分丢失，大部分样品无法开展相应的检测与分析，其中降解程度相对较弱的 SDG-10 样品被用来加以分析，分子有机地球化学特征如图 1.21 所示。结果表明，SDG-10 油砂样品的 TIC 谱图显示明显的“UCM 鼓包”，*m/z* 177、*m/z* 191 和 *m/z* 217 色质谱图上主要甾藿烷类化合物均消失，表明其遭受过强烈的生物降解。

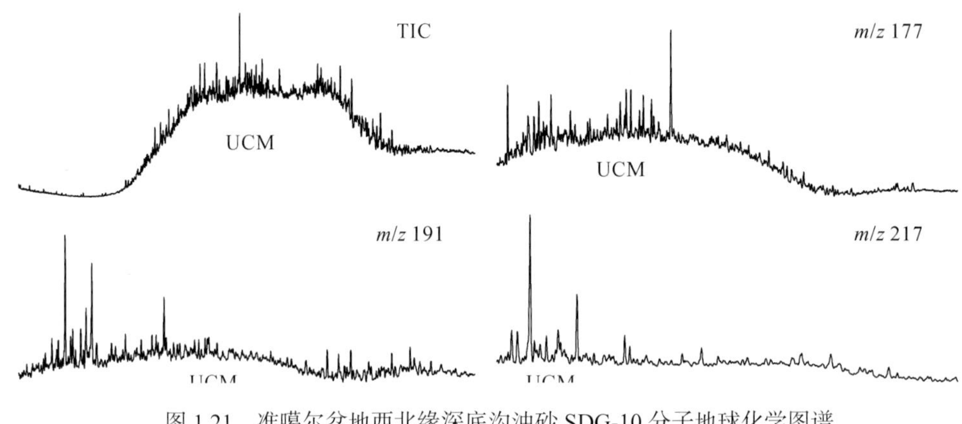

图 1.21　准噶尔盆地西北缘深底沟油砂 SDG-10 分子地球化学图谱

UCM 代表未知化合物（Unresolved Complex Mixtures）

四、油砂成因模式

综合上述油砂的地质、岩相学与有机地球化学特征，结合宏观的构造地质学背景，分析深底沟油砂的成因模式。深底沟油砂剖面与前述红山梁沟剖面、吐孜沟剖面具有相似的剖面特征与地质背景：①不整合构造具有重要的控藏作用，油砂主要聚集于不整合构造附近；②位于超剥带，且产出于横断裂附近，红山梁沟紧邻红山嘴东断裂，而深底沟紧邻大侏罗沟断裂。虽然其因遭受严重的生物降解改造，有机地球化学手段分析失效，对其油源与成熟度的判识比较困难，但从宏观的地质背景上综合对比分析发现，其成因模式应类似于红山梁沟油砂和吐孜沟油砂剖面，即典型的“断裂 + 不整合”成因模式（图 1.7，图 1.12）。

第七节　油砂山油砂剖面

一、地质路线与剖面

如图 1.22 所示，乌尔禾油砂山油砂剖面位于克拉玛依市乌尔禾区东北直线距离约 12km 处，地理坐标 46°11′30.61″N，85°43′43.39″E。驱车从克拉玛依市乌尔禾区中国邮政（简称乌尔禾邮政支局）出发沿龙翔路—库克赛路行驶约 5km，上匝道前往奎阿高速（G3014）继续行驶约 16km，向右进入沙漠便道继续行驶约 1km 到达该剖面。

油砂山油砂剖面位于山前超剥带（图 1.1），出露于白垩系与古生代变质岩不整合面处的吐谷鲁群（K_1TG）（图 1.23）。该剖面上白垩统为向南东倾斜的平缓单斜，倾角 1° ～ 3°，油砂产状与地层一致，为顺层产出。油砂手标本新鲜面呈暗褐色，有浓烈油味。

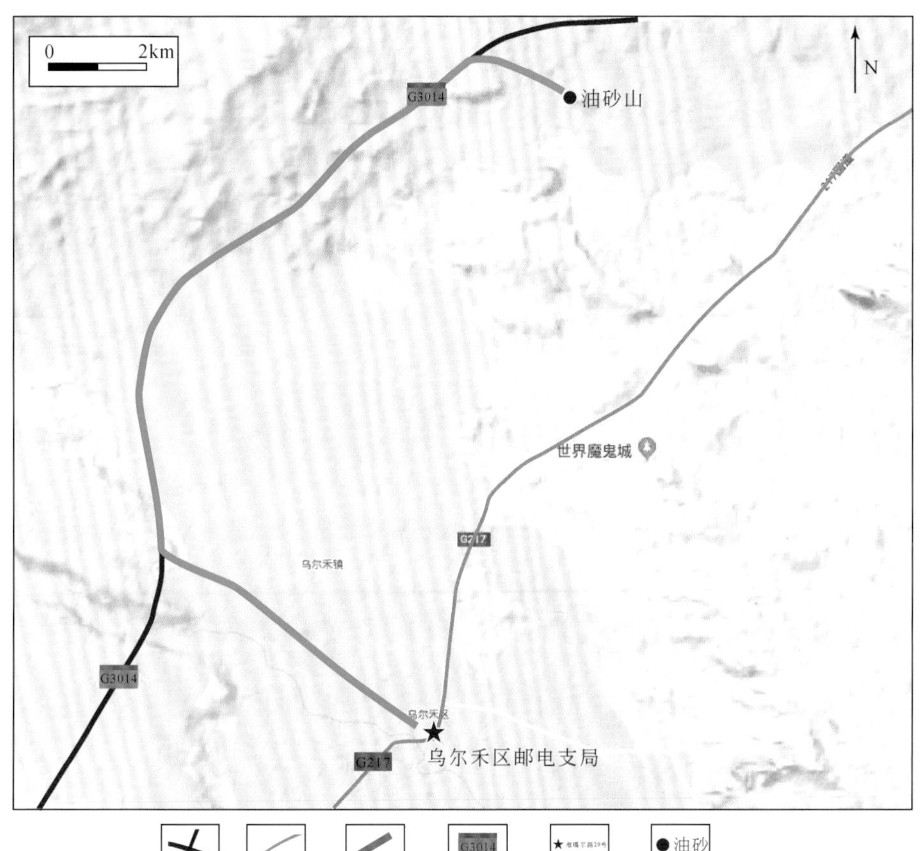

图 1.22 油砂山油砂剖面交通位置示意图（底图源自谷歌地图）

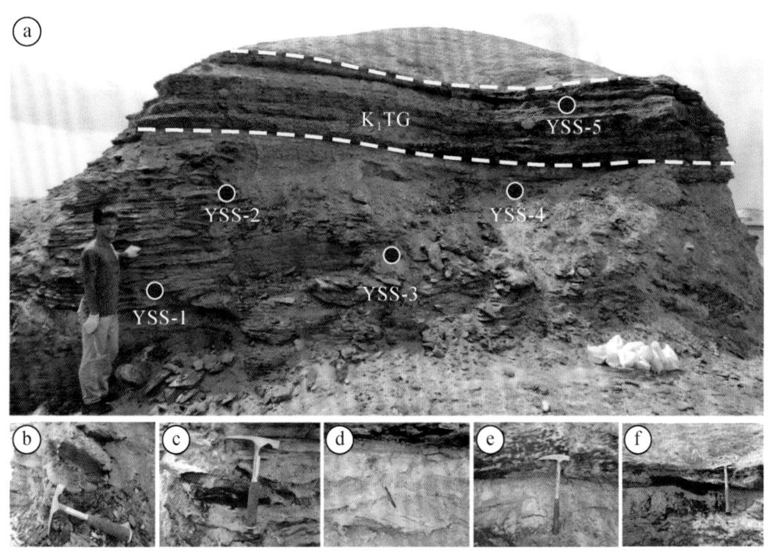

图 1.23 准噶尔盆地西北缘油砂山油砂野外剖面与产状图

a. 油苗产出剖面图；b. 油砂 YSS-1；c. 油砂 YSS-2；d. 油砂 YSS-3；e. 油砂 YSS-4；f. 油砂 YSS-5

二、油砂岩石学特征

油砂山油砂剖面吐谷鲁群地层为砾岩夹薄层的砂岩、泥岩，油砂一般为暗褐色、黑色，细粒，含大量云母。砂岩具交错层理，内部常含球状钙质结核，枕状钙质、砂质结核，结核一般不为油所浸染，在油砂之上常为一层泥岩所隔，泥岩一般为灰褐色（图 1.23a）。

油砂山油砂手标本新鲜面为深灰色、有刺鼻油味（图 1.23d，f），偏光下以钙质胶结为主、沥青胶结次之（图 1.24a，c），有机质尤其是原油轻质组分有荧光显示（图 1.24b，d）。

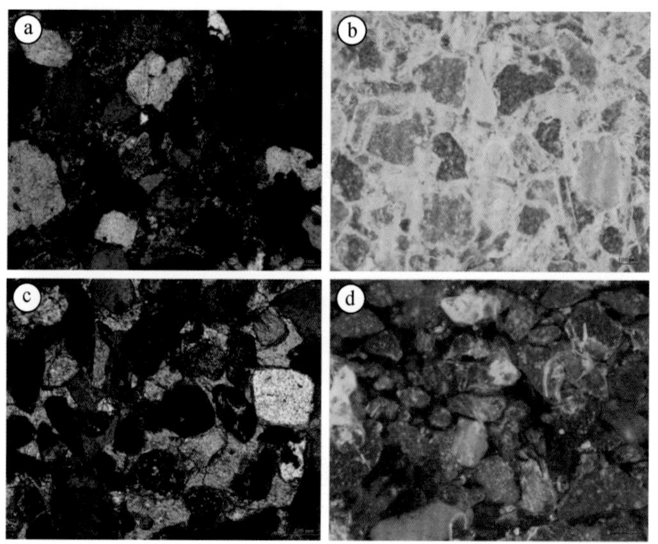

图 1.24　准噶尔盆地西北缘油砂山油砂显微岩相学特征

a. 油砂 YSS-3 正交偏光照片；b. 油砂 YSS-3 荧光照片；c. 油砂 YSS-5 正交偏光照片；d. 油砂 YSS-5 荧光照片

三、油砂有机地球化学特征

分析了油砂的有机地球化学特征，包括宏观的基础有机地球化学特征和微观的分子有机地球化学特征。

1. 基础有机地球化学特征

油砂山油砂的氯仿沥青族组分组成特征见表 1.5，以沥青质为主（50.73% ～ 58.7%），平均含量为 53.6%，而表征相对轻质油气组分的饱和烃 + 芳香烃含量低于 20%。此外，非烃 + 沥青质含量在剖面上自下而上递增，从 60% 增至 68.7%，暗示油砂遭受过生物降解或水洗等次生改造作用。油砂氯仿沥青碳同位素自 YSS-1 到 YSS-5 逐渐变重，由 −29.34‰ 变重至 −28.51‰（表 1.5），其改变的主要原因可能是生物降解等次生蚀变作用，这与族组分组成的变化特征一致。

表 1.5　油砂山油砂基础有机地球化学特征

项目		YSS-1	YSS-2	YSS-3	YSS-4	YSS-5
样品类型		油砂	油砂	油砂	油砂	油砂
层位		K_1TG	K_1TG	K_1TG	K_1TG	K_1TG
族组分 /%	饱和烃	15.94	15.14	15.61	15.22	10.87
	芳香烃	0.94	1.71	1.95	3.04	1.3
	非烃	7.19	9.14	10.24	7.39	10
	沥青质	52.81	51.43	50.73	54.35	58.7
	饱和烃 + 芳香烃	16.88	16.85	17.56	18.26	12.17
	非烃 + 沥青质	60	60.57	60.97	61.74	68.7
碳同位素 /(‰, PDB 标准)	氯仿沥青	−29.34	−29.08	−29.05	−28.54	−28.51

2. 分子有机地球化学特征

如图 1.25 和表 1.6 所示，在对油砂山油砂的分子有机地球化学特征分析中发现，仅检出少许的烷烃与生物标志化合物，其余大部分已经消失，表明该剖面由于长时间暴露于地表而遭受过非常严重的蚀变改造。

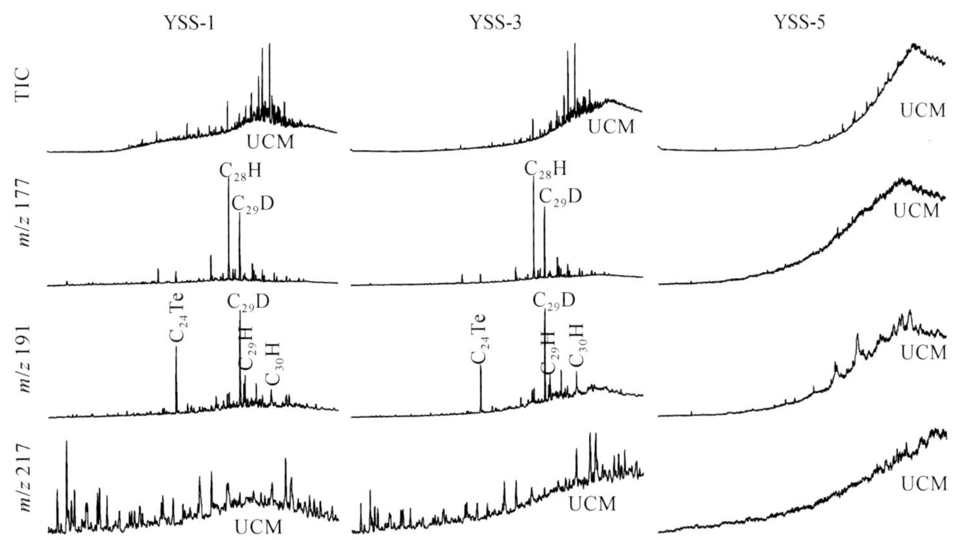

图 1.25　准噶尔盆地西北缘油砂山油砂分子有机地球化学谱图

UCM 代表未知化合物（Unresolved Complex Mixtures）；Te. 四环萜烷；D. 25- 降藿烷；H. 藿烷

表 1.6　油砂山油砂分子有机地球化学特征

类型	参数	YSS-1	YSS-2	YSS-3	YSS-4	YSS-5
正构烷烃	主峰碳	nC_{18}	nC_{29}	/	/	/
	碳数范围	nC_{14}—nC_{21}	nC_{14}—nC_{18}	/	/	/
	OEP	1.67	1.67	/	/	/
	CPI	/	1.16	/	/	/
	$\sum C_{21-}/\sum C_{22+}$	/	0.03	/	/	/
	$C_{21}+C_{22}/C_{28}+C_{29}$	/	0.03	/	/	/

续表

类型	参数	YSS-1	YSS-2	YSS-3	YSS-4	YSS-5
类异戊二烯烃	Pr/Ph	0.5	/	/	/	/
	Pr/nC_{17}	0.33	/	/	/	/
	Ph/nC_{18}	0.22	0.33	/	/	/
萜烷	C_{19}/C_{21} 三环萜烷	/	/	/	/	/
	C_{20}/C_{21} 三环萜烷	/	/	/	/	/
	C_{21}/C_{23} 三环萜烷	/	/	/	/	/
	C_{24} 四环萜烷 /C_{26} 三环萜烷	/	/	/	/	/
藿烷	Ts/Tm	/	/	/	/	/
	伽马蜡烷 /C_{30} 藿烷	0.58	0.65	0.9	1.08	1.26

注："/" 代表无数据。

首先，如图 1.25 所示，在油砂的 TIC 谱图上显示有明显的"UCM 鼓包"且具有翘尾特征，表明该油砂样品遭受过生物降解改造。同时在其 *m/z* 177 色质谱图上检出丰富的 25- 降藿烷系列化合物，表明其遭受过强烈的生物降解。其 *m/z* 191 和 *m/z* 217 色质谱图中的生物标志化合物基本消失，进一步印证了次生改造的存在。

其次，结合表 1.6，位于剖面底部，降解程度相对较弱的油砂样品 YSS-1 和 YSS-2 检出了少量的正构烷烃和类异戊二烯烃系列化合物，表明存在后期油气充注。

最后，油砂样品的生物标志化合物中抗降解强度较大的伽马蜡烷指数（伽马蜡烷 /C_{30} 藿烷）与前述族组分、同位素组成的变化特征一致，沿剖面自下而上递增，由 0.58 增至 1.26。相对高浓度的伽马蜡烷含量可能指示油砂有机质来源于高盐还原有机相，这与研究区下二叠统风城组烃源岩特征一致，暗示其为潜在油源。但由于缺少正构烷烃与甾烷异构化成熟度指数，难于判识其有机相所处的热演化阶段。根据地质背景推断，应处于成熟演化阶段。

四、油砂成因模式

综合上述油砂的地质、岩相学与有机地球化学特征，结合宏观的构造地质学背景，分析了油砂山油砂的成因模式。油砂山油砂剖面与前述红山梁沟剖面、吐孜沟剖面、深底沟剖面具有相似的剖面特征与地质背景：①不整合构造具有重要的控藏作用，油砂主要聚集于不整合构造附近；②位于超剥带，且产出于横断裂附近，红山梁沟紧邻红山嘴东断裂带，深底沟紧邻大侏罗沟断裂带，而油砂山紧邻黄羊泉断裂带。虽然其因遭受严重的生物降解改造，丧失了大部分可有效判识油源与成熟度的有机地球化学指标，但高浓度的伽马蜡烷可能暗示其来源于下二叠统风城组烃源岩。同时，结合宏观的地质背景综合对比分析发现，其成因模式应该类似于红山梁沟油砂、吐孜沟油砂和深底沟油砂剖面，即典型的"断裂 + 不整合"成因模式（图 1.7，图 1.12）。

第八节　乌尔禾沥青脉剖面

一、地质路线与剖面

如图 1.26 所示，乌尔禾沥青脉剖面位于克拉玛依市乌尔禾区东直线距离约 5km 处，地理坐标 46°05′14.34″N，85°45′52.66″E。驱车从克拉玛依市乌尔禾邮政支局出发沿柳树街—龙脊路—乌艾段行驶约 5km，向左转驶入沙漠便道继续行驶约 1.8km 到达该剖面。

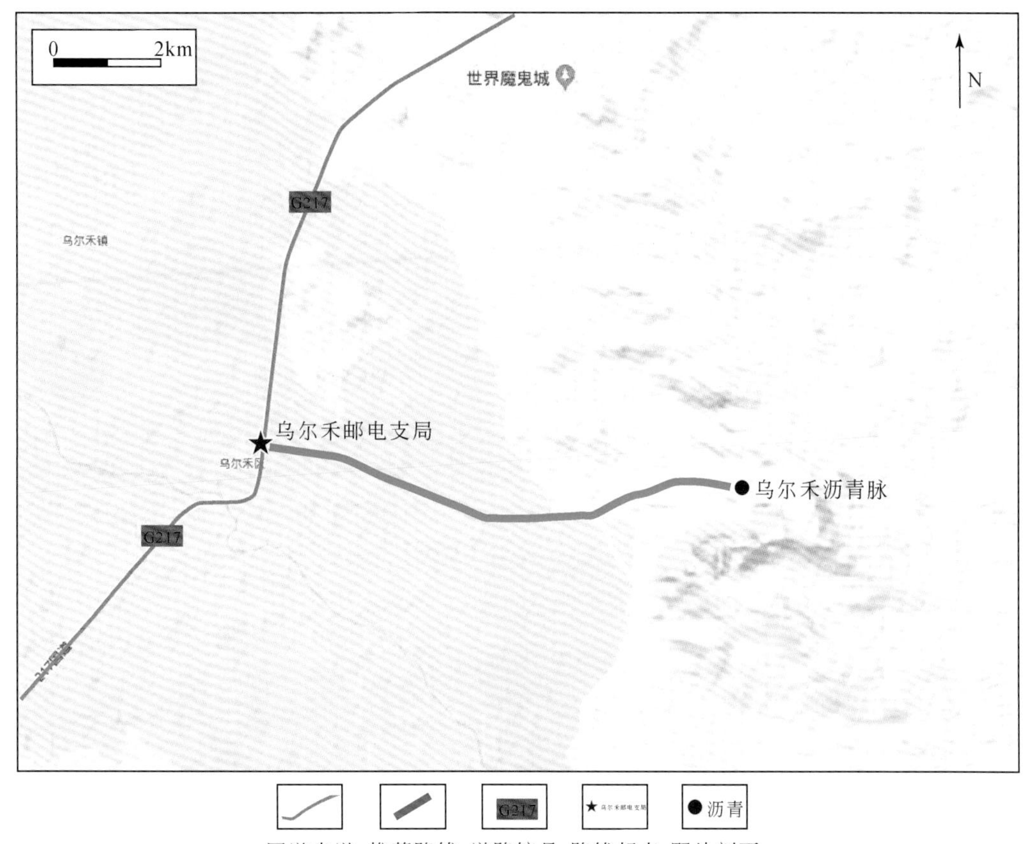

图 1.26　乌尔禾沥青脉剖面交通位置示意图（底图源自谷歌地图）

乌尔禾沥青脉剖面位于乌夏断裂带乌尔禾鼻隆构造轴部，该构造北东翘起收敛、南西倾伏发散，倾角约 3° ～ 4°（图 1.1）。剖面沥青脉沿浅层断裂系统充填，由长度在 30 ～ 900m 的 15 条沥青脉构成，它们与鼻隆构造具有相似的收敛方向（图 1.27a）。平面上，沥青脉 B1 ～ B5 呈左行“雁列”分布，B7 ～ B15 的“左行”特征显著；剖面上，B1 ～ B15 断面直立，倾角为 70° ～ 90°，多数大于 85°，断距小，通常小于 1m，且兼具扭性与张性特征（图 1.27b，图 1.28a）。野外观察发现，沥青脉的宽度为 1 ～ 200cm，主要为 10 ～ 30cm，变化大，同一断裂内填充的沥青脉宽度变化也很大，如沥青脉 B7 沿延伸方向（NE）宽度在 5 ～ 200cm 之间变化。

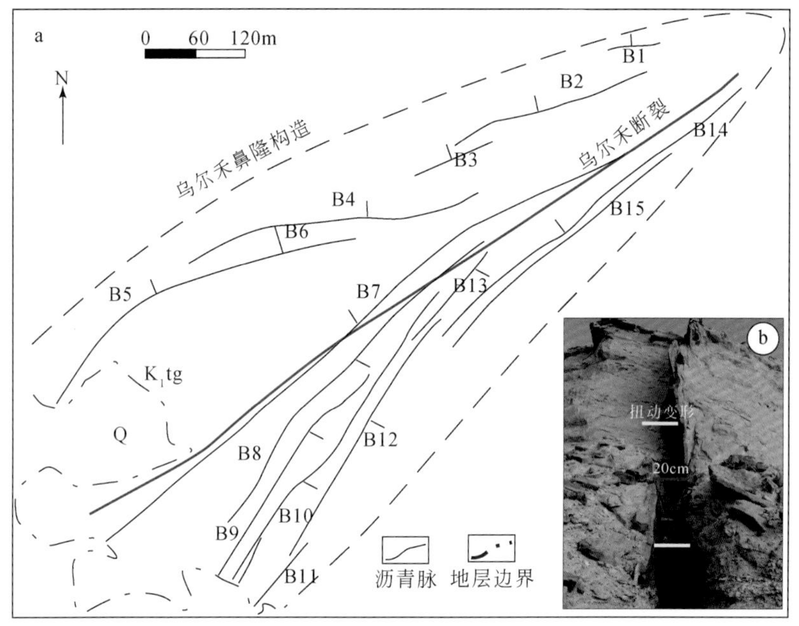

图 1.27　准噶尔盆地西北缘乌尔禾沥青脉平面分布图

a. 平面分布图；b.B5 横截面特征

乌尔禾沥青脉填充填于穿切下白垩统吐谷鲁群（K_1TG）的浅层高角度张扭性小断裂之中（图 1.27，图 1.28）。以沥青脉 B7 为例，野外观测其沥青脉宽度约 15cm（图 1.28a），

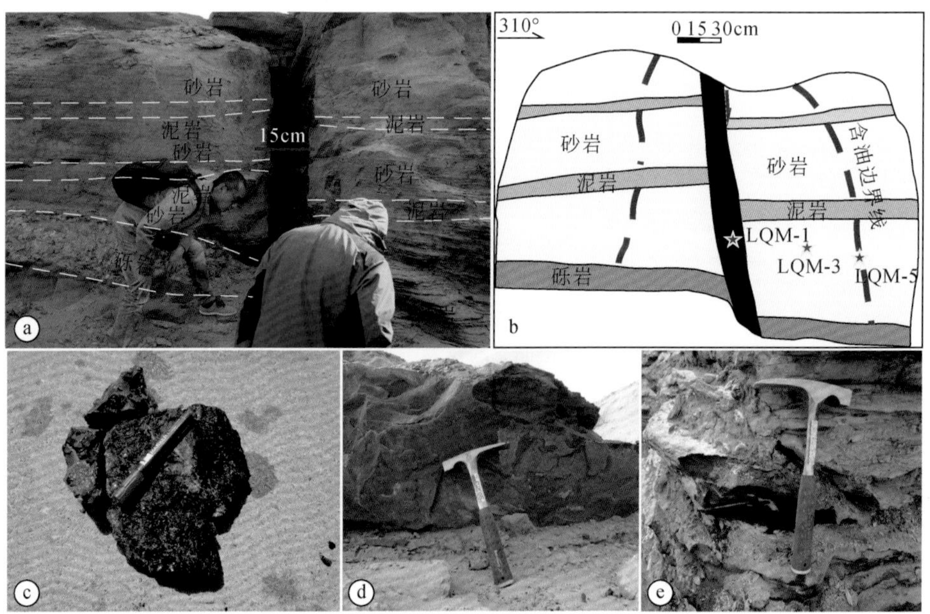

图 1.28　准噶尔盆地西北缘乌尔禾沥青脉野外剖面与产状图

a. 沥青脉 B7 产出剖面图；b. 沥青脉 B7 产出素描图；c. 沥青 LQM-1；d. 沥青砂岩 LQM-3；e. 含油砂岩 LQM-5

断面陡立，两侧围岩为砂泥互层，底部含一套砾岩层，自沥青脉往外侧含油性逐渐降低，大约在距沥青脉 60 ～ 100cm 处出现含油分界线（图 1.28b）。本次重点研究三个不同位置的样品，其中 LQM-1 为纯沥青，手标本新鲜面可见贝壳状断口；LQM-3 为沥青砂岩，含油性较好，新鲜面油刺鼻油味；LQM-5 处于含油边界线附近，油气显示微弱。

二、油砂岩石学特征

乌尔禾沥青所处围岩白垩系为砂泥互层，底部有一套砾岩，样品 LQM-1 采自沥青脉为纯沥青样品，单偏光下呈银灰色（图 1.29a），显微形貌呈发散的“贝壳状”（图 1.29b）。LQM-3 为黑色沥青砂岩样品，颗粒松散，为点接触，以沥青胶结为主，无机流体活动弱（图 1.29c），沥青胶结物发黄绿色荧光（图 1.29d），显微形貌以“串状油珠”与“贝壳状沥青”共存为特征（图 1.29e）。而位于含油界线附近的样品 LQM-5 为灰褐色含油砂岩，颗粒松散，为点 - 线接触，以碳酸盐矿物方解石胶结为主，胶结致密（图 1.29f），矿物颗粒边缘有微弱的黄绿色荧光显示（图 1.29g），微观形貌呈“单个油珠”分布，与真菌孢子、菌丝共生（图 1.29h）。

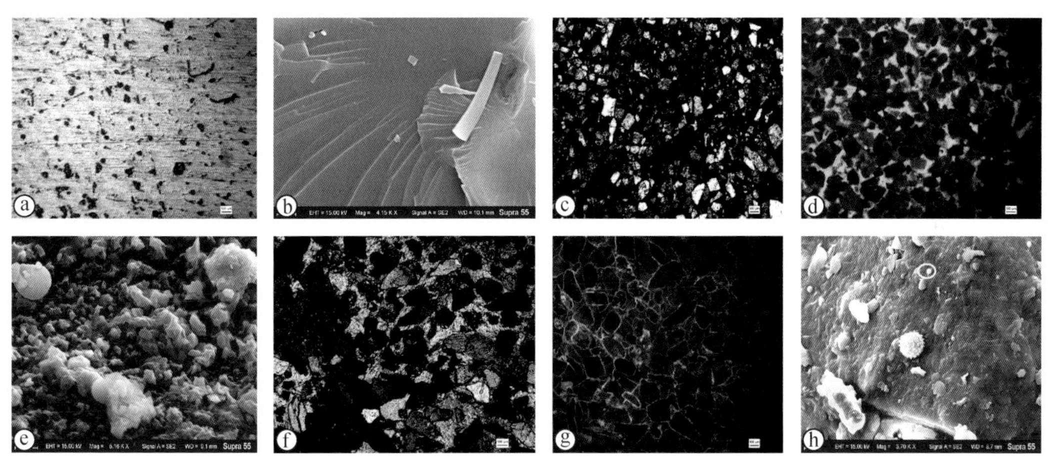

图 1.29　准噶尔盆地西北缘乌尔禾沥青脉及周缘油砂显微岩相学特征

a. 沥青 LQM-1 单偏光照片；b. 沥青 LQM-1 扫描电镜照片；c. 沥青砂岩 LQM-3 正交偏光照片；d. 沥青砂岩 LQM-3 荧光照片；e. 沥青砂岩 LQM-3 扫描电镜照片；f. 含油砂岩 LQM-5 正交偏光照片；g. 含油砂岩 LQM-5 荧光照片；h. 含油砂岩 LQM-5 扫描电镜照片；

由此可见，自沥青脉向外，油气充注强度减弱而无机流体活动增强，表明沥青形成与油气向围岩浸染过程中含油气流体对无机流体存在“侧向趋替作用”。同时，在含油界线富集活跃微生物，可能会影响原油的降解过程。而沥青砂岩以沥青或方解石胶结为主，颗粒松散，为点 - 线接触，说明沥青与油气浸染形成时地层处于固结前的胶结阶段。

三、油砂有机地球化学特征与意义

分析了沥青脉及周缘油砂的有机地球化学特征，包括宏观的基础有机地球化学特征和微观的分子有机地球化学特征。

1. 基础有机地球化学特征

乌尔禾沥青脉及周缘油砂的族组分与氯仿沥青碳同位素见表 1.7。氯仿沥青族组分含量饱和烃 5.43% ~ 9.56%，平均为 7.55%；芳香烃 1.3% ~ 5.11%，平均为 3.61%；非烃 10% ~ 23.82%，平均为 18.61%；沥青质 36.89% ~ 45.7%，平均为 40.86%。饱和烃 + 芳香烃含量低于 15%，而非烃 + 沥青质含量高于 55%，表明沥青与油砂样品均遭受过生物降解和（或）水洗等次生蚀变改造。自 LQM-1 到 LQM-5，饱和烃与芳香烃含量递减而沥青质含量递增，表明自沥青脉向外油气充注强度减弱而生物降解强度增加，与岩相学所揭示的特征一致。沥青脉及油砂氯仿沥青碳同位素为 −29.32‰ ~ −27.88‰，平均为 −28.43‰，其变化特征与族组分、岩相学特征一致，由 LQM-1 向 LQM-5 逐渐变重。

表 1.7　乌尔禾沥青脉及周缘油砂基础地球化学数据表

项目		LQM-1	LQM-3	LQM-5
样品类型		沥青	沥青砂岩	含油砂岩
层位		K_1TG	K_1TG	K_1TG
族组分 /%	饱和烃	9.56	7.65	5.43
	芳香烃	5.11	4.41	1.3
	非烃	22	23.82	10
	沥青质	36.89	40	45.7
	饱和烃 + 芳香烃	14.67	12.06	6.73
	非烃 + 沥青质	58.89	63.82	55.7
碳同位素 /（‰，PDB 标准）	氯仿沥青	−29.32	−28.1	−27.88

2. 分子有机地球化学特征

如图 1.30 和表 1.8，在对乌尔禾沥青脉及其周缘油砂的分子地球化学特征分析中，检出了少许的正构烷烃及相对丰富的萜烷和甾烷类化合物。

首先，如图 1.30，在沥青和油砂的色质总离子谱图上显示有明显的“UCM 鼓包”，表明该油砂样品均遭受生物降解，由于 TIC 谱图具有翘尾特征，*m*/*z* 177 色质谱图上检出 25- 降藿烷，表明其遭受过严重的生物降解。然而，部分容易降解的正构烷烃依然被检出，表明可能存在晚期油气充注叠加，使得部分被降解的化合物得以补偿，这与 *m*/*z* 191 与 *m*/*z* 217 色质谱图中分布相对完整的萜、甾烷一致。

其次，结合表 1.8，可知受后期油气充注叠加的影响，该剖面油砂样品具有相对完整的有机地球化学参数。C_{19} 三环萜烷含量变化较小，C_{19}/C_{21} 三环萜烷≤ 0.15。沥青及其周缘油砂样品的三环萜烷 C_{20}、C_{21} 和 C_{23} 均呈“上升型”分布，$C_{23} > C_{21} > C_{20}$。C_{24} 四环萜烷 /C_{26} 三环萜烷≤ 0.81，Ts/Tm 约为 0.02，伽马蜡烷 /C_{30} 藿烷为 0.41 ~ 0.44。

最后，沥青脉及其油砂样品的甾烷参数表明规则甾烷 C_{27}、C_{28} 和 C_{29} 呈“上升型”分

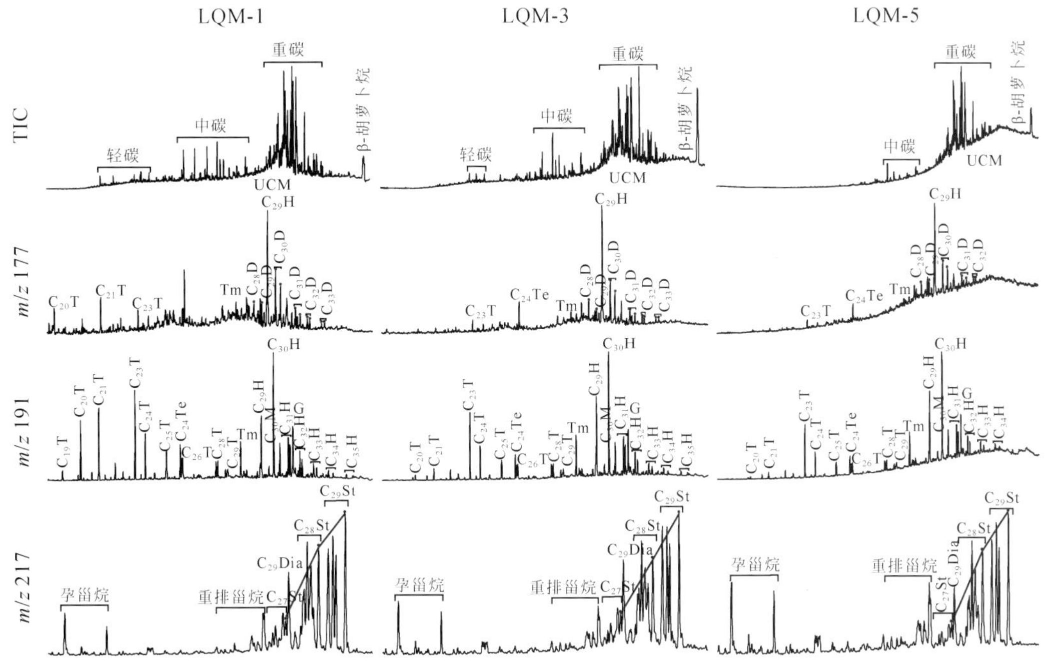

图 1.30 准噶尔盆地西北缘乌尔禾沥青脉及周缘油砂分子有机地球化学谱图

UCM 代表未知化合物（Unresolved Complex Mixtures）；T. 三环萜烷、Te. 四环萜烷；H. 藿烷；M. 莫烷；St. 甾烷；Dia. 重排甾烷；D. 25- 降藿烷；G. 伽马蜡烷

布，甾烷异构化指数 C_{29}-20S/（20S+20R）和 C_{29}-ααα/（ααα+αββ）分别为 0.5 ～ 0.54 与 0.48 ～ 0.49。

表 1.8 乌尔禾沥青脉及周缘油砂分子有机地球化学数据表

类型	参数	LQM-1	LQM-3	LQM-5
萜烷	C_{19}/C_{21} 三环萜烷	0.15	0.1	0.09
	C_{20}/C_{21} 三环萜烷	0.86	0.44	0.32
	C_{21}/C_{23} 三环萜烷	0.76	0.17	0.13
	C_{24} 四环萜烷 /C_{26} 三环萜烷	0.81	0.79	0.73
藿烷	Ts/Tm	0.02	0.02	0.02
	伽马蜡烷 /C_{30} 藿烷	0.44	0.41	0.42
甾烷	C_{27}/C_{29} 规则甾烷	0.29	0.26	0.23
	C_{28}/C_{29} 规则甾烷	0.97	0.84	0.97
	C_{29}-20S/（20S+20R）	0.51	0.54	0.5
	C_{29}-ααα/（ααα+αββ）	0.49	0.48	0.49

3. 地球化学意义

综合上述该剖面油砂有机地球化学特征，最为显著的是次生蚀变（生物降解）与后期低降解程度原油充注的叠加改造。

（1）次生蚀变（生物降解）

综合表 1.7、表 1.8 和图 1.30，可知该剖面沥青及油砂由于长期暴露遭受了强烈的生物降解，典型判识特征包括：①油砂样品氯仿沥青族组成非烃 + 沥青含量较高（> 55%）；②油砂样品的 TIC 谱图上“UCM 鼓包”明显；③ m/z 177 色质谱图上检出丰富的可指示严重生物降解的 25- 降藿烷。同时后期原油充注叠加特征显著，主要证据为：①检出一定丰度的正构烷烃；②在原油遭受严重降解的情况下，m/z 191 和 m/z 217 色质谱图中仍然检出分布相对完整的萜、甾烷系列化合物。

（2）油源

由于该剖面沥青脉和油砂遭受了严重的生物降解和（或）水洗作用改造，常见的生物标志化合物油源判识指标可能已经受影响，但由于后期油气充注补偿，大部分参数仍然可以反映油源。从抗降解强度较大的三环萜烷 C_{20}、C_{21} 和 C_{23} 的分布上看，均呈“上升型”分布，结合高丰度的 β- 胡萝卜烷和伽马蜡烷（伽马蜡烷 /C_{30} 藿烷> 0.4），对比研究区烃源岩地球化学背景特征，推断其原油最可能来源于下二叠统风城组烃源岩。

（3）成熟度

该剖面受严重的生物降解影响，成熟度指标可能是多期充注和降解作用叠加改造后的综合结果。由于受生物降解影响，未能获得正构烷烃成熟度指标 CPI 和 OEP。甾烷异构化指数 C_{29}-20S/（20S+20R）和 C_{29}-ααα/（ααα+αββ）均指示其有机质处于成熟—高成熟演化阶段，这与下二叠统风城组烃源岩的演化特征一致。

四、沥青成因模式

综合上述沥青及油砂的地质、岩相学与有机地球化学特征，结合宏观的构造地质学背景，建立了乌尔禾沥青脉的成因模式，如图 1.31 所示。

该剖面与前述的黑油山油泉剖面颇为相似，主要体现为两点。一是两个剖面均位于断褶带，黑油山油泉位于克百断裂带，乌尔禾沥青脉位于乌夏断裂带。二是剖面的构造组合一致，均以“断裂 + 褶皱”组合控藏为特征，这两个特征都与其他剖面的“断裂 + 不整合”特征具有明显的差异。

然而，乌尔禾沥青脉的形成与黑油山油泉又存在一定差异，主要是沥青脉受控于浅层张扭性断裂系统，属于“低能型”油苗，后期油气充注强度相对较低，未能形成像黑油山那样强烈的油泉充注。另一方面，由于沥青脉的形成阻塞了浅层张性断裂系统，为深层油气系统的保存提供了“非常规”盖层，这为油气系统的多样性提供了可能。

由于断褶带是西北缘地区油苗富集的重要区带，该模式可能是同类型油苗的共同成因模式，具有代表意义。

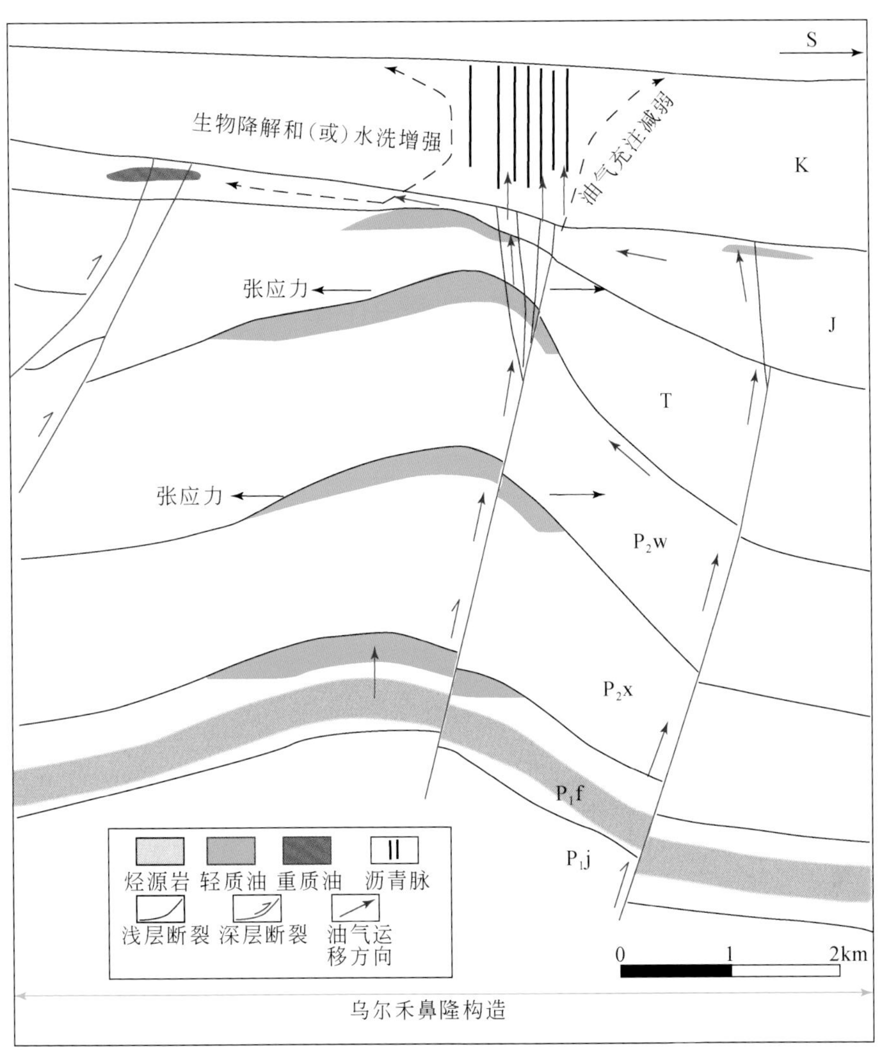

图 1.31　准噶尔盆地西北缘乌尔禾沥青脉成因模式图

第二章 准噶尔盆地南缘西段四棵树地区油气苗

第一节 地质背景和油气苗分布

准噶尔盆地南缘西段四棵树地区在地理上主要是指红车断裂带西南端的地区，构造上属于四棵树凹陷，是北天山山前逆冲推覆构造带内的一个二级构造单元（图 2.1），普遍认为形成于燕山期—喜马拉雅期，构造活动强烈，变形复杂，为至少两期逆冲推覆断裂体系形成的构造叠合体（况军和朱新亭，1990；罗福忠等，2008；李忠权等，2010）（图 2.2），发育地层主要从中生界三叠系到新生界第四系（陈伟等，2011；陈建平等，2016a，2016b）（图 2.3）。

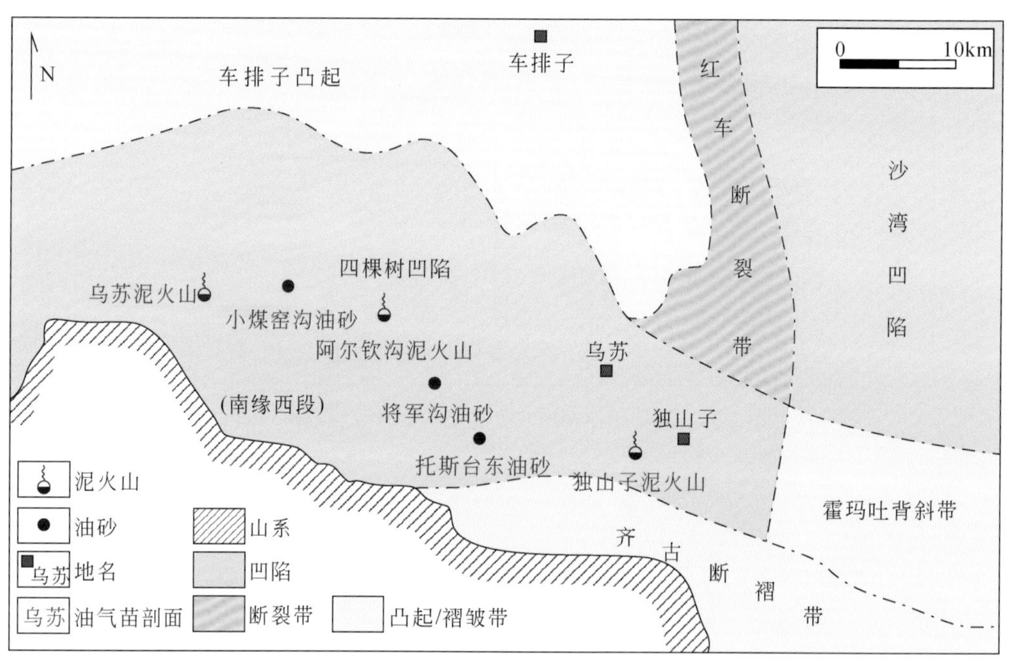

图 2.1　准噶尔盆地南缘西段四棵树地区构造单元划分及油气苗分布简图

前人报道的油气苗主要产出于侏罗系和古近系，部分产于新近系，类型主要包括气态的泥火山和固态的油砂等（何钊，1989；王道，2000；戴金星等，2012；高小其等，2015；Zheng et al.，2017）（图 2.1，图 2.3）。已有研究方向大体可分为两方面：油气来源及泥火山成因模式。

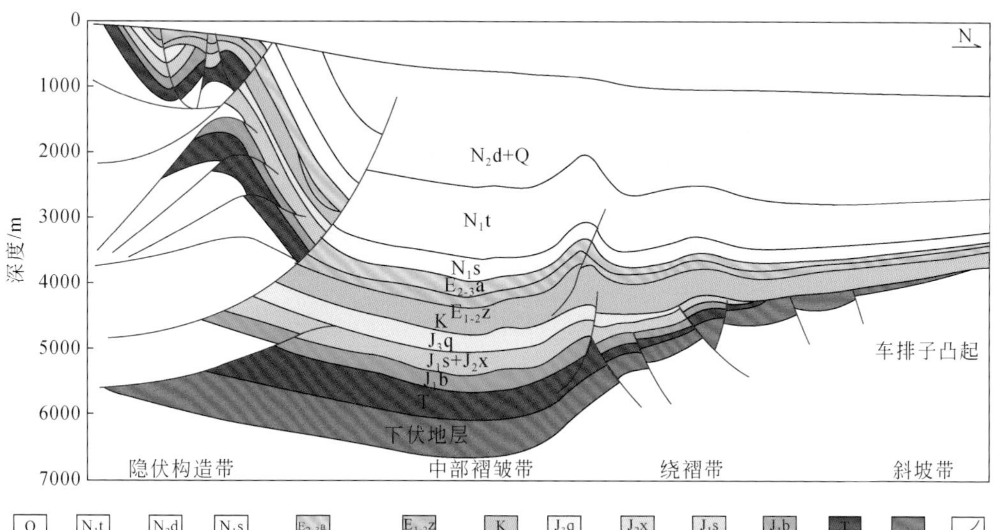

图 2.2 准噶尔盆地南缘西段四棵树地区构造剖面图

界	系	统	组(群)	厚度/m	岩性	构造运动	演化阶段	构造旋回	生	储	盖
新生界	第四系	下更新统	西域组 Q_1x	350～2046		喜马拉雅晚期	再生前陆盆地	压扭强挤压构造旋回			
	新近系	上新统	独山子组 N_2d	1936		喜马拉雅早期					
		中新统	塔西河组 N_1t	680							
		中新统	沙湾组 N_1s	572							
	古近系	始新统—渐新统	安集海河组 $E_{2-3}a$	84		燕山III幕	拗陷盆地	陆内调整断陷盆地旋回			
		古新统—始新统	紫泥泉子组 $E_{1-2}z$	140							
中生界	白垩系	上统	东沟组 K_2d	31							
		下统	吐谷鲁群 K_1TG	540		燕山II幕					
	侏罗系	上统	齐古组 J_3q	20~300			压扭盆地	压扭挤压构造旋回			
		中统	头屯河组 J_2t								
			西山窑组 J_2x	10~100							
		下统	三工河组 J_1s	100~250		燕山 I 幕	断陷盆地				
			八道湾组 J_1b	200~600				古亚洲洋全面消亡北天山有限洋盆向前陆盆地转换旋回			
	三叠系	中-上统	小泉沟群 $T_{2-3}XQ$	300~400		印支运动	前陆盆地				

泥火山　油砂　砂岩　砾岩　煤系　砂质泥岩　泥岩　粉砂岩　砂质砾岩　泥质砂岩　不整合面

图 2.3 准噶尔盆地南缘西段四棵树地区生－储－盖综合柱状图

油气来源目前观点主要为侏罗系和古近系（陈建平等，2016a，2016b），白垩系为潜在烃源岩（张枝焕等，2012）。其中，侏罗系烃源岩在四棵树凹陷全区皆有发育，但较为优质的烃源岩主要发育在凹陷中部—东南部一带，下侏罗统灰黑色泥岩已达主要生油阶段，为主力烃源岩（黄彦庆和侯读杰，2009；林小云等，2013）。古近系安集海河组烃源岩主要发育在四棵树凹陷东南部，其厚度及有机质丰度在全区分布都较好，整体处于未熟到低熟阶段（庄新明，2006；林小云等，2013）。相比而言，白垩系烃源岩总体处于低熟—中等成熟阶段，基本已达生烃门限（张枝焕等，2012）。

泥火山成因模式方面前人的研究较为系统和透彻。一是泥浆的物质来源，目前普遍认为来自侏罗系泥岩（Nakada et al.，2011；杨晓芳等，2014；Zheng et al.，2017）。二是泥浆中的水可能源自古大气降水（Nakada et al.，2011）。喷出物中的烷烃气主要来自侏罗系烃源岩，还有可能曾遭受了厌氧微生物降解作用和 CO_2 还原作用，造成二次生成甲烷（Nakada et al.，2011；戴金星等，2012；高苑等，2012）。

关于泥火山的成因模式，目前认为乌苏和独山子较为相似，受到地下水的水压差和地层层间压力差的控制（李梦等，2013）。具体而言，独山子泥火山为“低能型”，泥火山口位于山顶，且流体来源为孔隙流体，受到剧烈的浅地表蒸发作用（Li et al.，2014；Wan et al.，2017）。相比而言，阿尔钦沟泥火山为“高能型”，泥火山锥在山谷内，流体来源主要为深部孔隙流体与大气降水混合，运移路径短，能量高（Wan et al.，2017）。泥火山的形成有着重要的石油地质意义，如有学者预测，在泥火山口地下 3600m 位置可能有潜在的天然气藏（Nakada et al.，2011）。

不仅如此，泥火山的活动特征还可以反映其附近的地震等构造活动，形成响应，如随着构造应力增强，封闭环境中的岩石孔隙压力增大，达到喷发条件时，泥火山开始喷发，而且在泥火山周围的油气井也有异常显示（李锰等，1996；王道，2000；杨晓芳等，2014；高小其等，2015）。

第二节　典型油气苗剖面

在仔细梳理前人研究成果的基础上，我们共踏勘了研究区 6 个最为代表性的油气苗剖面，自西向东分别为乌苏泥火山、小煤窑沟油砂、阿尔钦沟泥火山、将军沟油砂、托斯台东油砂和独山子泥火山（图 2.1）[①]（何钊，1989；Nakada et al.，2011；李梦等，2013）。这些油气苗剖面从类型上来说，气态泥火山和固态油砂都有产出，从垂向分布层位上来说，中生界侏罗系到新生界古近系、新近系都有不同类型的油气苗出露。

对这些油气苗进行了岩石学、有机和无机地球化学的综合研究，具体实验及测试内容主要包括岩石学薄片、油气苗的氯仿沥青含量、族组分、同位素、链烷烃、生物标志物、扫描电镜和傅里叶变换红外光谱等（表 2.1）。在此基础上，结合地质背景建立油气苗的成因模式，探讨其形成主控因素和勘探意义。

① 据新疆油田公司内部报告，1994，油气苗卡片。

表 2.1　准噶尔盆地南缘西段四棵树凹陷油气苗基本工作量汇总表　　（单位：个）

油气苗剖面	油气苗类型	采样	测试项目							
			a	b	c	d	e	f	g	h
乌苏	泥火山	16	5	8	1	4	3	4	2	1
阿尔钦沟	泥火山	8	/	5	1	/	2	2	/	/
独山子	泥火山	12	4	3	2	5	2	3	1	/
小煤窑沟	油砂	1	1	1	/	/	1	1	1	/
将军沟	油砂	5	3	5	/	/	2	1	1	/
托斯台东	油砂	3	3	3	3	3	3	3	1	3

a. 岩石学薄片；b. 氯仿沥青“A”；c. 族组分；d. 同位素；e. 饱和烃与类异戊二烯烃；f. 生物标志物；g. 扫描电镜；h. 傅里叶变换红外光谱；“/”代表无分析数据。

第三节　乌苏泥火山剖面

一、地质路线与剖面

如图 2.4 所示，乌苏泥火山剖面位于乌苏市西南约 43km 的乌苏泥火山景区内，地理坐标 44°10′57.9″N，84°23′13.7″E。驱车从乌苏市沿县道 X795 乌白段道行驶约 40km 后，再行驶约 3km 后可至。

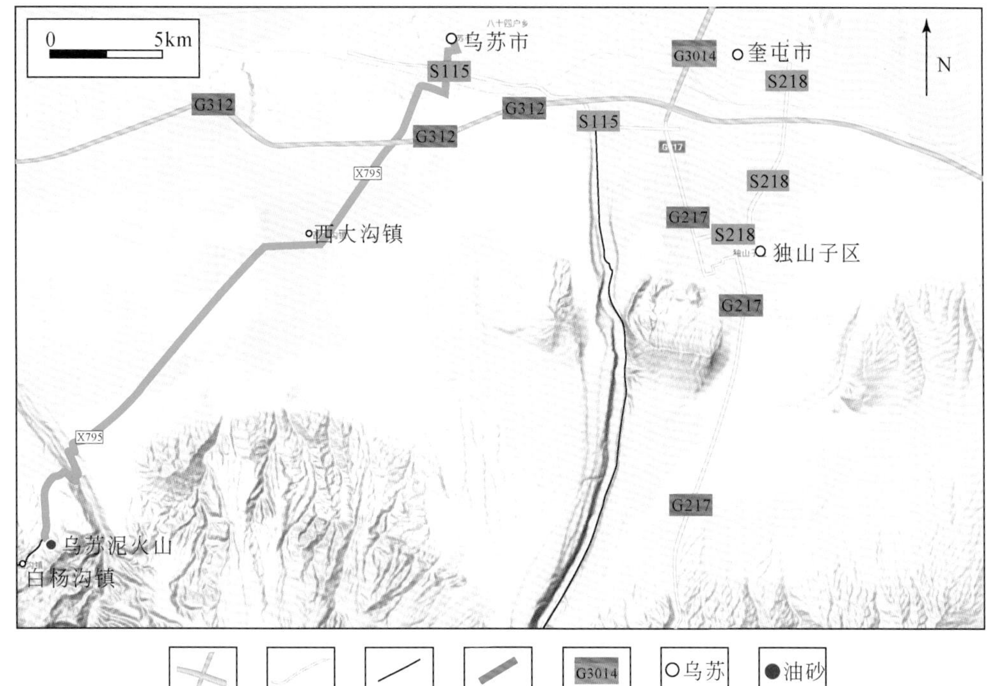

图 2.4　乌苏泥火山交通位置示意图（底图源自谷歌地图）

该泥火山剖面位于四棵树凹陷的托斯台背斜北部。托斯台背斜为北天山山前逆冲推覆构造带内的一个区域构造单元，东部窄，中、西部较宽，轴心出露 J_1b、J_1s，东部顶部由 J_{2-3} 组成，西面斜顶由 J_2x、J_2t 组成，两翼由侏罗系、白垩系、第四系组成。其形成主要包括两个阶段：燕山期与喜马拉雅晚期。具体而言，侏罗纪至白垩纪期间，构造活动以向地表逆冲推覆为主，形成垂向叠加的双重构造；喜马拉雅晚期，则以隐伏逆冲为主，形成现今的托斯台断坡背斜。两期构造活动以低角度逆冲为主，多期次、多组断层以前列式组合形成叠瓦状断层转折褶皱（陈伟等，2011）

乌苏泥火山剖面的出露地层包括西山窑组（J_2x）、头屯河组（J_2t）、齐古组（J_3q）底部及上部，吐谷鲁群（K_1TG）底砾岩及紫泥泉子组（$E_{1-2}z$）和第四系，整体由背斜和正断层组成（图 2.5a，b）。本剖面油苗发育类型多样，以泥火山最具代表性，还发育油砂、沥青等固体油气苗（图 2.5c，d）。

乌苏泥火山剖面发育的油砂和沥青均产于侏罗系砂岩层中（图 2.5c，d），其中沥青呈黑色，疏松潮湿，硫化氢气味很浓；油砂为黄褐色，且沿这条沟还有不少油苗零散出露，

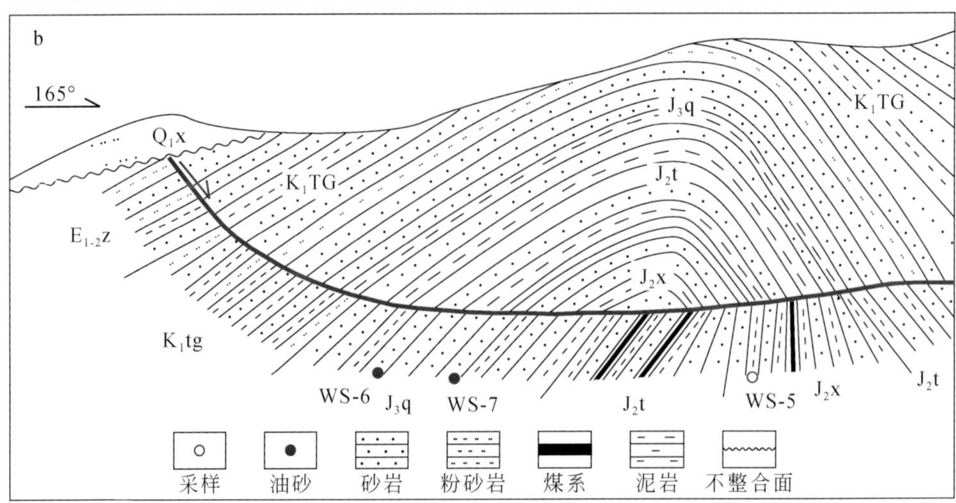

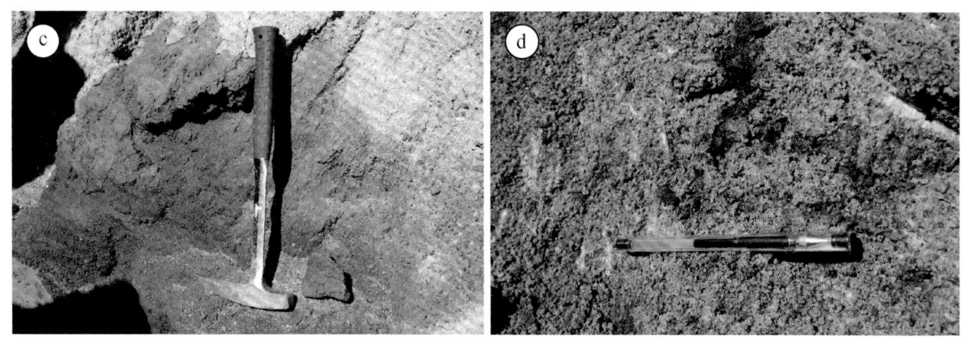

图 2.5　准噶尔盆地南缘西段四棵树地区典型油气苗野外产状图（乌苏油砂剖面）

a. 油气苗产出剖面图；b. 剖面素描图；c. 油砂 WS-6；d. 油砂 WS-7

但大都规模较小。在油砂、沥青的新鲜面周围，可以闻到刺鼻的臭鸡蛋味，可能出现硫化氢气体泄露，且在油砂产出的溪流表层有一层薄薄的油膜，因此推测在泥火山的活跃范围内也有着一定规模的原油泄漏。

乌苏泥火山为目前世界上规模最大的、至今还在活动的泥火山群，地表出露大大小小几十个还在活动的泥火山，此次主要观察了四个泥火山（图 2.6）：1 号泥火山直径 1.0m，呈灰白色，冒气不明显，深度小于 10cm；2 号泥火山直径 0.9m，深度小于 10cm，只在泥火山的局部有气泡冒出，气泡的最大直径为 2cm；3 号泥火山直径 0.6m，深 75cm，冒泡速度为每秒 1 个，气泡的最大直径为 6cm；4 号泥火山活动较弱，直径约 0.6m，水面上漂着一层油膜。乌苏泥火山整体活动性在减弱，规模在减小；1 号和 3 号泥火山的高差约 10m，3 号明显比 1 号活动强烈，这可能说明低海拔处的泥火山的活动潜力更为显著。

图 2.6　准噶尔盆地南缘西段四棵树地区典型油气苗野外产状图（乌苏泥火山剖面）

二、泥火山岩石学特征

乌苏泥火山的岩石学特征将根据不同的样品类型分别进行阐述，包括泥火山外缘泥土、泥岩和油砂样品。3 号泥火山外缘泥土样品（WS-3）胶结程度差，镜下观察发现孔隙非常发育，整体粒径为 0.2mm 左右。矿物组分以石英和长石为主，杂基含量超过 80%；除此以外还发育板状方解石晶体，晶体边缘有了明显被溶蚀的痕迹，且矿物局部也发生交代作用，可能有着复杂的流体活动环境（图 2.7a，b）。

泥火山外缘泥岩样品 WS-5，镜下观察发现整体粒径小于 0.01mm，组成大多为黏土矿物。少见矿物颗粒，以石英为主，可见已经发生黏土化的长石颗粒，粒径小于 0.2mm。矿物间胶结紧密，孔缝含量相对较低。荧光下可见黏土矿物的暗绿色荧光和裂隙间的黄绿色荧光，整体亮度较暗，具有中等的油气显示（图 2.7c，d）。

乌苏泥火山周围产出的油砂样品 WS-6，其显微岩石学特征如图 2.7e 和 f 所示。矿物颗粒破碎，以大颗粒长石为主，粒径可达 1mm，颗粒边缘裂纹发育，经历了破碎作用后矿物形态遭到破坏，在裂隙中间又形成了胶结物，比如黏土矿物。同时岩屑和杂基含量高，可占约 30%。

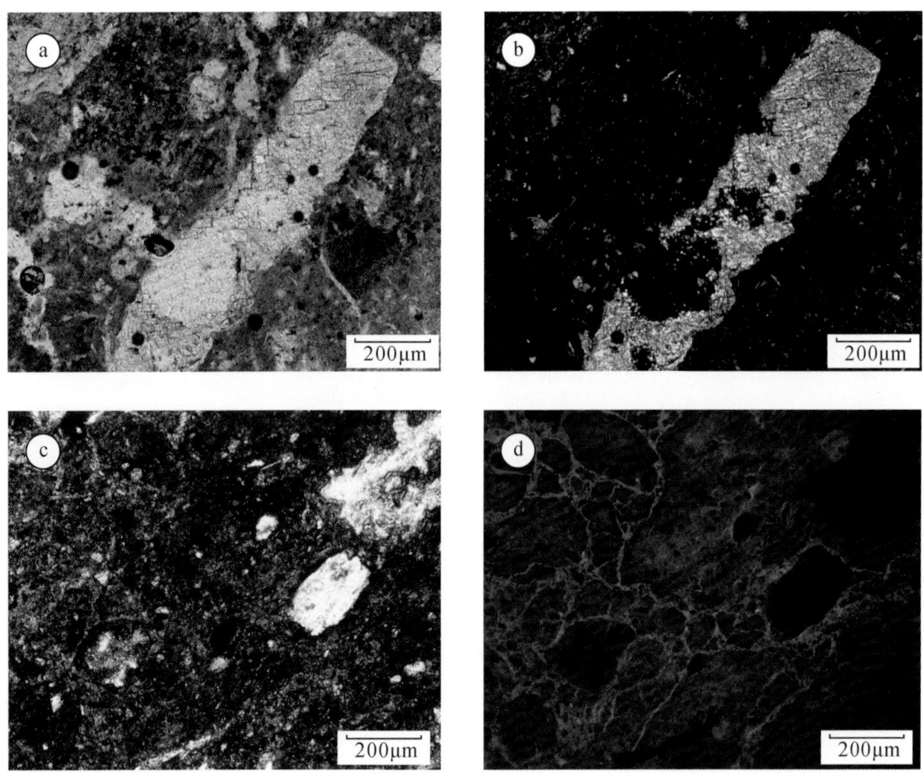

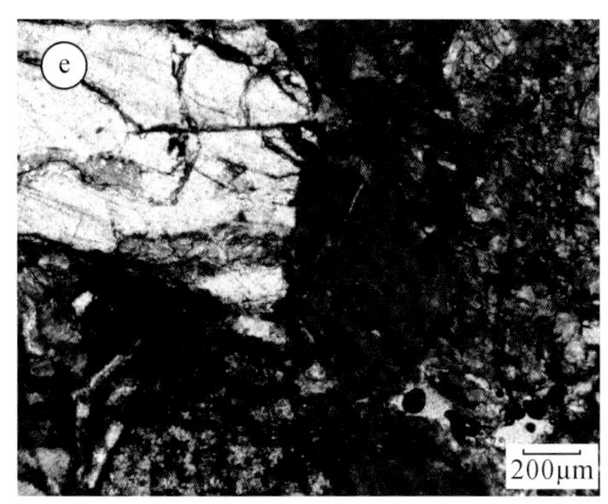

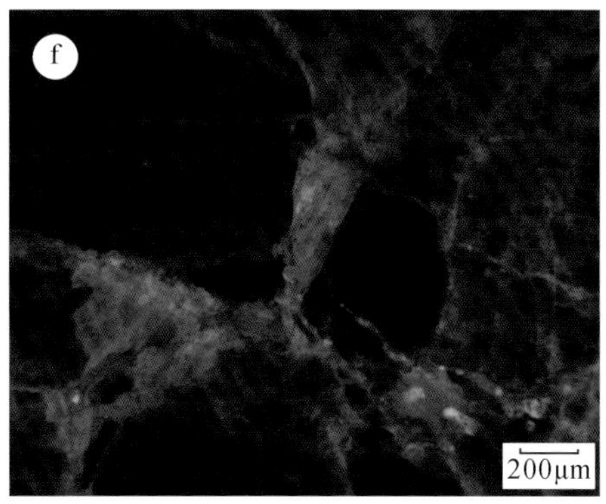

图 2.7　乌苏泥火山显微岩石学特征

a. WS-3 的单偏光照片；b. WS-3 的正交光照片；c. WS-5 的单偏光照片；d. WS-5 的荧光照片；e. WS-6 的单偏光照片；f. WS-6 的荧光照片

三、泥火山有机地球化学特征

分析了泥火山的有机地球化学特征，包括宏观的基础和微观的分子两个尺度。

1. 基础有机地球化学特征

乌苏泥火山的氯仿沥青含量具体为 1 号泥火山 0.1053%，2 号泥火山 0.0321%，3 号泥火山 0.0164%，4 号泥火山 0.0330%；泥岩的氯仿沥青含量为 0.0025%，油砂则为 0.6956% 和 1.2599%。根据以上数据可发现，1 号泥火山到 4 号泥火山喷出物的含油气比例逐渐降低，最高为 0.1%；而油砂的氯仿沥青含量很高，均大于 0.5%，油气显示好。油砂的族组分以饱和烃含量最高，为 82.40%；其次为芳香烃和非烃，分别为 12.50% 和 4.08%；沥青质含量最低，为 1.02%，反映油质轻，流动性强。

与此同时，在泥火山边缘泥土检测到了氯仿沥青碳同位素，说明在泥火山的喷出物中可能存在油气组分。1 号（WS-1）和 2 号（WS-2）泥火山的氯仿沥青碳同位素较轻，分别为 1 号泥火山 −29.56‰ 和 2 号泥火山 −28.43‰（PDB 标准，全书同），而油砂（WS-6）碳同位素较重，为 −27.07‰，说明泥火山喷出物和其周缘的油砂可能存在不同的油气来源。在 3 号泥火山喷出物中有甲烷和乙烷碳同位素检出，说明泥火山喷出物具一定含量的天然气组分，$\delta^{13}C_{甲烷}$=−43.71‰，$\delta^{13}C_{乙烷}$=−26.34‰。

2. 分子有机地球化学特征

对乌苏泥火山喷出物及产出于周缘油砂的分子有机地球化学特征进行了分析，检出了丰富的正构烷烃与类异戊二烯烃，以及萜烷、藿烷和甾烷类等化合物，谱图及具体参数见图 2.8 及表 2.2。

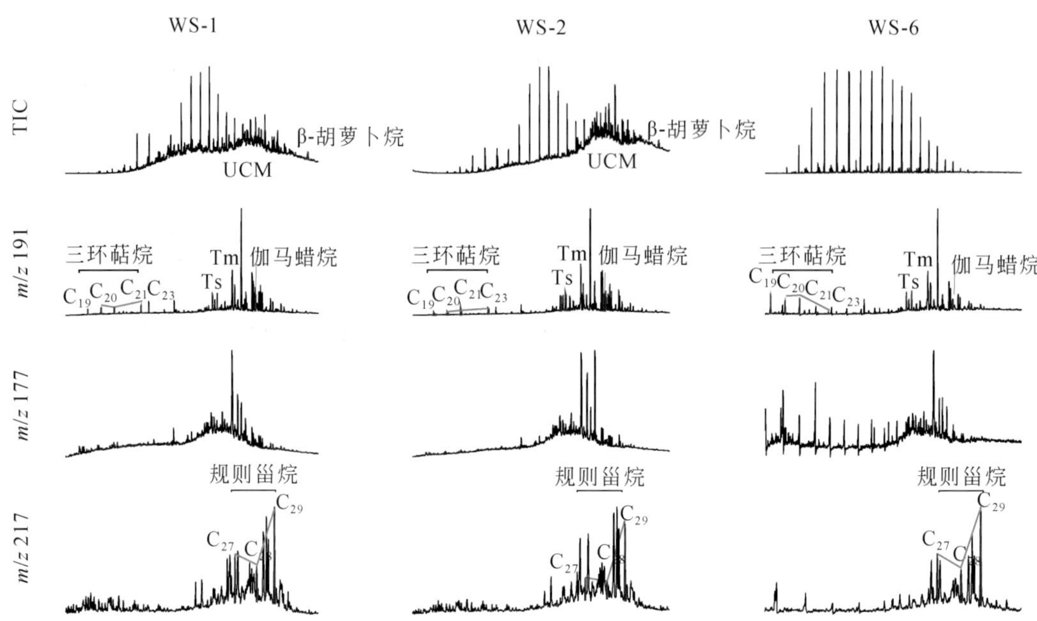

图 2.8 乌苏泥火山分子有机地球化学谱图

表 2.2 乌苏泥火山剖面分子有机地球化学参数

类型	参数	WS-1	WS-2	WS-6
正构烷烃	主峰碳	nC_{24}	nC_{22}	nC_{19}
	碳数范围	nC_{12}—nC_{32}	nC_{15}—nC_{29}	nC_{12}—nC_{36}
	TAR	2.96	1.73	0.17
	OEP	0.72	0.99	1.01
	CPI	1.27	1.49	1.24
	$\sum C_{21-}/\sum C_{22+}$	0.23	0.48	1.76
	$C_{21}+C_{22}/C_{28}+C_{29}$	2.43	3.54	6.11
类异戊二烯烃	Pr/Ph	1.25	1.20	2.44
	Pr/nC_{17}	7.30	1.20	0.24
	Ph/nC_{18}	5.09	1.00	0.09
萜烷	C_{19}/C_{21} 三环萜烷	1.01	0.70	1.19
	C_{20}/C_{21} 三环萜烷	1.34	0.76	0.70
	C_{21}/C_{23} 三环萜烷	0.81	0.58	9.27
	C_{24} 四环萜烷 /C_{26} 三环萜烷	1.83	1.95	6.40
藿烷	Ts/Tm	0.98	0.86	0.87
	伽马蜡烷 /C_{30} 藿烷	0.38	0.31	0.19
甾烷	C_{27}/C_{29} 规则甾烷	0.45	0.28	0.47
	C_{28}/C_{29} 规则甾烷	0.41	0.25	0.40
	C_{29}-20S/（20S+20R）	0.49	0.58	0.37
	C_{29}-ααα/（ααα+αββ）	0.49	0.43	0.51

根据谱图及地球化学指标参数（图 2.8 和表 2.2），可了解该剖面的分子有机地球化学特征。1 号泥火山（WS-1）的正构烷烃分布属“后峰型”，具有偶碳优势，碳数大于 22 组分的含量明显大于碳数小于 22 的组分。谱图中可发现明显的“UCM 鼓包”，反映受到了生物降解作用（图 2.8）。类异戊二烯烃主要以姥植比（Pr/Ph）大于 1 为特征，反映了氧化环境；含有少量 β- 胡萝卜烷，反映了较低盐度环境。三环萜烷特征主要以 C_{20} 含量最高，C_{20}、C_{21} 和 C_{23} 呈“V”型分布，$C_{20} > C_{23} > C_{21}$。然而，四环萜烷含量高，C_{24} 四环萜烷 /C_{26} 三环萜烷为 1.83，该值异常高，反映了陆源有机质占主导。藿烷中 Ts/Tm 为 0.98；同时伽马蜡烷含量高，伽马蜡烷 /C_{30} 藿烷为 0.38，反映了低—中盐度的氧化环境。规则甾烷 C_{27}、C_{28} 和 C_{29} 呈“V”型，反映氧化环境下高等植物生烃母质含量高，同时也部分受到低等浮游生物的影响；甾烷异构化成熟度指数 C_{29}-20S/（20S+20R）为 0.49，C_{29}-ααα/（ααα+αββ）为 0.49（表 2.2），反映为成熟油。

2 号泥火山（WS-2）的正构烷烃分布属“后峰型”，具有奇碳优势，碳数大于 22 的组分含量小于碳数小于 22 的组分。谱图中可发现明显的“UCM 鼓包”，反映受到了生物降解作用（图 2.8）。类异戊二烯烃主要以姥植比（Pr/Ph）大于 1 为特征，反映了氧化环境；含有少量 β- 胡萝卜烷，反映了较低盐度环境。三环萜烷特征主要以 C_{23} 含量最高，C_{20}、C_{21} 和 C_{23} 呈“上升型”分布，$C_{23} > C_{21} > C_{20}$。然而，四环萜烷含量高，C_{24} 四环萜烷 /C_{26} 三环萜烷为 1.95，反映了陆源有机质相对占主导。藿烷中 Ts/Tm 为 0.86；同时伽马蜡烷含量高，伽马蜡烷 /C_{30} 藿烷为 0.31，反映了低—中盐度的氧化环境。规则甾烷 C_{27}、C_{28} 和 C_{29} 呈反“L”型，反映氧化环境下高等植物生烃母质含量高。甾烷异构化成熟度指数 C_{29}-20S/（20S+20R）为 0.58，C_{29}-ααα/（ααα+αββ）为 0.43（表 2.2），反映为成熟油。

泥火山周缘油砂（WS-6）的正构烷烃分布属“前峰型”，具有偶碳优势，碳数大于 22 的含量明显大于与小于 22 的组分。该样品基线平直，烃类保存完整，蚀变程度低（图 2.8）。类异戊二烯烃中姥植比（Pr/Ph）大于 2，反映了较强的氧化环境；未检出 β- 胡萝卜烷，反映了淡水环境。三环萜烷特征主要以 C_{23} 含量最高，C_{20}、C_{21} 和 C_{23} 呈“上升型”分布，$C_{23} > C_{21} > C_{20}$。然而，四环萜烷含量高，C_{24} 四环萜烷 /C_{26} 三环萜烷为 6.40，反映了陆源有机质所占比重大。藿烷中 Ts/Tm 为 0.87；同时伽马蜡烷含量高，伽马蜡烷 /C_{30} 藿烷为 0.19，反映了低—中盐度的氧化环境。规则甾烷 C_{27}、C_{28} 和 C_{29} 呈反“L”型，反映氧化环境下高等植物生烃母质含量高。甾烷异构化成熟度指数 C_{29}-20S/（20S+20R）为 0.37，C_{29}-ααα/（ααα+αββ）为 0.51（表 2.2），反映为未成熟—低熟油。

3. 泥火山喷出物的元素地球化学特征

泥火山喷出物中水的元素地球化学特征如表 2.3 所示，以钠元素含量最高，其次为钾元素。可见泥火山喷出的泥浆中元素类型较为丰富。

表 2.3　乌苏泥火山喷出物中水的元素地球化学特征　　（浓度单位：mg/L）

样号	铜	镉	锰	锶	钾	钠	钙	镁	铝	铁
WS-1	0.013	/	0.05	1.78	11.9	3864	7.96	13.3	6.8	3.07
WS-2	0.109	/	0.235	0.621	11.8	3908	7.89	1.8	8.6	8.2

注：“/”代表无分析数据。

4. 地球化学意义

对以上泥火山的有机地球化学数据进行了综合分析，考虑到次生蚀变（生物降解）对地球化学参数的影响，首先进行了生物降解意义的探讨，在此基础上分析油源及成熟度。

（1）次生蚀变（生物降解）

综合以上的各项地球化学特征，认为乌苏泥火山喷出物中的烃类受到了强烈的生物降解作用，其中 WS-1 样品等级可达 7 级，WS-2 样品可达 4 级；而油砂的蚀变程度相对较弱，WS-6 样品为 2 级（Wenger and Isaksen，2002）。首先，根据正构烷烃的峰型、碳数分布及轻、重组分之比（图 2.8；表 2.2）可发现，碳数小于 12 的组分都已经消失，其中 WS-2 样品碳数从 15 开始，除了陆源生烃母质来源占主导以外，大部分轻组分都被降解；且正构烷烃的相关参数（OEP 和 CPI 等）都有着不同程度的异常值，和烃类的次生蚀变有关。其次，从 *m/z* 191 色质谱图可发现（图 2.8），三环萜烷系列的相对含量较低，且 C_{24} 四环萜烷与 C_{26} 三环萜烷的比都大于 1，最高可达 6，表明三环萜烷含量减少，反映了降解作用的存在。在 *m/z* 177 的谱图中（图 2.8），没有 25- 降藿烷的出现，但谱图特征有所差异，WS-1 样品为一个峰值；而 WS-2 样品中有两个并列最高峰；而 WS-6 样品虽然可能有一系列的降藿烷峰，但该样品本身受到的蚀变降解程度弱，因此其降藿烷成因可能是由于储层中微生物的介入，使烃类中的藿烷系列化合物生物性质被改造，从而形成降藿烷系列（杜宏宇等，2004）。因此，乌苏泥火山喷出物中烃类的降解蚀变作用相对较强，而泥火山周缘的油砂降解程度弱。

（2）油源

该剖面油砂的生烃母质可能是以高等植物为主，但受到不同程度的低等浮游生物混源的影响。证据有三。首先，该剖面油砂（WS-6）的氯仿抽提物碳同位素较重，具有明显的陆源植物输入的特征，而 1 号和 2 号泥火山的氯仿抽提物碳同位素较轻，其中 WS-1 小于 −29.5‰，说明油砂和泥火山的烃类来源有着明显的差异。第二，可发现 3 号泥火山天然气的甲烷碳同位素为 −43.71‰，接近油型气特征，而乙烷的碳同位素则 −26.34‰，则介于煤型气和油型气之间（宋岩和徐永昌，2005），因此推测存在不同类型的油气源混合。第三，根据剖面油砂的有机地化谱图（图 2.8），发现代表缺氧、盐湖或海相环境的 β- 胡萝卜烷和伽马蜡烷的含量都比较低，而代表陆源高等植物来源的 C_{19} 三环萜烷、C_{29} 规则甾烷都处于主导地位（Peters et al.，2005）。结合研究区的构造背景，侏罗纪时期燕山运动使得盆地抬升，研究区以河流相和滨湖沼泽相的氧化沉积环境为主，而古近系时准噶尔盆地沉降，发育还原环境为主的咸水湖相沉积，据此可认为 1 号和 2 号泥火山的烃类来源为侏罗系和古近系烃源岩，而油砂则为侏罗系来源为主（陈建平等，2016a，2016b）。

（3）成熟度

在众多可表征成熟度的指标中，OEP、CPI、Pr/nC_{17} 和 Ph/nC_{18} 由于正构烷烃及类异戊二烯烃的降解作用，无法对原油的成熟度进行探讨。而前人研究成果表明 Ts/Tm 抗生物降解的能力较强，而且受成熟度的影响明显，在相同来源的情况下随成熟度的增大而增大，因此可用于生物降解，甚至是严重生物降解原油成熟度的判识（Peters and Moldowan，1993；路俊刚等，2010）。乌苏泥火山剖面的所有样品 Ts/Tm 比值较高，都大于 0.85，且根据 C_{29}-20S/（20S+20R）和 C_{29}-ααα/（ααα+αββ）这两个成熟度参数，可发现泥火山剖面的样品都已达到成熟范围，为低成熟—成熟（Peters et al.，2005）。

综上，根据该油气苗点分布于四棵树凹陷的构造背景，结合油源判识标准分析泥火山喷出物中的烃类源自侏罗系和古近系油源混源，而油砂来自侏罗系烃源岩（陈建平等，2016a, 2016b）；且喷出物中的生物降解作用较强，4～7 级不等；油砂的烃类降解程度最低，为 2 级。

四、泥火山傅里叶红外光谱地球化学特征

对乌苏泥火山周缘的油砂全岩粉末进行了红外光谱测试，检出了众多常见基团及指征基团，常见基团主要包括游离羟基（—OH）、亚甲基（$—CH_2$）、甲基（$—CH_3$）、巯基（—SH）、碳碳双键（—C═C—），指征基团主要包括碳氧双键（—C═O）、醚键（C—O—C）及 C—Br（图 2.9）。具体而言，可发现乌苏泥火山周缘所产出的油砂样品的油气显示好，具有很强的亚甲基的对称伸缩和反对称伸缩峰，还具有甲基对称变形峰及碳碳双键的显示；同时在波长为 500cm^{-1} 左右区域，还具有微弱的 C—Br 键吸收峰显示。

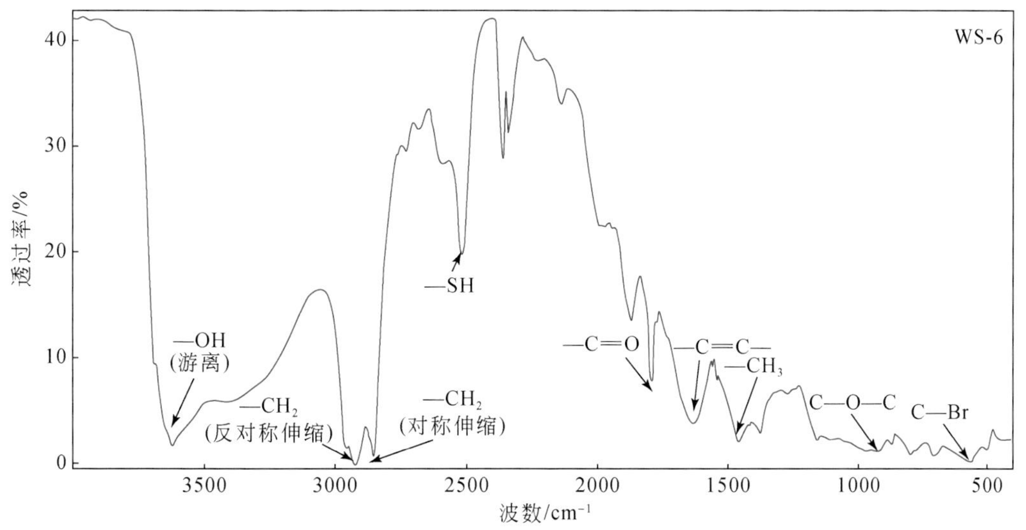

图 2.9　乌苏泥火山剖面（WS-6 样品）傅里叶变换红外光谱谱图

五、泥火山剖面流体活动特征

通过以上对于该剖面的研究发现，泥火山周缘泥土的胶结程度差，大多为松散颗粒，无法对其流体活动进行细致刻画；而边缘发育的泥岩及油砂油气显示好，胶结程度高，流体活动相对复杂，并以此为代表展开了流体活动特征分析。扫描电镜背散射图像下观察发

现，WS-5 样品胶结致密，矿物颗粒间都有胶结物填充，矿物颗粒磨圆中等（图 2.10a，b）。具体而言，该样品中可发现明显的钾长石溶解及其高岭石化的现象，而且钠长石颗粒中也有绿泥石细小颗粒形成，说明其遭受了明显的风化蚀变。在二次电子像观察后发现，有钛铁矿的形成，并于方解石胶结物边缘（图 2.10c），因此可判断其形成于相对碱性的流体环境（单祥等，2018）。而对于该剖面的油砂样品，可见其矿物颗粒破碎程度较高；可见石英颗粒裂痕，而且颗粒间胶结程度高；可见明显的有机质赋存于颗粒间裂隙内；同时可见石英颗粒的裂隙中有方解石形成（图 2.10d，e），说明区域构造运动活跃。在二次电子像观察后发现，方解石胶结总体存在两期，并于石英颗粒边缘分布（图 2.10c）。

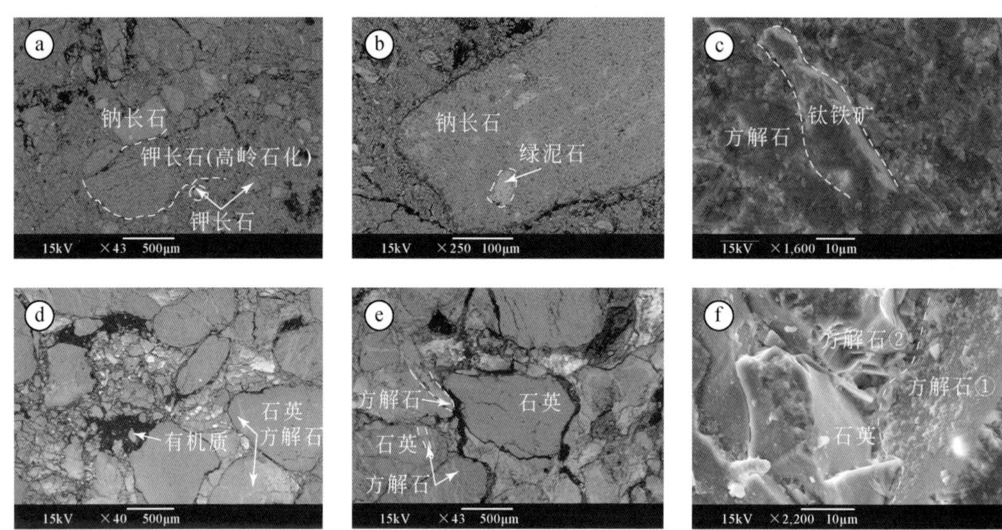

图 2.10　乌苏泥火山扫描电镜图版

a、b. WS-5 的背散射图像；c. WS-5 的二次电子像；d、e. WS-6 的背散射图像；f. WS-6 的二次电子像

综合以上特征，可发现该剖面整体的流体环境以偏碱性的氧化环境为主，存在两期钙质流体活动。碱性的氧化环境下，现有一期方解石形成于颗粒间；构造运动发生后，石英颗粒破碎，二期方解石沉淀；最后含油气流体进入颗粒间的孔隙。

六、泥火山成因模式

根据以上对研究区泥火山剖面岩石学和地球化学特征的分析，建立成因模式，结果发现，如图 2.11，本油苗点的成因具有鲜明的“源控 + 断控”特征，烃源岩展布和断裂的分布是最为主要的控制因素。

对该剖面泥火山和油砂的地球化学分析表明，乌苏泥火山中的烃类组分来源主要来自于侏罗系煤系烃源岩和古近系烃源岩。如果二者混合，则必须有运移通道将两个层位的烃源岩沟通。因此推测有一条主断裂分布于侏罗系和古近系的周围，生成的油气沿着该断裂不断向上运移，最后到达泥火山从而其喷出物中的烃类同时具有侏罗系和古近系烃源岩的

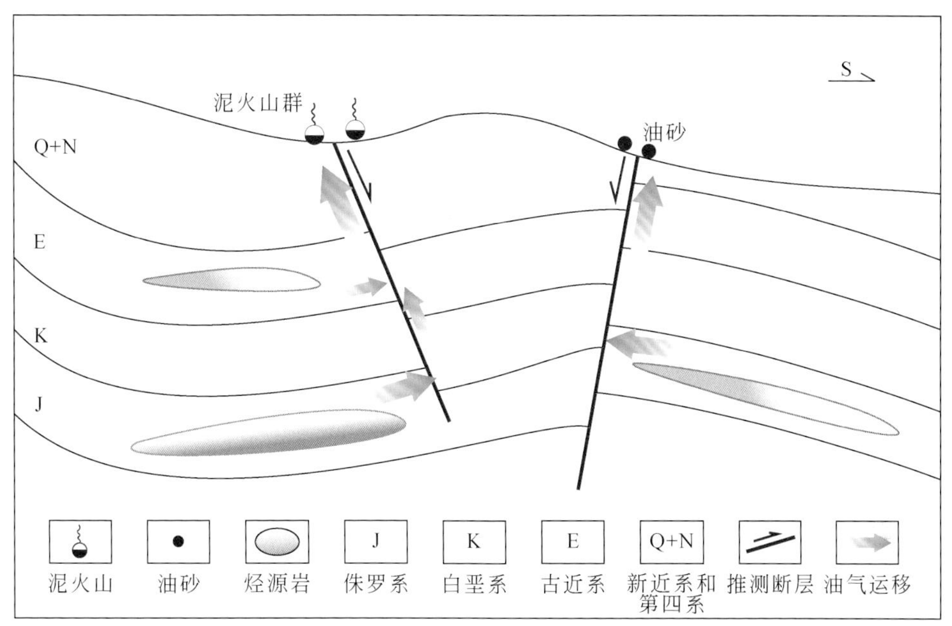

图 2.11　乌苏泥火山剖面成因模式图

特征（图 2.11）。在泥火山周围，断裂发育，是构造活跃相对活跃的区域，属拉张构造区域，以正断层为主的断裂系统的发育不仅为油气运移提供了通道，同时也将地下的含油气流体系统与地表流体系统相互结合，源源不断地为泥火山提供了物源。

对于油砂，与泥火山有所不同。根据上述对油砂成因的分析，发现侏罗系为油砂的主力烃源岩，因此可以推断，在油砂发育的区域，古近系烃源岩不发育，或者古近系来源的烃类流体没有良好的运移通道运移直地表。油气源为二者最为主要的差异，而且结合上文对生物降解程度的分析，发现泥火山的降解程度强，而油砂几乎未受到降解，因此可以推测现在油气还在沿着运移通道不断向上运移至地表，烃类供给充足，可能还具有近源的特征。故与泥火山相似的是也有一条主断裂，为深部的侏罗系油源提供运移通道，最后到地表形成油砂。

综上，本书认为乌苏泥火山剖面是以“源控 + 断控”为特色，烃源岩展布及断裂分布是最为主要的控制因素。

第四节　阿尔钦沟泥火山剖面

一、地质路线与剖面

如图 2.12 所示，阿尔钦沟泥火山剖面位于乌苏市西南约 45km 的阿尔钦沟泥火山区域内，地理坐标 44°11′19.81″N，84°29′35.67″E。驱车从乌苏市沿 115 省道行驶约 2km 后，进入乌白段 X795 乡道，再行驶约 13km，后进入 033 乡道，行驶约 30km 后可至。

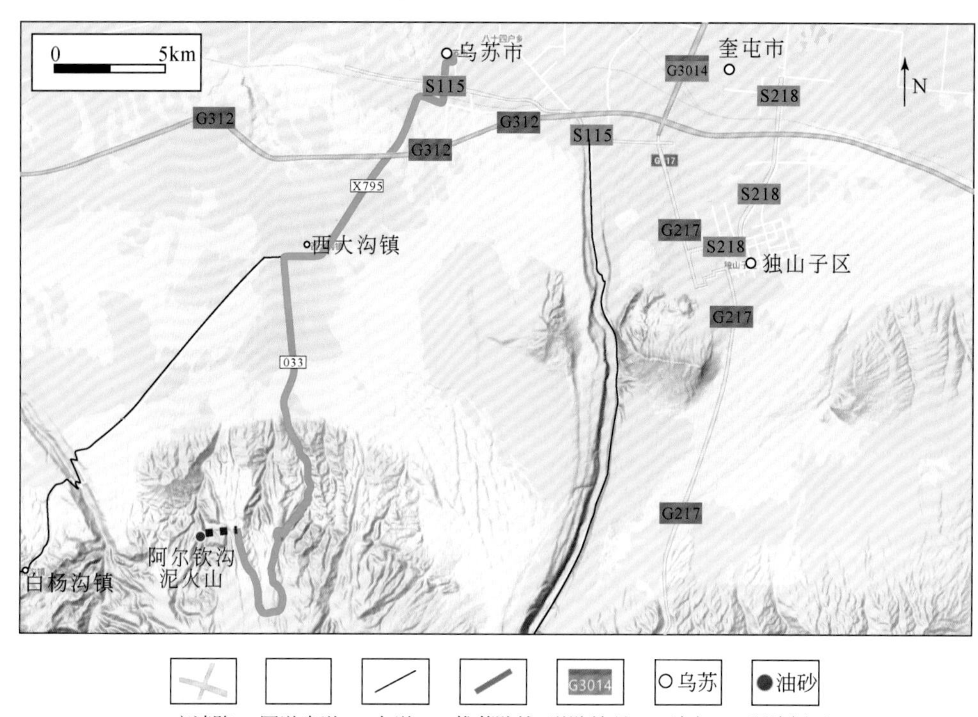

图 2.12　阿尔钦沟泥火山交通位置示意图（底图源自谷歌地图）

阿尔钦沟泥火山位于阿尔钦沟背斜轴部西侧，泥火山则发育背斜核部（图 2.13）。背斜南缓北陡，背斜轴心仅出露中侏罗统西山窑组（J_2x），背斜核部发育一系列正断层和牵引构造，在白垩系中还发育一些规模较小的断裂，通过两个锥状孪生泥火山，两个泥火山坐落在河谷的沙石阶地上，二者相距约 10m，形态完整。泥火山主要产于背斜核部的西山窑组地层中。该地层主要为砂岩及粉砂岩，含煤线。本剖面其他层位或多或少都受到断层影响，较为破碎。

在阿尔钦沟泥火山剖面主要观察了 3 个规模较大的泥火山（图 2.13）。其中，1 号泥火山口直径约 1.5m，冒泡速度每秒 1 个，气泡直径最大约 10 ～ 15cm，最多同时冒 2 个泡，相隔约 50cm，泥水表面漂有油膜。可闻到油味、H_2S 味等。2 号泥火山口直径约 30 ～ 40cm，冒泡速度每秒 0.3 个，气泡直径最大约 10 ～ 15cm，大小不一，泥水表面漂有油花，油味不明显。3 号泥火山距 2 号泥火山 50° 约 5m，泥火山口直径约 20cm，气泡直径约 5 ～ 10cm，冒泡速度为每秒 2 ～ 3 个，气泡小。

二、泥火山有机地球化学特征

分析了泥火山的有机地球化学特征，包括宏观的基础和微观的分子两个尺度。

1. 基础有机地球化学特征

阿尔钦沟剖面的 1 号泥火山喷出物的氯仿沥青含量为 0.7567%，2 号泥火山为 0.2084%，

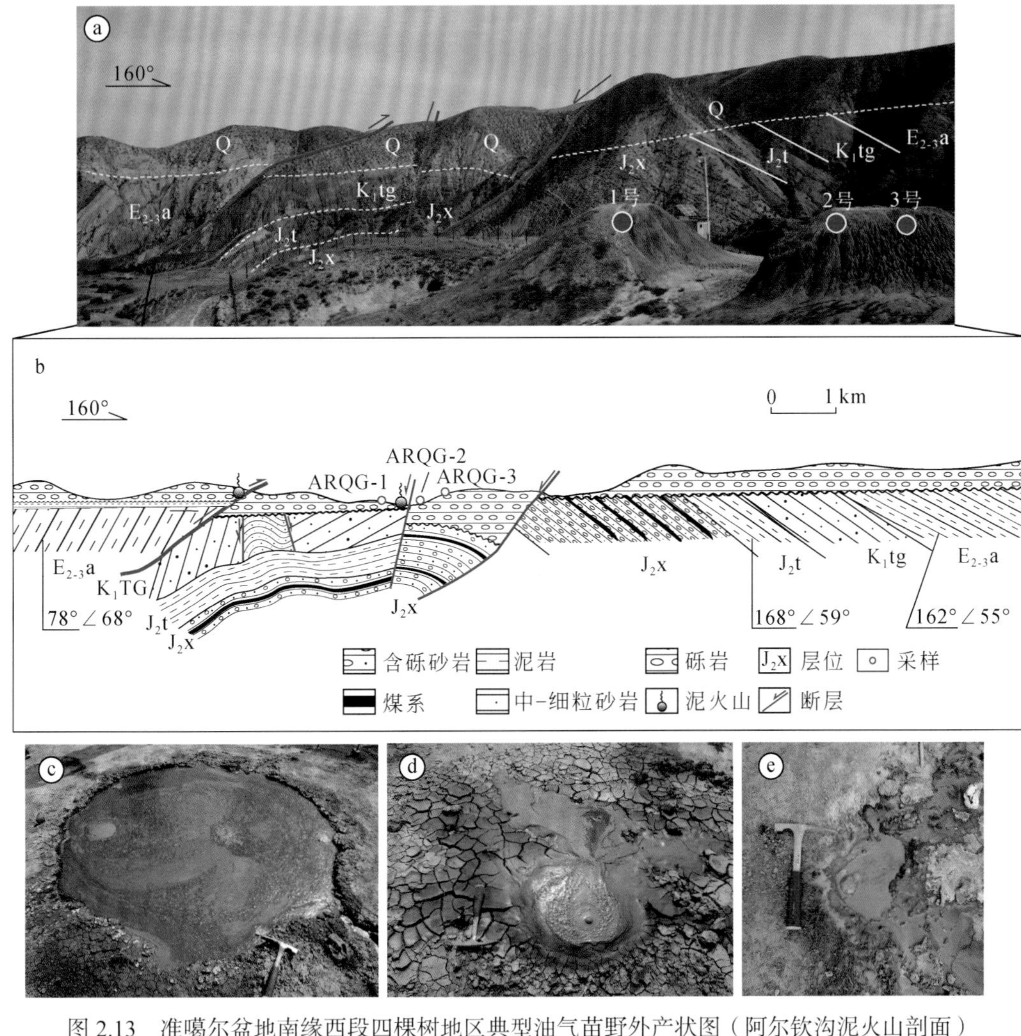

图 2.13　准噶尔盆地南缘西段四棵树地区典型油气苗野外产状图（阿尔钦沟泥火山剖面）

a. 油气苗产出剖面图；b. 剖面素描图；c. 1 号泥火山 ARQG-1；d. 2 号泥火山 ARQG-2；e. 3 号泥火山 ARQG-3

反映喷出物的含油气都相对较高。烃类族组分以饱和烃含量最高，为 61.76%；其次为芳香烃和非烃，分别为 26.33% 和 10.34%；沥青质含量最低，为 0.94%，反映油质轻，流动性强。

在泥火山边缘泥土检测到了氯仿沥青碳同位素，说明在泥火山的喷出物中存在油气组分。1 号（ARQG-1）和 2 号（ARQG-2）泥火山的氯仿沥青碳同位素较重，分别为 -27.30‰ 和 -27.52‰，二者可能具有相似的成因。

2. 分子有机地球化学特征

对阿尔钦沟泥火山喷出物的分子有机地球化学特征进行了分析，检出了丰富的正构烷烃与类异戊二烯烃，以及萜烷、藿烷和甾烷类等化合物，谱图及具体参数见图 2.14 和表 2.4。

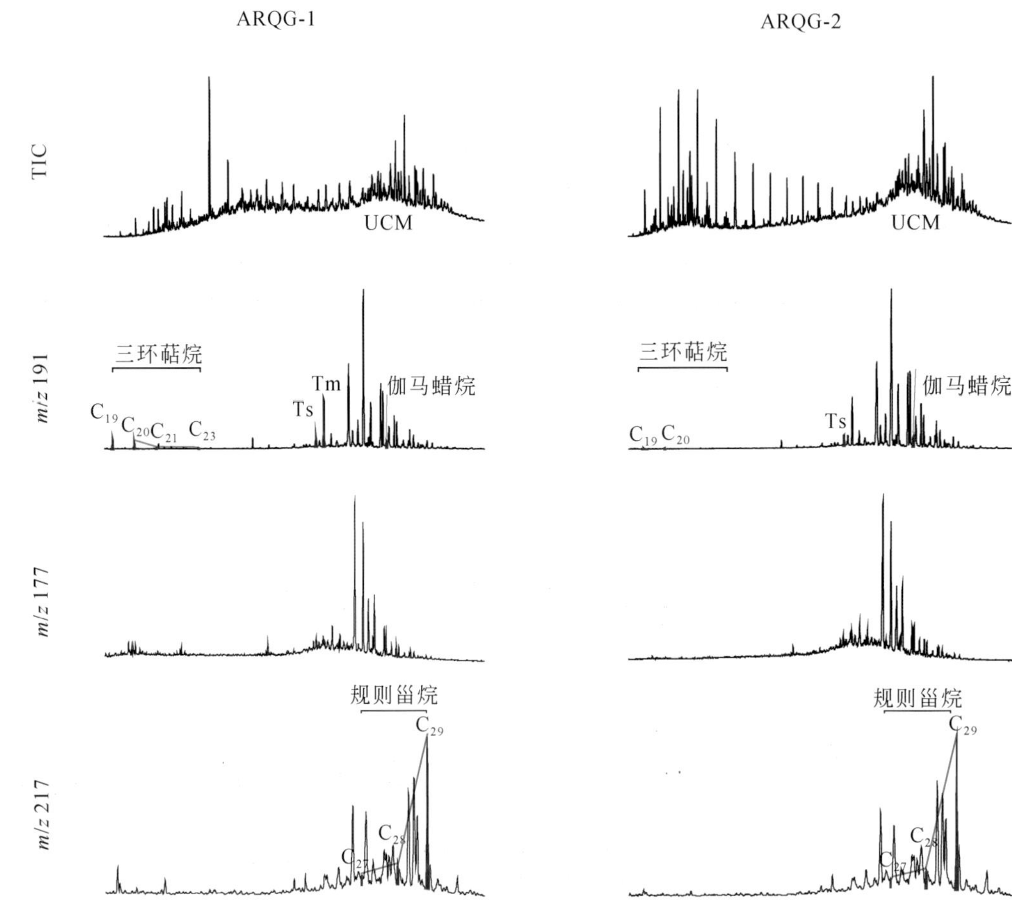

图 2.14　阿尔钦沟泥火山剖面分子有机地球化学谱图

表 2.4　阿尔钦沟泥火山剖面分子有机地球化学参数

类型	参数	ARQG-1	ARQG-2
正构烷烃	主峰碳	/	nC_{14}
	碳数范围	/	nC_{11}—nC_{24}
	TAR	/	0.00
	OEP	/	1.00
	CPI	/	/
	$\sum C_{21-}/\sum C_{22+}$	/	9.99
	$C_{21}+C_{22}/C_{28}+C_{29}$	/	3.54
类异戊二烯烃	Pr/Ph	/	3.14
	Pr/nC_{17}	/	0.78
	Ph/nC_{18}	/	0.35
萜烷	C_{19}/C_{21} 三环萜烷	10.29	2.69
	C_{20}/C_{21} 三环萜烷	5.25	1.66
	C_{21}/C_{23} 三环萜烷	1.68	1.49
	C_{24} 四环萜烷 /C_{26} 三环萜烷	18.14	14.38

续表

类型	参数	ARQG-1	ARQG-2
藿烷	Ts/Tm	0.22	/
	伽马蜡烷 /C_{30} 藿烷	0.07	0.06
甾烷	C_{27}/C_{29} 规则甾烷	0.06	0.05
	C_{28}/C_{29} 规则甾烷	0.15	0.17
	C_{29}-20S/（20S+20R）	0.43	0.48
	C_{29}-ααα/（ααα+αββ）	0.49	0.49

注：“/”代表无分析数据。

根据谱图及地化指标参数（图 2.14；表 2.4），可描述该剖面的分子有机地球化学特征。1 号泥火山（ARQG-1）的正构烷烃及类异戊二烯烃未检测到。三环萜烷特征主要以 C_{19} 含量最高，C_{20}、C_{21} 和 C_{23} 呈“下降型”分布，C_{20} > C_{21} > C_{23}。然而，四环萜烷含量极高，C_{24} 四环萜烷 /C_{26} 三环萜烷为 18.14，反映了陆源有机质占主导。藿烷中 Ts/Tm 为 0.22；同时伽马蜡烷含量高，伽马蜡烷 /C_{30} 藿烷为 0.07，反映了陆相淡水环境。规则甾烷 C_{27}、C_{28} 和 C_{29} 呈反“L”型，反映氧化环境下高等植物生烃母质含量高；甾烷异构化成熟度指数 C_{29}-20S/（20S+20R）为 0.43，C_{29}-ααα/（ααα+αββ）为 0.49（表 2.4），反映为成熟油。

2 号泥火山（ARQG-2）的正构烷烃分布属“前峰型”，碳数大于 22 的组分含量小于碳数小于 22 的组分。谱图中可发现具有明显的“UCM 鼓包”，反映受到了生物降解作用（图 2.14）。类异戊二烯烃主要以姥植比（Pr/Ph）大于 3 为特征，反映了强氧化环境。三环萜烷大部分都已被降解，仅残余 C_{19} 及 C_{20}。然而，四环萜烷含量高，C_{24} 四环萜烷 /C_{26} 三环萜烷为 14.38，反映了陆源有机质相对占主导。藿烷中伽马蜡烷含量极低，伽马蜡烷 /C_{30} 藿烷为 0.06，反映了陆相环境。规则甾烷 C_{27}、C_{28} 和 C_{29} 呈反“L”型，反映氧化环境下高等植物生烃母质含量高。甾烷异构化成熟度指数 C_{29}-20S/（20S+20R）为 0.48，C_{29}-ααα/（ααα+αββ）为 0.49（表 2.4），反映为成熟油。

3. 地球化学意义

对以上泥火山的有机地球化学数据进行了综合分析，考虑到次生蚀变（生物降解）对地球化学参数的影响，首先进行生物降解意义的探讨，在此基础上分析油源及成熟度。

（1）次生蚀变（生物降解）

综合泥火山的各项地球化学特征，认为阿尔钦沟泥火山喷出物中的烃类受到了强烈的生物降解作用，其中 ARQG-1 样品等级可达 4 级，ARQG-2 样品可达 7 级（Wenger and Isaksen，2002）。首先，根据正构烷烃的峰型、碳数分布及轻、重组分之比（图 2.14 及表 2.4），发现 ARQG-1 样品完全未检测到正构烷烃及类异戊二烯烃。且 ARQG-2 样品碳数小于 11 的组分都已经消失，除了陆源生烃母质来源占主导以外，大部分轻组分都被降解。其次，从 *m/z* 191 谱图色质可发现（图 2.14），三环萜烷系列的相对含量极低，且 C_{24} 四环萜烷与 C_{26} 三环萜烷比值的可达 14 ～ 18，表明三环萜烷含量减少，反映了降解作用的存在。而且，2 号样品中未检测到 Tm，说明其可能受到降解作用。在 *m/z* 177 的谱图中（图 2.14），没有 25- 降藿烷的出现，且峰型一致。因此，阿尔钦沟泥火山喷出物中烃类的降解蚀变作用相对较强，其中 2 号泥火山中烃类所受到的降解作用最强。

（2）油源

该剖面生烃母质可能是以高等植物为主，证据有二。第一，该剖面氯仿抽提物碳同位素较重，具有明显的陆源植物输入的特征（表 2.4），且二者来源相似。第二，根据剖面泥火山的有机地化谱图（图 2.14），发现不存在代表缺氧、盐湖或海相环境的 β- 胡萝卜烷，伽马蜡烷的含量都极低，而代表陆源高等植物来源的 C_{19} 三环萜烷、C_{29} 规则甾烷都处于主导地位（Peters et al.，2005）。结合研究区的构造背景，侏罗纪时期燕山运动使得盆地抬升，研究区以河流相和滨湖沼泽相的氧化沉积环境为主，据此可认为阿尔钦沟泥火山的油气源为侏罗系烃源岩（陈建平等，2016a，2016b）。

（3）成熟度

在众多可表征成熟度的指标中，OEP、CPI、Pr/nC_{17} 和 Ph/nC_{18} 由于正构烷烃及类异戊二烯烃的降解作用，无法对原油的成熟度进行探讨。而前人研究成果表明 Ts/Tm 抗生物降解的能力较强，而且受成熟度的影响明显，在相同来源的情况下随成熟度的增大而增大，因此可用于生物降解，甚至是严重生物降解原油成熟度的判识（Peters and Moldwan，1993; 路俊刚等，2010）。阿尔钦沟泥火山的样品 Ts/Tm 为 0.22，且根据 C_{29}-20S/（20S+20R）及 C_{29}-ααα/（ααα+αββ）这两个成熟度参数，可发现泥火山剖面的样品都已达到成熟范围（Peters et al.，2005）。

综上，根据该油气苗点分布于四棵树凹陷的构造背景，结合油源判识标准分析泥火山喷出物中的烃类源自侏罗系油源（陈建平等，2016a，2016b）；且喷出物中的生物降解作用较强，4 ～ 7 级不等。

三、泥火山成因模式

根据以上对研究区泥火山地球化学特征的分析，建立了其成因模式，结果发现，如图 2.15 所示，本油苗点的成因具有鲜明的“源控 + 断控”特征，烃源岩展布和断裂的分布是最为主要的控制因素。

对该剖面泥火山的地球化学分析表明，阿尔钦沟泥火山中的烃类组分来源主要来自于侏罗系煤系烃源岩。因此在泥火山发育的区域古近系烃源岩不发育，或者古近系来源的烃类流体没有良好的运移通道。同时，两个泥火山都受到了强烈的生物降解作用，说明源自地下的深部流体受到了前地表的次生降解蚀变作用强烈。同时，断裂发育，为构造相对活跃的区域，属拉张构造环境。而在泥火山周围，以正断层为主的断裂系统的发育不仅为油气运移提供了通道，同时也将地下的含油气流体系统与地表流体系统相互结合，源源不断地为泥火山提供了物源。因此，存在一条主断裂，为深部的侏罗系油源提供运移通道，直接运移至泥火山喷出物的储集空间内，使地下的含油气流体系统与地表流体系统相互结合。

综上，本书认为阿尔钦沟泥火山剖面是以“源控 + 断控”为特色，烃源岩展布及断裂分布是最为主要的控制因素。

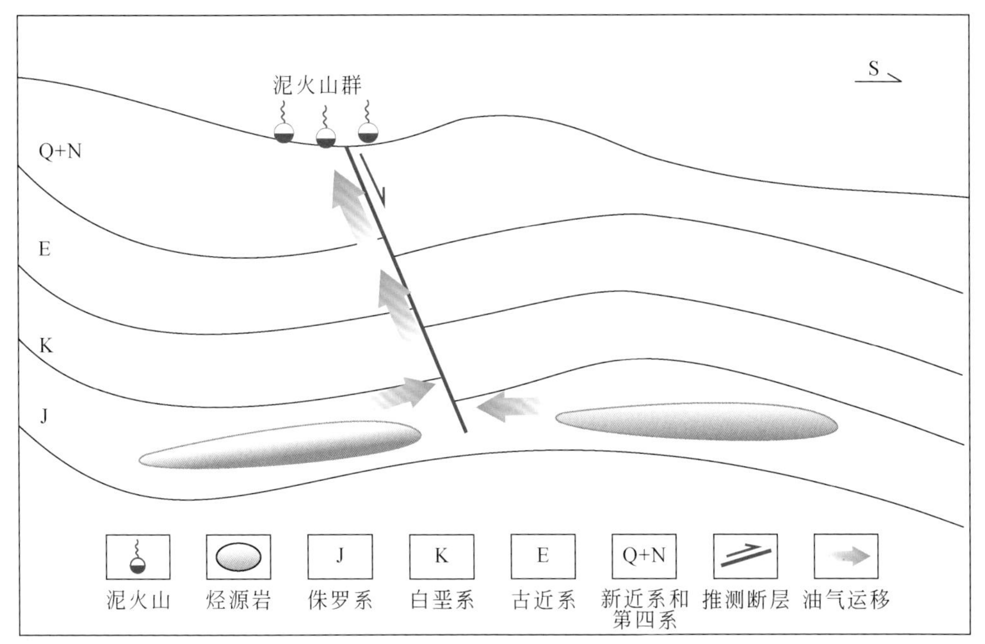

图 2.15　阿尔钦沟泥火山剖面成因模式图

第五节　独山子泥火山剖面

一、地质路线与剖面

如图 2.16 所示，剖面位于乌苏市东南约 22km 的独山子泥火山景区内，地理坐标 44°18′32.0″N，84°51′16.0″E。驱车从乌苏市沿 115 省道行驶约 5km 后，进入 G312 国道，行驶约 7km 后，进入 G217 国道行驶约 9km，之后再行驶约 1km 可至。

独山子泥火山地处北天山山前冲断带的独山子背斜轴部，轴向近东西，呈现出北翼陡南翼缓的特点，北翼被一东西方向延伸的独山子逆断裂所切割，断裂南倾，在背斜轴部分布着数条正断层和张性破裂带（王道等，1997）。背斜南翼出露地层为下更系统西域组（Q_1x）、上新统独山子组（N_2d）和中新统塔西河组（N_1t）；背斜核部出露中新统塔西河组，岩性为紫红色砂泥岩，背斜形态宽缓、开阔；背斜北翼受下伏断层影响，地层较陡。背斜翼部中更新统（Q_2）与下伏地层呈不整合接触（王彦君等，2012）。该背斜的形成主要与喜马拉雅运动有着密切关联。喜马拉雅早期构造演化（N_2d 沉积时期）发育转折褶皱，圈闭形态完整；喜马拉雅中期构造演化（N_2d、Q_1 时期）发育传播褶皱，主控断裂发育，独山子背斜进一步向上隆起；喜马拉雅晚期构造演化（Q_4）时期发育逆冲冲断，独山子背斜主体部位遭受改造或者破坏（冀冬生等，2015）。

独山子泥火山剖面主要出露中新统沙湾组（N_1s）、中新统塔西河组（N_1t）、上新统独山子组（N_2d）和第四系（Q）（图 2.17b）。本研究共观察到两个规模较大的泥火山（图 2.17c，d）：1 号泥火山直径 50cm，深度 40cm，气泡最大直径 4cm；泥火山间歇

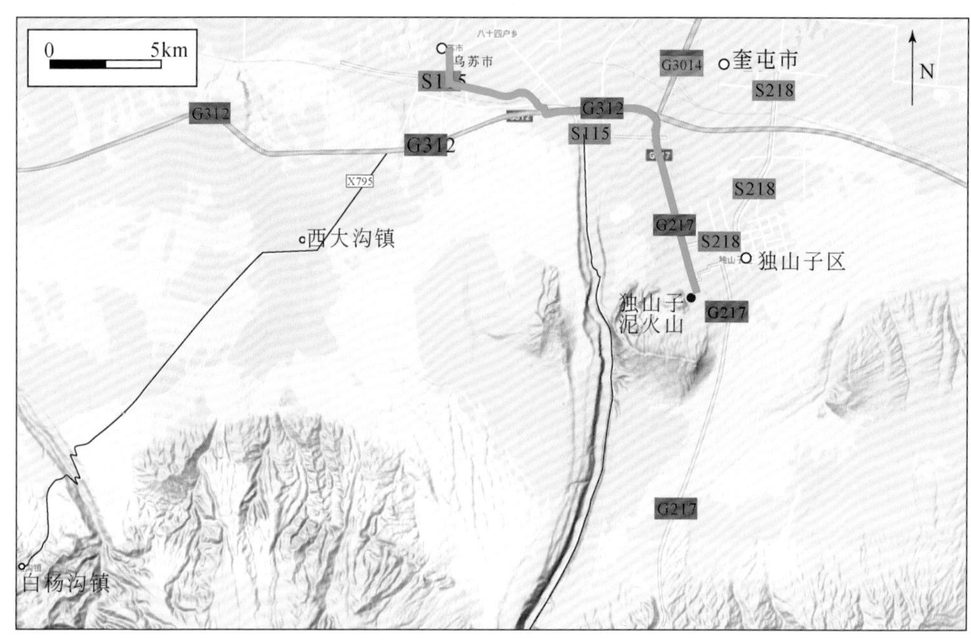

图 2.16　独山子泥火山交通位置示意图（底图源自谷歌地图）

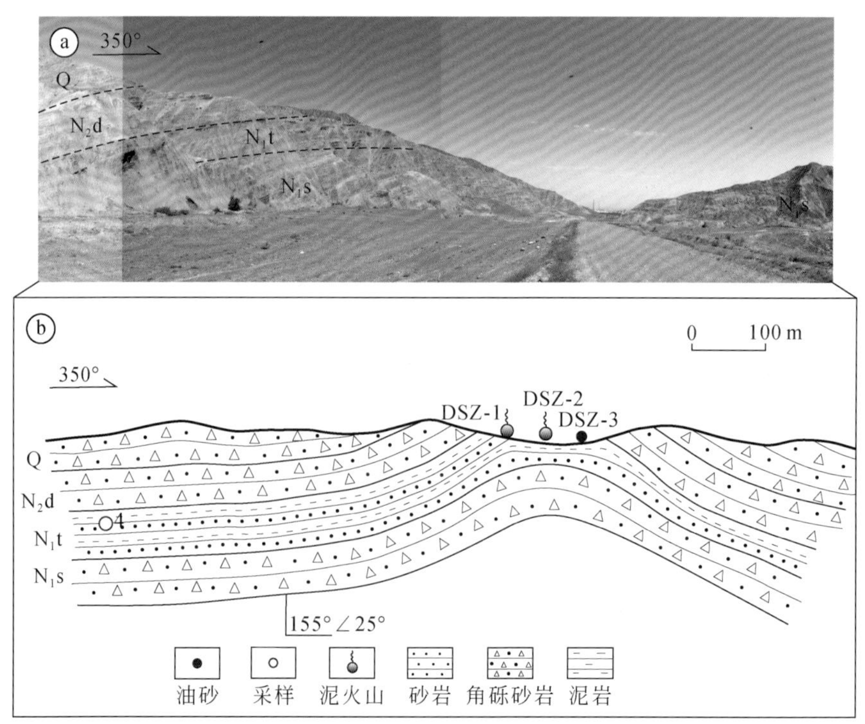

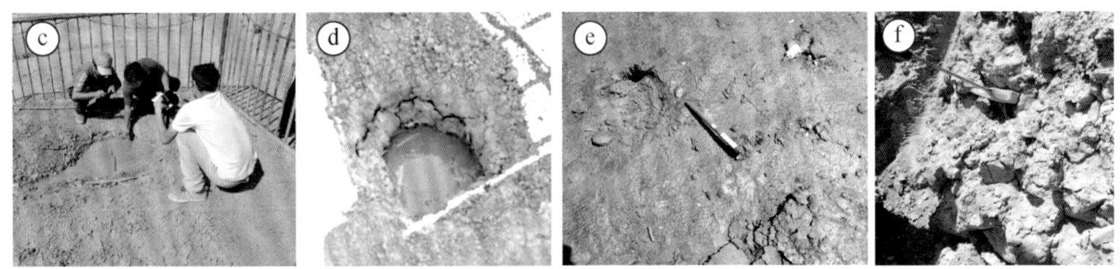

图 2.17　准噶尔盆地南缘西段四棵树地区典型油气苗野外产状图（独山子泥火山剖面）

a. 油气苗产出剖面图；b. 剖面素描图；c. 1 号泥火山 DSZ-1；d. 2 号泥火山 DSZ-2；e. 泥火山周缘油砂 DSZ-3；f. 泥火山周缘粉砂岩 DSZ-4

性冒泡，间隔时间为 2 ～ 3min，冒泡速度为每秒 1 个；泥火山整体呈灰色；2 号泥火山位于 1 号泥火山的北西 65° 方向的 25m 处，泥火山直径 30cm，深度 60cm，气泡最大直径 5.5cm，连续性冒泡，冒泡速度为每秒 2 个。同时，如图 2.17e 和 f，本书对泥火山周围产出的油砂和粉砂质泥岩进行采样，探讨泥火山的油气来源及成因模式。

二、泥火山岩石学特征

独山子泥火山的岩石学特征将根据不同的样品类型分别进行阐述，包括泥火山外缘泥土和周缘粉砂岩样品。

1 号泥火山泥土样品（DSZ-1）胶结程度最差，镜下观察发现孔隙非常发育，整体粒径差异大，为 0.1 ～ 0.5mm 左右。矿物组分以石英和长石为主，杂基含量超过 60%；除此以外可见石英颗粒受到构造应力作用产生变形，正交光下干涉色产生了明显的非均一性，具有波状消光的特征，且矿物局部也发生交代作用，少见黄褐色油气运移后的残留有机质（图 2.18a，b）。

2 号泥火山泥土样品 DSZ-2，镜下观察发现整体粒径较小，大多为 0.3mm 左右，颗粒间大多可见充填，胶结程度较 1 号泥火山好。矿物组分以石英和长石为主，杂基含量超过 30%，可见明显的黑色有机质。（图 2.18c，d）。

泥火山外缘粉砂质泥岩样品 DSZ-4，镜下观察发现整体粒径小于 0.1mm，组成大多为黏土矿物，可占 80%。少见矿物颗粒，以石英为主。矿物间胶结紧密，原生孔缝相对较不发育，以次生裂隙为主。荧光下可见黏土矿物的暗绿色荧光和裂隙间的黄绿色荧光，整体亮度较暗，具有中等的油气显示（图 2.18e，f）。

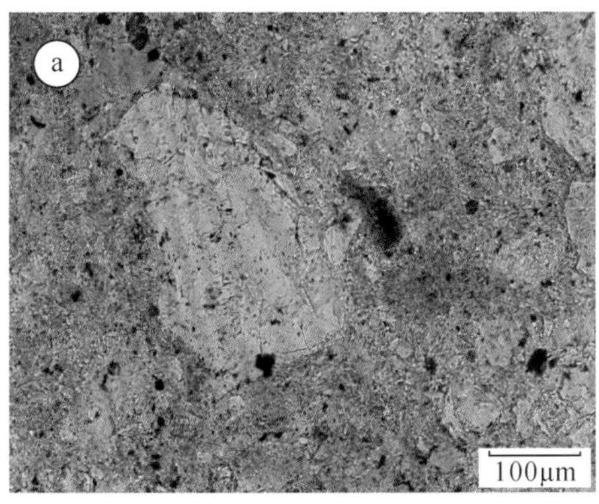

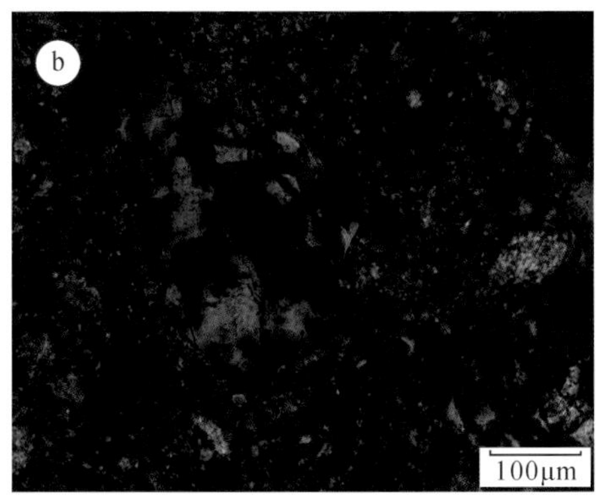

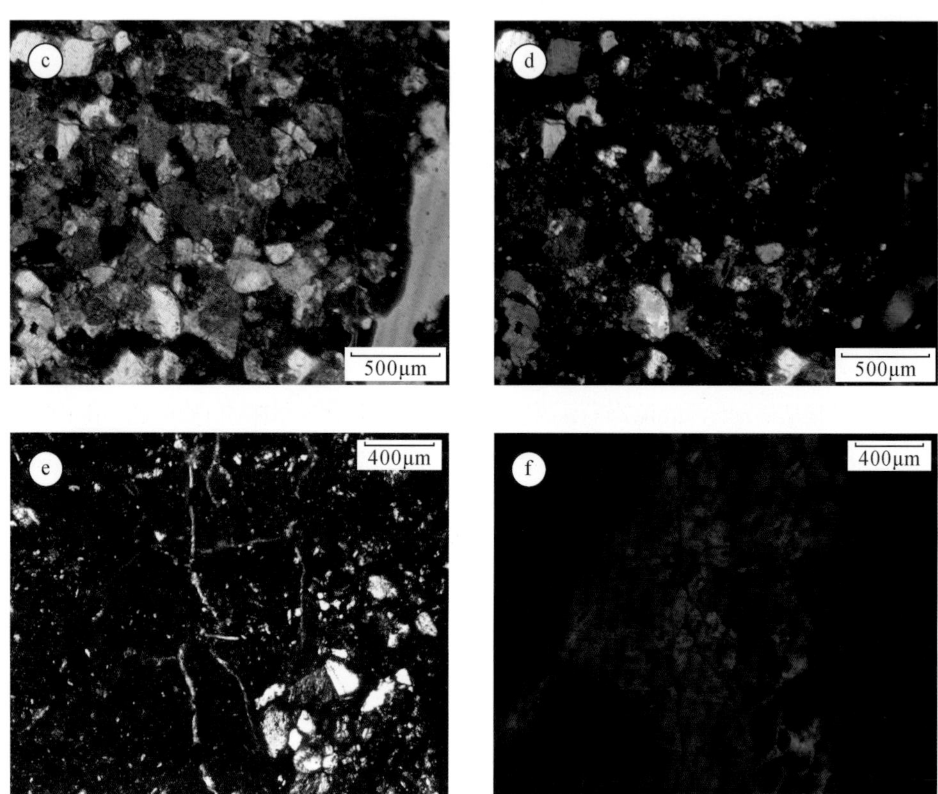

图 2.18　独山子火山显微岩石学特征

a. DSZ-1 的单偏光照片；b. DSZ-1 的正交光照片；c. DSZ-2 的单偏光照片；d. DSZ-2 的正交光照片；e. DSZ-4 的单偏光照片；f. DSZ-4 的正交光照片

三、泥火山有机地球化学特征

分析了泥火山的有机地球化学特征，包括宏观的基础和微观的分子两个尺度。

1. 基础有机地球化学特征

根据泥火山喷出物的氯仿沥青含量，发现从 1 号和 2 号泥火山喷出物的都含有一定的烃类物质，其中 1 号泥火山为 0.0944%，2 号泥火山为 0.1162%；而其边缘油砂的氯仿沥青含量很高，可达 15%，油气显示好。泥火山边缘产出油砂的烃类族组分以饱和烃含量最高，为 49.40%；其次为非烃和沥青质，分别为 15.18% 和 13.39%；芳香烃含量最低，为 11.61%，油质重，流动性差，可能由于轻组分被降解所导致。

2. 同位素地球化学特征

在泥火山边缘泥土检测到了氯仿沥青碳同位素，说明在泥火山的喷出物中存在油气组分。1 号（DSZ-1）泥火山的氯仿沥青碳同位素较轻，为 −28.06‰，而油砂（DSZ-3）碳同位素更轻，为 −28.43‰。而原油的（DSZ-3-2）碳同位素为 −27.41‰，说明泥火山喷出物及其周缘油砂具有相似的来源，而原油的来源与之不同。1 号和 2 号泥火山喷出物均检测到了甲烷和乙烷碳同位素，说明喷出物中存在天然气组分。具体而言，1 号泥火山的 $\delta^{13}C_{甲烷}$=−43.20‰，$\delta^{13}C_{乙烷}$=−26.15‰；2 号 $\delta^{13}C_{甲烷}$=−42.41‰，$\delta^{13}C_{乙烷}$=−26.66‰，二者具有相似的来源。根据原油的族组分碳同位素，$\delta^{13}C_{饱和烃}$=−28.37‰，$\delta^{13}C_{芳香烃}$=−26.35‰，$\delta^{13}C_{非烃}$=−27.88‰，发现具有一定的“倒转”，即 $\delta^{13}C_{饱和烃} < \delta^{13}C_{非烃} < \delta^{13}C_{芳香烃}$，反映受到过次生蚀变作用（王杰等，2002；孙玉梅等，2009；陈文彬等，2010），这与前文根据基础有机地球化学组成分析得出的认识一致。

3. 分子有机地球化学特征

对独山子泥火山喷出物及产出于周缘油砂、原油的分子有机地球化学特征进行了分析，检出了丰富的正构烷烃与类异戊二烯烃，以及萜烷、藿烷和甾烷类等化合物，谱图及具体参数见图 2.19 及表 2.5。

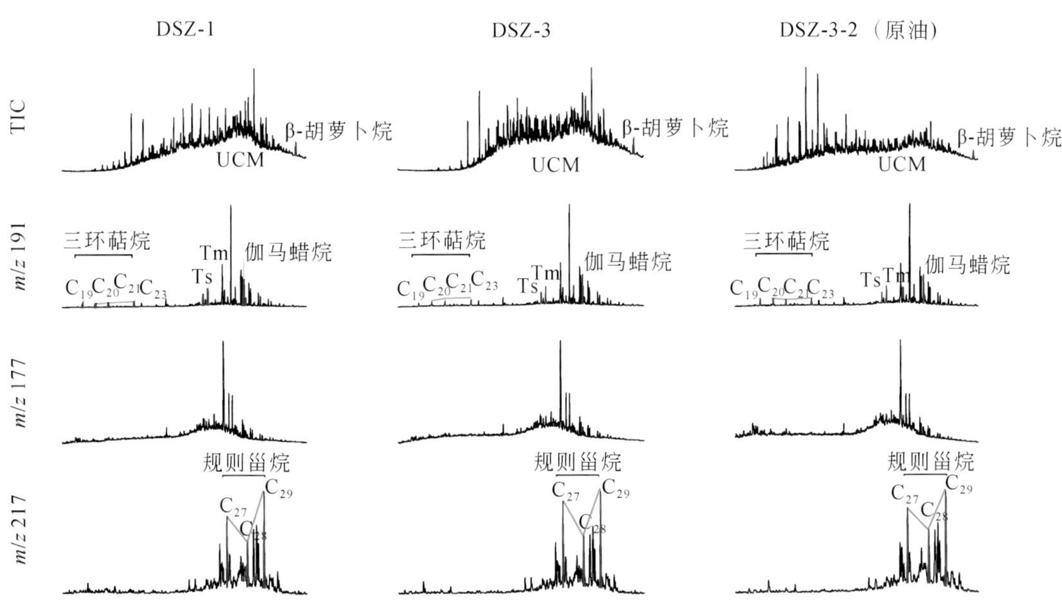

图 2.19　独山子泥火山分子有机地球化学谱图

根据谱图及地化指标参数（图 2.19 和表 2.5），可描述该剖面的分子有机地球化学特征。1 号泥火山（DSZ-1）的正构烷烃分布属“后峰型”，具有偶碳优势，碳数大于 22 组分的含量明显大于碳数小于 22 的组分。谱图中可发现明显的“UCM 鼓包”，反映受到了生物降解作用（图 2.19）。类异戊二烯烃主要以姥植比（Pr/Ph）大于 1 为特征，反映了弱氧化环境；根据姥鲛烷、植烷与其相应的正构烷烃比值，发现样品受到了强烈的生物降解作用；含有一定量的 β- 胡萝卜烷，反映了低—中盐度环境。三环萜烷特征主要以 C_{23} 含量最高，C_{20}、C_{21} 和 C_{23} 呈反“L”型分布，$C_{23} > C_{21} > C_{20}$。同时，也含有一定量的 C_{19} 三环萜烷。然而，四环萜烷含量高，C_{24} 四环萜烷 /C_{26} 三环萜烷为 1.88，反映了陆源有机质占主导。藿烷中 Ts/Tm 为 0.64；同时伽马蜡烷含量高，伽马蜡烷 /C_{30} 藿烷为 0.41，反映了低—中盐度的氧化环境。规则甾烷 C_{27}、C_{28} 和 C_{29} 呈“V”型，反映氧化环境下高等植物生烃母质含量高，同时低等浮游生物来源也影响较为明显；甾烷异构化成熟度指数 C_{29}-20S/（20S+20R）为 0.42，C_{29}-ααα/（ααα+αββ）为 0.57（表 2.5），反映为成熟油。

表 2.5　独山子泥火山分子有机地球化学参数

类型	参数	DSZ-1	DSZ-3	DSZ-3-2
正构烷烃	主峰碳	nC_{24}	nC_{23}	nC_{19}
	碳数范围	nC_{14}—nC_{29}	nC_{14}—nC_{23}	nC_{12}—nC_{19}
	TAR	2.48	/	/
	OEP	0.76	2.46	3.89
	CPI	1.34	/	1.24
	$\sum C_{21-}/\sum C_{22+}$	0.31	1.26	/
	$C_{21}+C_{22}/C_{28}+C_{29}$	1.16	/	/
类异戊二烯烃	Pr/Ph	1.33	0.73	1.39
	Pr/nC_{17}	11.22	56.50	241.50
	Ph/nC_{18}	7.60	155.50	53.62
萜烷	C_{19}/C_{21} 三环萜烷	1.11	0.83	1.37
	C_{20}/C_{21} 三环萜烷	1.16	1.00	1.13
	C_{21}/C_{23} 三环萜烷	0.76	0.86	0.97
	C_{24} 四环萜烷 /C_{26} 三环萜烷	1.88	1.85	1.85
藿烷	Ts/Tm	0.64	0.61	0.61
	伽马蜡烷 /C_{30} 藿烷	0.41	0.41	0.42
甾烷	C_{27}/C_{29} 规则甾烷	0.64	0.79	0.74
	C_{28}/C_{29} 规则甾烷	0.52	0.68	0.66
	C_{29}-20S/（20S+20R）	0.42	0.41	0.41
	C_{29}-ααα/（ααα+αββ）	0.57	0.59	0.57

注：“/”代表无检测数据。

泥火山周缘油砂（DSZ-3）的正构烷烃分布属“后峰型”，具有奇碳优势，碳数大于 22 组分的含量明显大于碳数小于 22 的组分。谱图中可发现明显的“UCM 鼓包”，反映受到了生物降解作用（图 2.19）。类异戊二烯烃主要以姥植比（Pr/Ph）为 0.73 为特征，反映了还原环境；根据姥鲛烷、植烷与其相应的正构烷烃比值，发现样品受到了强烈的生物降解作用；含有一定量的 β- 胡萝卜烷，反映了中盐度环境。三环萜烷特征主要以 C_{23} 含量最高，C_{20}、C_{21} 和 C_{23} 呈反“L”型分布，$C_{23}>C_{21}>C_{20}$。同时，也含有相对少量的 C_{19} 三环萜烷。然而，四环萜烷含量高，C_{24} 四环萜烷 /C_{26} 三环萜烷为 1.85，反映了陆源有机质占主导。藿烷中 Ts/Tm 为 0.61；同时伽马蜡烷含量高，伽马蜡烷 /C_{30} 藿烷为 0.41，反映了中等盐度的还原环境。规则甾烷 C_{27}、C_{28} 和 C_{29} 呈“V”型，反映氧化环境下高等植物生烃母质含量高，同时低等浮游生物来源也影响较为明显；甾烷异构化成熟度指数

C_{29}-20S/（20S+20R）为 0.41，C_{29}-ααα/（ααα+αββ）为 0.59（表 2.5），反映为成熟油。

油砂所产出的原油（DSZ-3-2）的正构烷烃分布属“前峰型”，具有奇碳优势，谱图中可发现明显的“UCM 鼓包”，结合相关参数发现其受到了强烈的生物降解作用（表 2.5、图 2.19）。类异戊二烯烃主要以姥植比（Pr/Ph）大于 1 为特征，反映了弱氧化环境；根据姥鲛烷、植烷与其相应的正构烷烃比值，发现样品受到了强烈的生物降解作用；含有一定量的 β- 胡萝卜烷，反映了低—中盐度环境。三环萜烷特征主要以 C_{20} 含量最高，C_{20}、C_{21} 和 C_{23} 呈被拉平“L”型分布，C_{20} > C_{21} > C_{23}。同时，C_{19} 三环萜烷含量最高。然而，四环萜烷含量高，C_{24} 四环萜烷 /C_{26} 三环萜烷为 1.85，反映了陆源有机质占主导。藿烷中 Ts/Tm 为 0.61；同时伽马蜡烷含量高，伽马蜡烷 /C_{30} 藿烷为 0.42，反映了中等盐度的还原环境。规则甾烷 C_{27}、C_{28} 和 C_{29} 呈“V”型，反映氧化环境下高等植物生烃母质含量最高，同时低等浮游生物来源也影响较为明显；甾烷异构化成熟度指数 C_{29}-20S/（20S+20R）为 0.41，C_{29}-ααα/（ααα+αββ）为 0.57（表 2.5），反映为成熟油。

4. 地球化学意义

（1）次生蚀变（生物降解）

综合油砂的各项地球化学特征，认为独山子泥火山喷出物中的烃类受到了强烈的生物降解作用，其中 DSZ-1 样品等级可 4 级，DSZ-3 样品可达 5 级，DSZ-3-2 样品可达 6 级（Wenger and Isaksen，2002）。首先，根据正构烷烃的峰型、碳数分布及轻、重组分之比（图 2.19；表 2.5）可发现，碳数小于 12 的组分都已经消失，其中 DSZ-1 及 DSZ-3 样品碳数从 14 开始，除了陆源生烃母质来源占主导以外，大部分轻组分都被降解；且正构烷烃的相关参数（OEP 和 CPI 等）都有着不同程度的异常值，和烃类的次生蚀变有关。而且，DSZ-3-2 样品碳数大于 19 的组分也都消失，可能降解产生了选择性的生物降解现象。根据姥鲛烷和植烷及其相应的正构烷烃比值发现，除了 DSZ-1 样品以外，其余样品都达到了上百的比值，可见都遭受到了强烈的生物降解。其次，从 *m/z* 191 色质谱图可发现（图 2.19），三环萜烷系列的相对含量较低，且 C_{24} 四环萜烷与 C_{26} 三环萜烷的比值都大于 1，最高可达 6，表明三环萜含量减少，反映了降解作用的存在。在 *m/z* 177 的谱图中（图 2.19），没有 25- 降藿烷的出现，且峰型整体类似，说明降解强度基本保持一致。因此，独山子泥火山喷出物中烃类的降解蚀变作用较强，而泥火山周缘的油砂及原油降解程度强于泥火山喷出物。

（2）油源

该剖面油砂的生烃母质可能是以高等植物为主，并受到不同程度的低等浮游生物混源的影响，证据有三。第一，三个样品的氯仿抽提物碳同位素较轻，具有明显的陆源植物输入的特征，而原油碳同位素最重，表明于前者差异明显，具有不同的母质来源。第二，可发现 1 号和 2 号泥火山天然气的甲烷碳同位素分别为 −43.20‰ 和 −42.41‰，接近油型气特征，而乙烷的碳同位素则分别为 −26.15‰ 和 −26.66‰，则介于煤型气和油型气之间（宋岩和徐永昌，2005），因此推测存在不同类型的油气源的混合。第三，根据剖面油砂的有机地化谱图（图 2.19），发现代表缺氧、盐湖或海相环境的 β- 胡萝卜烷和伽马蜡烷的含量都比较高，可以反映出中等盐度环境，而代表陆源高等植物来源的 C_{19} 三环萜烷、C_{29} 规则甾烷在也有较高含量（Peters et al.，2005）。结合研究区的构造背景，侏罗纪时期燕山运动使得盆地抬升，研究区以河流相和滨湖沼泽相的氧化沉积环境为主，而古近纪准噶尔盆地沉降，发育还原环境为主的咸水湖相沉积，据此可认为独山子泥火山剖面的烃类来源以古近系咸水湖相烃源岩为主，部分受到侏罗系陆相烃源岩的影响（陈建平等，2016a，2016b）。

（3）成熟度

在众多可表征成熟度的指标中，OEP、CPI、Pr/nC_{17} 和 Ph/nC_{18} 由于正构烷烃及类异戊二烯烃的降解作用，无法对原油的成熟度进行探讨。而前人研究成果表明 Ts/Tm 抗生物降解的能力较强，而且受成熟度的影响明显，在相同来源的情况下随成熟度的增大而增大，因此可用于生物降解，甚至是严重生物降解原油成熟度的判识（Peters and Moldowan，1993；路俊刚等，2010）。乌苏泥火山剖面的所有样品 Ts/Tm 较高，都大于 0.61，且根据 C_{29}-20S/（20S+20R）及 C_{29}-ααα/（ααα+αββ）这两个成熟度参数，可发现泥火山剖面的样品都已达到成熟范围（Peters et al.，2005）。

综上，根据该油气苗点分布于四棵树凹陷的构造背景，结合油源判识标准分析泥火山喷出物中的烃类主要源自古近系咸水湖相烃源岩，部分受到侏罗系陆相烃源岩的影响（陈建平等，2016a，2016b）；且剖面的生物降解作用强烈，整体可达 4 ～ 5 级。

四、泥火山剖面流体活动特征

通过以上对于独山子泥火山的研究发现，泥火山周缘泥土的胶结程度差，大多为松散颗粒，无法对其流体活动进行细致刻画；而边缘发育的粉砂质泥岩，胶结程度高，流体活动相对复杂，并以此为代表展开了流体活动特征分析。扫描电镜背散射图像下观察发现，DSZ-4 样品胶结致密，矿物颗粒间都有胶结物填充，矿物颗粒磨圆中等（图 2.20a）。

具体而言，该样品中可发现明显的钾长石溶解及其高岭石化的现象，高岭石形成于钾长石晶体内部，说明其蚀变作用强烈。而且还存在次生的方解石胶结物，其元素以高 MgO、低 FeO 和 MnO 为特征（表 2.6）；其中间也有少量高岭石形成，说明方解石形成后才有高岭石析出，方解石中含有 Si 和 Al 元素也能反映这一特点（表 2.6；图 2.20a）。在对样品二次电子像观察后发现，有石膏的形成（图 2.20b），因此可判断其形成于相对干燥的环境（单祥等，2018）。同时，可见钙长石中的次生溶蚀孔（图 2.20c），以及矿物颗粒间大量高岭石胶结物，证明了酸性含油气流体的存在（图 2.20d）。综合以上特征，可发现该剖面整体的流体环境以先碱性后酸性的氧化环境为主。碱性的成岩环境下，一期方解石形成于颗粒间；之后含油气的酸性流体将钾长石、钙长石及先形成的方解石溶蚀，形成高岭石。

图 2.20 独山子泥火山剖面（DSZ-4 样品）扫描电镜图版

a. 背散射图像；b ～ d. 二次电子像

表 2.6 独山子泥火山剖面（DSZ-4 样品）方解石元素地球化学特征 （单位：%）

元素	方解石 1	方解石 2	方解石 3	方解石 4
FeO	0.14	/	0.03	0.09
Na_2O	0.23	0.14	0.13	0.19
K_2O	0.05	0.02	0.02	0.20
MnO	0.02	0.02	0.00	0.05
MgO	1.01	0.48	0.95	0.66
CaO	54.68	51.97	54.60	48.48
Al_2O_3	0.50	0.14	0.05	1.03
SiO_2	1.37	0.34	0.07	3.07
总和	58.00	53.12	55.84	53.77

注：“/”代表无分析数据。

五、泥火山成因模式

根据以上对研究区泥火山剖面岩石学和地球化学特征的分析，建立了成因模式，结果发现，如图 2.21，本油苗点的成因具有鲜明的“源控 + 断控”特征，烃源岩展布和断裂的分布是最为主要的控制因素。

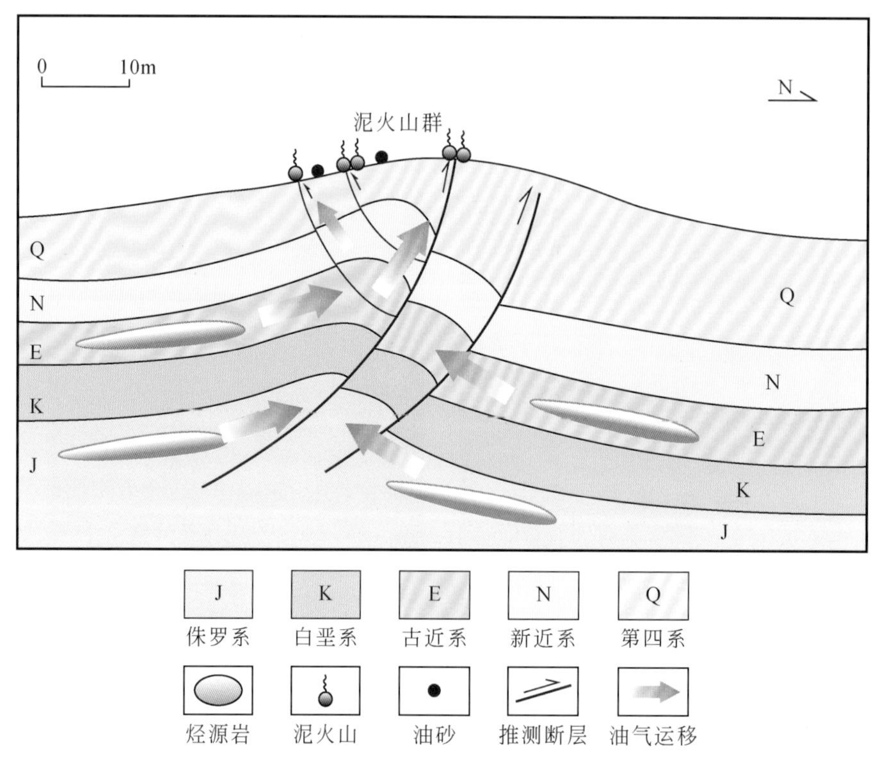

图 2.21　独山子泥火山剖面成因模式图

对该剖面泥火山和油砂的地球化学分析表明，独山子泥火山中的烃类组分来源主要来自于古近系烃源岩和混油侏罗系煤系烃源岩的特征。如果二者混合，则必须有运移通道将两个层位的烃源岩沟通。因此推测有断裂系统分布于侏罗系和古近系的周围，生成的油气沿着该断裂不断向上运移，最后到达泥火山，从而其喷出物中的烃类同时具有侏罗系和古近系烃源岩的特征（图 2.21）。泥火山形成于断裂发育区，是构造活跃相对活跃的区域，属拉张构造区域。而在泥火山周围，以正断层为主的断裂系统的发育不仅为油气运移提供了通道，同时也将地下的含油气流体系统与地表流体系统相互结合，源源不断地为泥火山提供了物源。

对于油砂，其成因与泥火山有所不同。根据上述对油砂成因的分析，发现古近系为油砂的主力烃源岩，受到较大侏罗系烃源岩的影响，与泥火山相似的是也有断裂发育，为混源油源提供运移通道，最后到地表形成油砂。不仅如此，上文对生物降解程度的分析发现泥火山的降解程度强，泥火山和油砂的降解程度相似，推测现在油气沿着运移通道不断向上运移至地表已有一段时间，烃类供给充足，还具有近源的特征。

综上，本研究认为独山子泥火山剖面是以“源控＋断控”为特色，烃源岩展布及断裂分布是最为主要的控制因素。

第六节　小煤窑沟油砂剖面

一、地质路线与剖面

如图 2.22 所示，小煤窑沟油砂剖面位于乌苏市西南约 40km 的托斯台河东面第一条沟，地理坐标 44°10′47.30″N，84°25′05.82″E。驱车从乌苏市沿 X795 乡道行驶约 35km 后，稍向左转进入乡间小路，再行驶 5km 即可到达。

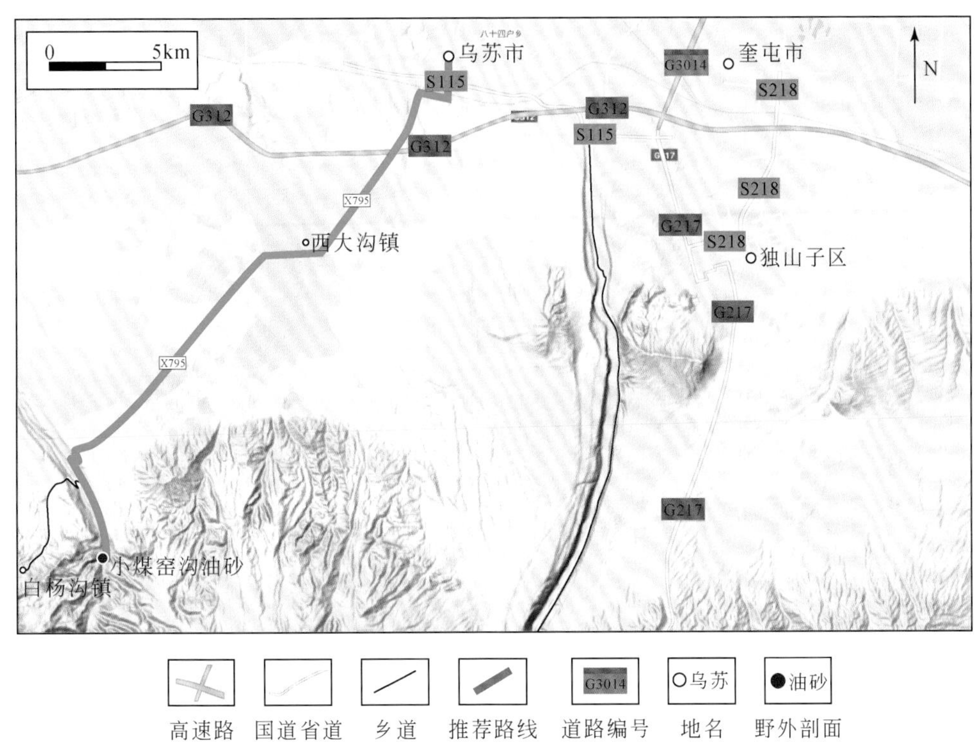

图 2.22　小煤窑沟油砂剖面交通位置示意图（底图源自谷歌地图）

小煤窑沟油苗剖面位于小煤窑沟背斜。野外中主要观察到小煤窑沟背斜北翼西部；背斜核部还发育逆断层，规模较大，头屯河组（J_2t）向上逆冲，与其他地层为断层接触关系（图 2.23a）。采样区主要出露头屯河组（J_2t）和齐古组（J_3q），吐谷鲁群（K_1TG）出露较少。岩性以红色夹灰色砂岩为主。油砂可见于断裂边缘，产于砂岩透镜体中。本剖面可见油砂（图 2.23b）。油砂呈黄色，油味较淡。

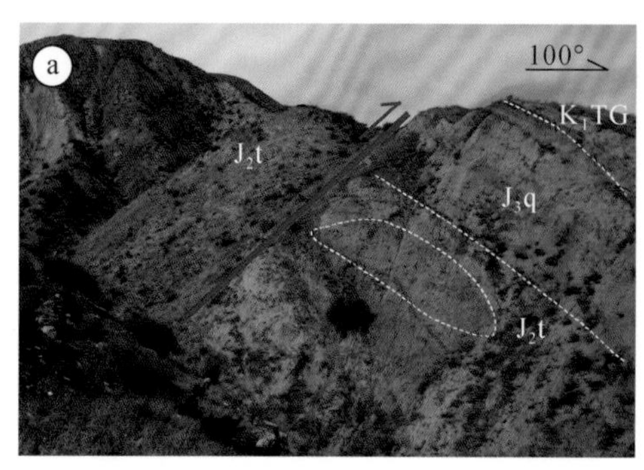

图 2.23　准噶尔盆地南缘西段四棵树地区典型油气苗野外产状图（小煤窑沟油砂剖面）

a. 油气苗产出剖面图；b. 油砂 XMYG-1

二、油砂岩石学特征

小煤窑沟油砂（XMYG-1）胶结程度好，镜下观察发现整体粒径为 0.3mm 左右。矿物组分以石英和长石为主，杂基含量超过 60%，可见油气运移过后的残留有机质。矿物间胶结紧密，孔缝含量相对较低。荧光下可见黏土矿物的暗绿色荧光和裂隙间的黄绿色荧光，整体亮度较暗，具有中等的油气显示（图 2.24a，b）。

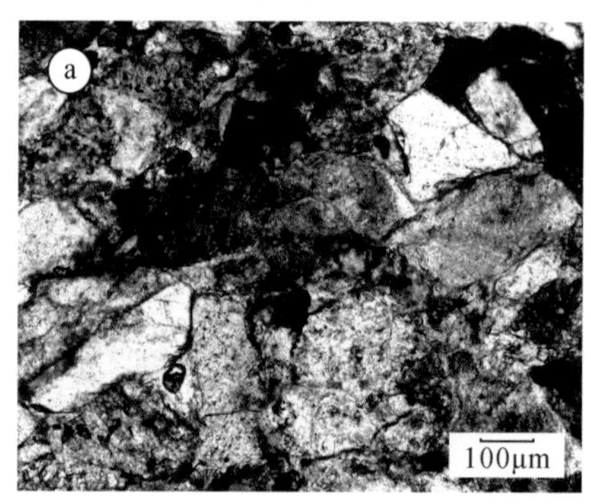

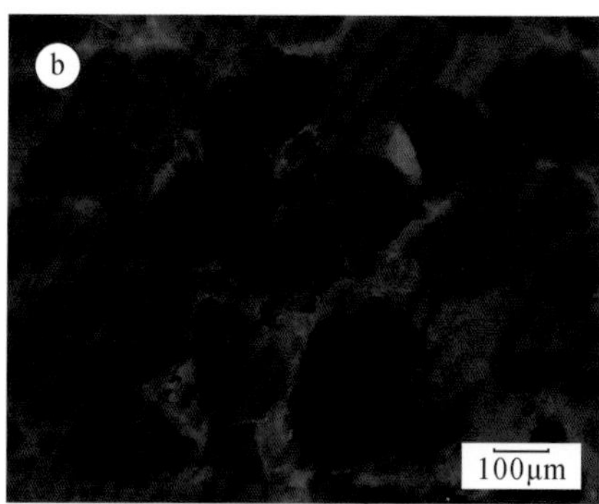

图 2.24　小煤窑沟油砂显微岩石学特征

a. 单偏光；b. 荧光

三、油砂有机地球化学特征

1. 分子有机地球化学特征

小煤窑沟油砂的氯仿沥青含量为 0.0303%，结合图 2.24，可发现油气显示中等。对小煤窑沟油砂的分子有机地球化学特征进行了分析，检出了丰富的正构烷烃与类异戊二烯烃，以及萜烷、藿烷和甾烷类等化合物，谱图及具体参数见图 2.25 及表 2.7。

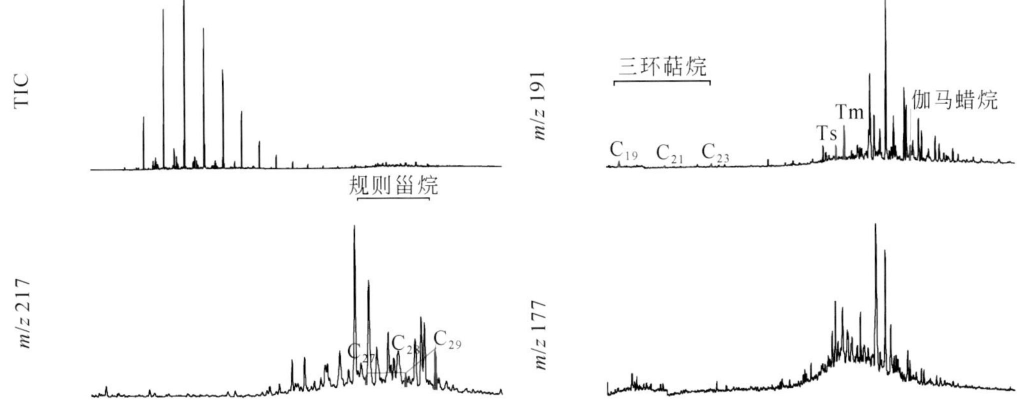

图 2.25　小煤窑沟（XMYG-1 样品）油砂分子有机地球化学谱图

表 2.7　小煤窑沟油砂分子有机地球化学参数

类型	参数	XMYG-1	类型	参数	XMYG-1
正构烷烃	主峰碳	nC_{16}	萜烷	C_{19}/C_{21} 三环萜烷	3.03
	碳数范围	nC_{13}—nC_{27}		C_{20}/C_{21} 三环萜烷	/
	TAR	0.01		C_{21}/C_{23} 三环萜烷	0.85
	OEP	0.98		C_{24} 四环萜烷 /C_{26} 三环萜烷	4.84
	CPI	1.25	藿烷	Ts/Tm	0.42
	$\Sigma C_{21-}/\Sigma C_{22+}$	27.77		伽马蜡烷 /C_{30} 藿烷	0.13
	$C_{21}+C_{22}/C_{28}+C_{29}$	/	甾烷	C_{27}/C_{29} 规则甾烷	0.15
类异戊二烯烃	Pr/Ph	3.90		C_{28}/C_{29} 规则甾烷	0.31
	Pr/nC_{17}	0.28		C_{29}-20S/（20S+20R）	0.61
	Ph/nC_{18}	0.11		C_{29}-ααα/（ααα+αββ）	0.28

注：“/”代表无分析数据。

根据谱图及地化指标参数（图 2.25；表 2.7），可描述该剖面的分子有机地球化学特征。油砂的正构烷烃分布属“前峰型”，具有偶碳优势，碳数大于 22 的含量明显大于碳数小于 22 的组分。该样品基线平直，烃类保存完整，蚀变程度低（图 2.25）。类异戊二烯烃中姥植比（Pr/Ph）接近 4，反映了强氧化环境；未检出 β- 胡萝卜烷，反映了淡水环境。三环萜烷特征主要以 C_{19} 含量最高，并未检测到 C_{20}，因此 C_{20}、C_{21} 和 C_{23} 呈“上升型”分布，$C_{23} > C_{21} > C_{20}$。然而，四环萜烷含量高，C_{24} 四环萜烷 /C_{26} 三环萜烷为 4.84，反映了陆源有机质所占比重大。藿烷中 Ts/Tm 为 0.42；同时伽马蜡烷含量低，伽马蜡烷 /C_{30} 藿烷为 0.13，反映了淡水氧化环境。规则甾烷 C_{27}、C_{28} 和 C_{29} 呈反“L”型，反映氧化环境下高等植物生烃母质含量高。甾烷异构化成熟度指数 C_{29}-20S/（20S+20R）为 0.61，C_{29}-ααα/（ααα+αββ）为 0.28（表 2.7），反映为未成熟—低熟油。

2. 地球化学意义

对以上油砂有机地球化学数据进行了综合分析，考虑到次生蚀变（生物降解）对地球化学参数的影响，首先进行生物降解意义的探讨，在此基础上分析油源及成熟度。

（1）次生蚀变（生物降解）

综合油砂的各项地球化学特征，认为小煤窑沟油砂受到了中等的生物降解作用，为2级（Wenger and Isaksen，2002）。首先，根据正构烷烃的峰型、碳数分布及轻、重组分之比（图2.25；表2.7）可发现，碳数小于12的组分都已经消失，其中WS-2样品碳数从15开始，除了陆源生烃母质来源占主导以外，大部分轻组分都被降解；且正构烷烃的相关参数（OEP和CPI等）都有着不同程度的异常值，和烃类的次生蚀变有关。但根据姥鲛烷和植烷及其相应碳数的正构烷烃比值发现，降解程度较弱。但这可能是由于实验的原因，进样量过低，使得部分组分尚未检测到，而不是因为降解作用使其消失。因此，小煤窑沟油砂降解程度弱。

（2）油源

该剖面油砂的生烃母质可能是以高等植物的贡献为主要，证据如下。根据剖面油砂的有机地化谱图（图2.25；表2.7），发现不存在代表缺氧、盐湖或海相环境的β-胡萝卜烷，伽马蜡烷的含量都极低，而代表陆源高等植物来源的C_{19}三环萜烷、C_{29}规则甾烷都相对处于主导地位（Peters et al.，2005）。结合研究区的构造背景，侏罗纪时期燕山运动使得盆地抬升，研究区以河流相和滨湖沼泽相的氧化沉积环境为主，据此可认为小煤窑沟油砂的油气源为侏罗系烃源岩（陈建平等，2016a，2016b）。

（3）成熟度

在众多可表征成熟度的指标中，由于降解程度相对较低，OEP、CPI、Pr/nC_{17}和Ph/nC_{18}对成熟度的探讨具有一定的可信度。结合图2.25及表2.7，发现该样品整体处于低成熟范围。而前人研究成果表明Ts/Tm抗生物降解的能力较强，而且受成熟度的影响明显，在相同来源的情况下随成熟度的增大而增大，因此可用于生物降解，甚至是严重生物降解原油成熟度的判识（Peters and Moldowan，1993；路俊刚等，2010）。该油砂剖面的所有样品Ts/Tm比值较高，都大于0.42，且根据C_{29}-20S/（20S+20R）及C_{29}-ααα/（ααα+αββ）这两个成熟度参数，可发现样品为未成熟—低成熟范围（Peters et al.，2005）。

四、油砂剖面流体活动特征

扫描电镜背散射图像下观察发现，该样品胶结致密，矿物颗粒间都有胶结物填充，矿物颗粒磨圆好（图2.26a）。具体而言，该样品中可发现菱铁矿和重晶石等代表碱性流体环境的矿物，说明受到了碱性成岩流体的影响（图2.26b）。与此同时，在石英颗粒边缘有绿泥石包膜的形成，可见明显的有机质赋存于颗粒间，可以判断其形成于相对碱性的流体环境（图2.26c）（单祥等，2018）。在二次电子像观察后发现发育钛铁矿（图2.26d）。这些矿物的形成大多和剖面周围侏罗系煤系的发育有着密切联系。

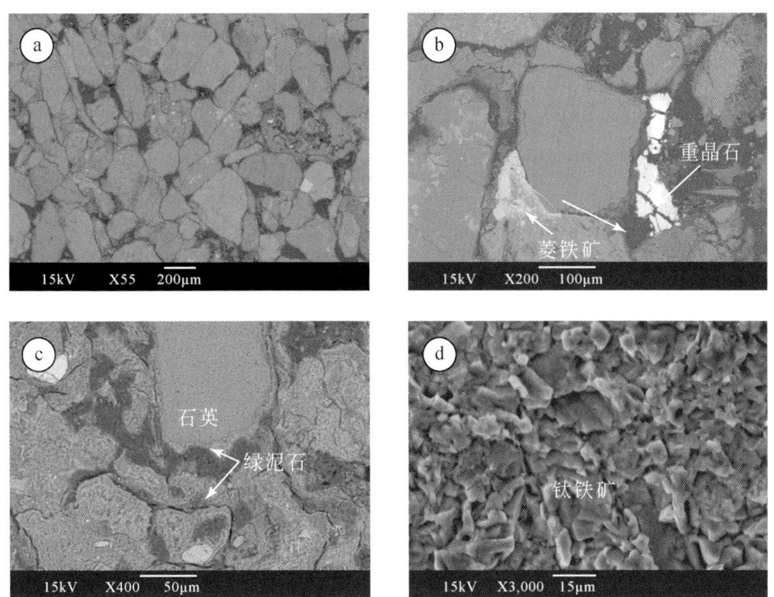

图 2.26 小煤窑沟油砂剖面第三层砂岩扫描电镜图版

a ~ c. 背散射图像；d. 二次电子像

五、油砂成因模式

根据以上对研究区油砂剖面岩石学和地球化学特征的分析，发现本油苗点的成因具有鲜明的“源控”特征，烃源岩展布为最主要的控制因素（图 2.27）。首先，油砂的油气来

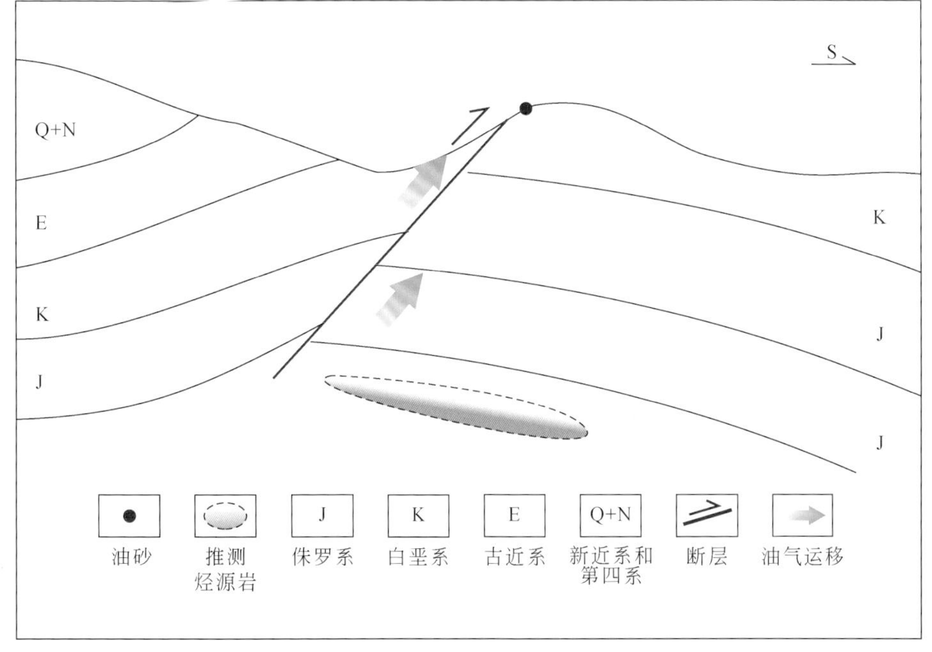

图 2.27 小煤窑沟油砂成因模式图

源为侏罗系煤系烃源岩，结合上文对成熟度的分析发现处于未成熟—低成熟阶段，可能排烃不久，生物降解也程度弱，因此在剖面附近则会有烃源岩发育。从野外剖面可见，研究区断裂发育，因此断裂则为侏罗系油气运移提供了必要的通道。生成的油气沿着该断裂不断向上运移，在有利储层中聚集成藏，最后在地表剖面形成油砂。

综上，本书认为煤窑沟油砂是以“源控”为特色，烃源岩展布为最主要的控制因素，断裂则为油气运移通道。

第七节　将军沟油砂剖面

一、地质路线与剖面

如图 2.28 所示，将军沟油砂剖面位于乌苏市西南约 34km，在托斯台河与将军沟之间，地理坐标 44°11′11.77″N，84°33′22.62″E。驱车从乌苏市行驶约 2km 后，进入乌白段 X795 乡道，行驶约 13km，后进入 033 乡道，行驶约 19km 后可至。

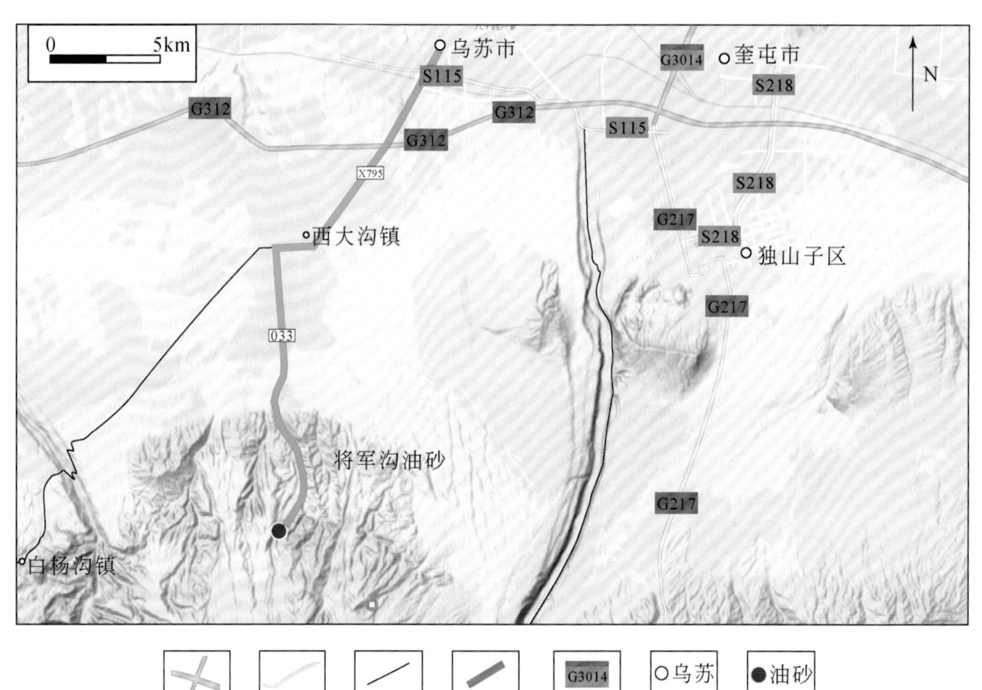

图 2.28　将军沟油砂剖面交通位置示意图（底图源自谷歌地图）

该剖面构造上属于将军沟背斜，构造活动强烈，地层陡，接近直立，可见擦痕等，为断裂破碎带。主要发育紫泥泉子组（$E_{1\text{-}2}z$）和安集海河组（$E_{2\text{-}3}a$）。前者主要为紫红、灰绿色粉砂岩及砂岩，后者颗粒明显变大，岩石整体疏松多孔，多为红色砂岩（图 2.29a）。

本剖面的油气苗类型以沥青为主，伴随少量油砂，出露在古近系安集海河组（$E_{2-3}a$）和将军沟内的侏罗系头屯河组（J_2t）。古近系沥青（JJG-1）多位于裂隙内（图 2.29b），表面较为疏松，具有一定的光泽，岩石坚硬。古近系和头屯河组胶结有砾岩发育，也有油味但不明显。油砂主要有土黄色及土绿色，成层性差，侏罗系沥青（JJG-2）更为破碎（图 2.29d），含水量大，颗粒感明显，胶结程度相对差。

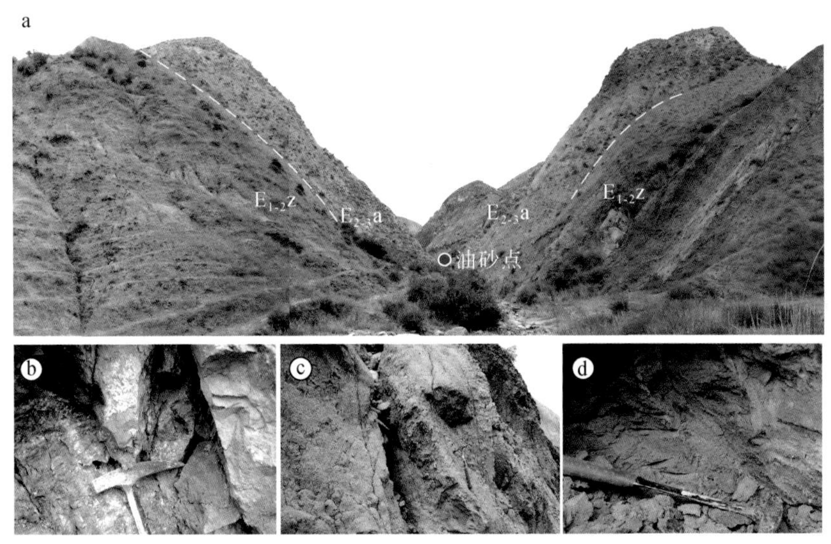

图 2.29　准噶尔盆地南缘西段四棵树地区典型油气苗野外产状图（将军沟油砂剖面）

a. 油气苗产出剖面图；b. 沥青 JJG-1；c. 古近系与侏罗系界线；d. 油砂 JJG-2

二、油砂岩石学特征

将军沟油砂的岩石学特征将根据不同的古近系沥青和侏罗系沥青分别进行阐述。古近系沥青（JJG-1）以泥岩为主，镜下观察发现孔隙较为发育，整体粒径小于肉眼可分辨范围。少见矿物颗粒，约不足 20%，以石英和长石为主，泥质含量超过 80%。荧光下观察发现，整体荧光微弱仅在裂隙发育的地方存在微弱的油气显示（图 2.30a，b）。

侏罗系沥青（JJG-2）岩性可判断为砂岩，镜下观察发现矿物间胶结紧密，粒径整体为 0.2 ~ 0.3mm，颗粒分选、磨圆差，棱角状明显，可见大颗粒岩屑。矿物颗粒以石英和长石为主，含量小于 50%，岩屑含量超过 25%，而矿物颗粒间可见油气运移后的残留有机质，含量可达 10% ~ 15%。荧光下观察发现，整体荧光较为微弱，颗粒间的有机质残留可见微弱的绿色荧光，油气显示弱，但相对好于古近系油砂（图 2.30c，d）。

三、油砂有机地球化学特征

本书分析油砂的有机地球化学特征，包括宏观的基础和微观的分子两个尺度。

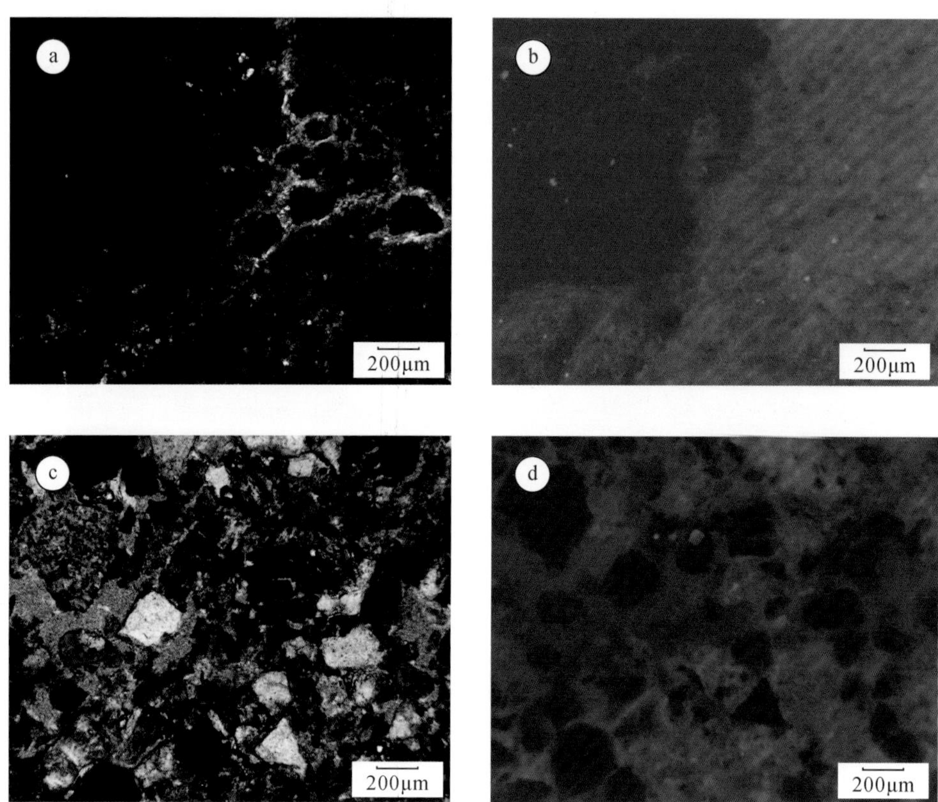

图 2.30　将军沟油砂显微岩石学特征

a. JJG-1 的单偏光照片；b. JJG-1 的荧光照片；c. JJG-2 的单偏光照片；d. JJG-2 的荧光照片

1. 基础有机地球化学特征

根据将军沟油砂的氯仿沥青含量，发现侏罗系沥青的氯仿沥青含量较高，为 0.0667%，而古近系含量相对较低，为 0.0175%。结合图 2.30，也发现侏罗系沥青的油气显示好于古近系。而古近系沥青未检测到氯仿沥青碳同位素数据；侏罗系沥青的碳同位素结果相对较重，为 −27.54‰。

2. 分子有机地球化学特征

对将军沟油砂的分子有机地球化学特征进行了分析，检出了丰富的正构烷烃与类异戊二烯烃，以及萜烷、藿烷和甾烷类等化合物，谱图及具体参数见图 2.31 及表 2.8。

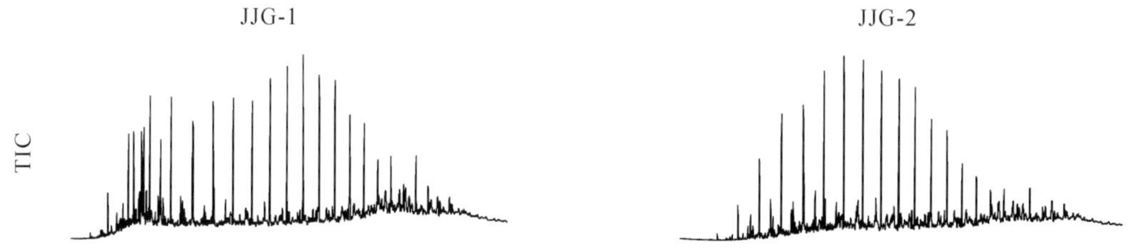

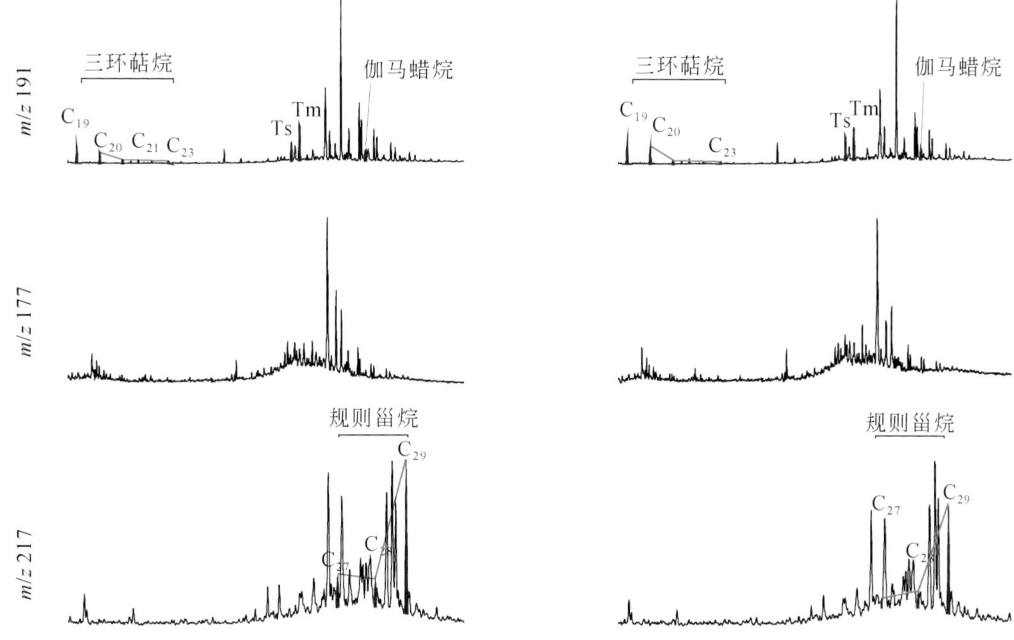

图 2.31　将军沟油砂分子有机地球化学谱图

根据谱图及地化指标参数(图 2.31 和表 2.8),可描述该剖面的分子有机地球化学特征。古近系沥青(JJG-1 样品)的正构烷烃分布属“后峰型”，具有偶碳优势，碳数大于 22 组分的含量略大于碳数小于 22 的组分，含量近乎相等(图 2.31；表 2.8)。类异戊二烯烃主要以姥植比(Pr/Ph)大于 2.8 为特征，反映了氧化环境；不含 β- 胡萝卜烷，反映了淡水环境。三环萜烷特征主要以 C_{19} 含量最高，C_{20}、C_{21} 和 C_{23} 呈“下降型”分布，$C_{20} > C_{21} > C_{23}$。然而，四环萜烷含量高，C_{24} 四环萜烷 /C_{26} 三环萜烷为 10.87，该值异常高，反映了陆源有机质占主导。藿烷中 Ts/Tm 为 0.53；同时伽马蜡烷含量极低，伽马蜡烷 /C_{30} 藿烷为 0.09，反映了淡水环境。规则甾烷 C_{27}、C_{28} 和 C_{29} 呈反“L”型，反映氧化环境下高等植物生烃母质含量占了绝大部分比例；甾烷异构化成熟度指数 C_{29}-20S/(20S+20R)为 0.48，C_{29}-ααα/(ααα+αββ)为 0.43(表 2.8)，反映为成熟油。

表 2.8　将军沟油砂分子有机地球化学参数

类型	参数	JJG-1	JJG-2
正构烷烃	主峰碳	nC_{24}	nC_{19}
	碳数范围	nC_9—nC_{31}	nC_{12}—nC_{36}
	TAR	0.54	0.36
	OEP	0.91	1.03
	CPI	1.25	1.28
	$\sum C_{21-}/\sum C_{22+}$	1.06	1.07
	$C_{21}+C_{22}/C_{28}+C_{29}$	2.08	3.19

续表

类型	参数	JJG-1	JJG-2
类异戊二烯烃	Pr/Ph	2.84	2.37
	Pr/nC_{17}	1.42	1.02
	Ph/nC_{18}	0.42	0.36
萜烷	C_{19}/C_{21} 三环萜烷	4.70	6.42
	C_{20}/C_{21} 三环萜烷	3.07	4.54
	C_{21}/C_{23} 三环萜烷	1.89	1.91
	C_{24} 四环萜烷 /C_{26} 三环萜烷	10.87	21.49
藿烷	Ts/Tm	0.53	0.72
	伽马蜡烷 /C_{30} 藿烷	0.09	0.09
甾烷	C_{27}/C_{29} 规则甾烷	0.22	0.06
	C_{28}/C_{29} 规则甾烷	0.17	0.12
	C_{29}-20S/（20S+20R）	0.48	0.52
	C_{29}-ααα/（ααα+αββ）	0.43	0.36

侏罗系沥青（JJG-2 样品）的正构烷烃分布属“前峰型”，具有奇碳优势，碳数大于 22 组分的含量略大于碳数小于 22 的组分，含量近乎相等（图 2.31；表 2.8）。类异戊二烯烃主要以姥植比（Pr/Ph）大于 2.3 为特征，反映了氧化环境；不含 β- 胡萝卜烷，反映了淡水环境。三环萜烷特征主要以 C_{19} 含量最高，C_{20}、C_{21} 和 C_{23} 呈“下降型”分布，C_{20} > C_{21} > C_{23}。然而，四环萜烷含量高，C_{24} 四环萜烷 /C_{26} 三环萜烷为 21.49，该值异常高，反映了陆源有机质占主导。藿烷中 Ts/Tm 为 0.72；同时伽马蜡烷含量极低，伽马蜡烷 /C_{30} 藿烷为 0.09，反映了淡水环境。规则甾烷 C_{27}、C_{28} 和 C_{29} 呈反“L”型，反映氧化环境下高等植物生烃母质含量占了绝大部分比例；甾烷异构化成熟度指数 C_{29}-20S/（20S+20R）为 0.52，C_{29}-ααα/（ααα+αββ）为 0.36（表 2.8），反映为成熟油。

3. 地球化学意义

（1）次生蚀变（生物降解）

综合油砂的各项地球化学特征，认为将军沟油砂中的烃类受到了中等—严重的生物降解作用，其中古近系沥青降解作用为 2 级，而侏罗系降解作用为 3 级（Wenger and Isaksen，2002）。首先，根据正构烷烃的峰型、碳数分布及轻、重组分之比（图 2.31；表 2.8）可发现，古近系沥青的碳数从 9 开始，而侏罗系沥青碳数从 12 开始，因此侏罗系轻组分降解程度较强于古近系；且正构烷烃的相关参数（OEP 和 CPI 等）都有着不同程度的异常值，和正构烷烃的次生蚀变有关。结合姥鲛烷、植烷与相应正构烷烃比值来看，二者的降解程度较为接近。在 *m/z* 177 的谱图中（图 2.31），没有 25- 降藿烷的出现。因此，将军沟油砂中的烃类受到了中等—严重的生物降解作用，整体程度较弱，其中古近系沥青的降解作用弱于侏罗系沥青。

（2）油源

该剖面生烃母质可能是以高等植物为主，证据有二。首先，该剖面氯仿抽提物碳同位素较重，具有明显的陆源植物输入的特征（表 2.8）。第二，根据剖面油砂的有机地化谱图（图 2.31），发现不存在代表缺氧、盐湖或海相环境的β- 胡萝卜烷，伽马蜡烷的含量都极低，而代表陆源高等植物来源的 C_{19} 三环萜烷、C_{29} 规则甾烷都处于主导地位（Peters et al.，2005）。结合研究区的构造背景，侏罗纪时期燕山运动使得盆地抬升，研究区以河流相和滨湖沼泽相的氧化沉积环境为主，据此可认为将军沟油砂的油气源为侏罗系烃源岩（陈建平等，2016a，2016b）。

（3）成熟度

在众多可表征成熟度的指标中，由于该剖面降解程度相对较低，OEP、CPI、Pr/nC_{17} 和 Ph/nC_{18} 对成熟度的探讨具有一定的可信度。结合图 2.31 及表 2.8，发现该样品整体处于低成熟范围。而且，前人研究成果表明 Ts/Tm 抗生物降解的能力较强，而且受成熟度的影响明显，在相同来源的情况下随成熟度的增大而增大，广泛应用于原油成熟度的判识（Peters and Moldowan，1993；路俊刚等，2010）。将军沟油砂的所有样品 Ts/Tm 较高，都大于 0.5，且根据 C_{29}-20S/（20S+20R）及 C_{29}-ααα/（ααα+αββ）这两个成熟度参数，可发现样品为低成熟—成熟范围（Peters et al.，2005）。

四、油砂流体活动特征

通过以上对于该剖面的研究发现，古近系沥青的油气显示差，岩性以细颗粒的泥岩为主，且镜下观察发现裂隙相对不发育，流体活动强度相对较弱；而侏罗系沥青的油气显示好，且镜下能看到有机质残留，流体活动相对复杂，以此样品（JJG-2）为代表展开了流体活动特征分析。

扫描电镜背散射图像下观察发现，JJG-2 样品胶结致密，矿物颗粒间都有胶结物填充，矿物颗粒磨圆中等（图 2.32a）。具体而言，该样品中矿物颗粒破碎，如石英发育裂缝且被后期充填，并且发现有机质残留于矿物颗粒间的裂隙内，矿物边缘有类似于缝合线的现象，说明当时构造活动强烈（图 2.32a）。方解石胶结物发育在石英颗粒边缘，根据形态可分为显晶质一期和隐晶质一期（图 2.32a，b）。在二次电子像观察后发现，石英边缘有锐钛矿发育（图 2.32c），同时也有石英的次生胶结现象（图 2.32d）。在该样品中还发现了绿泥石胶结，同时可见石英颗粒的裂隙中有隐晶质方解石（图 2.32e，f），说明其形成于相对碱性的流体环境（单祥等，2018）。

综合以上特征，可发现该剖面整体的流体环境以偏碱性的氧化环境为主，存在两期钙质流体活动和一期含油气流体。碱性的成岩环境下，一期方解石形成于颗粒间，同时有绿泥石等胶结物形成。构造运动发生后，石英等颗粒破碎，二期方解石沉淀；最后含油气流体进入颗粒间的孔隙，对方解石等矿物进行溶蚀，油气在有利储集空间内聚集。

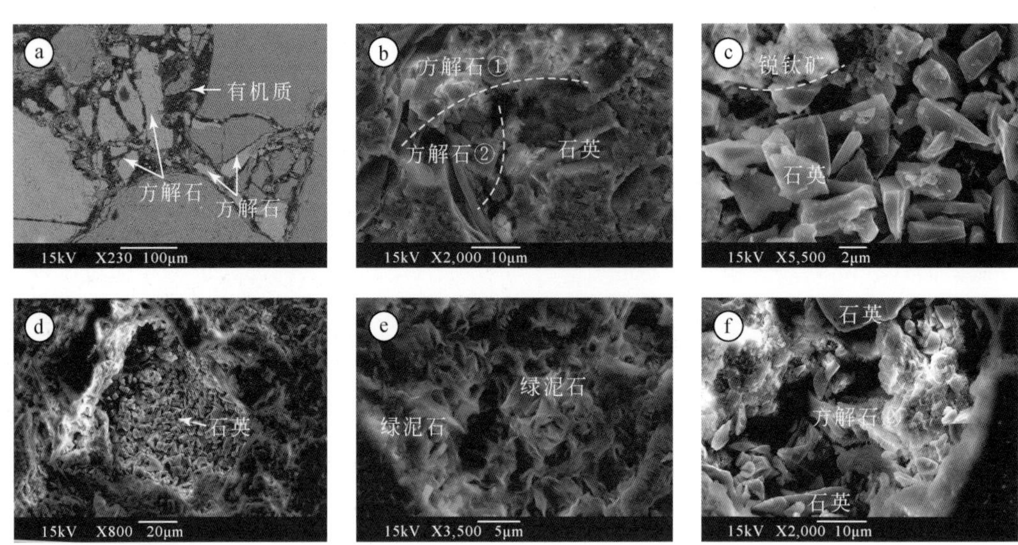

图 2.32 将军沟油砂剖面（JJG-2 样品）扫描电镜图版

a. 背散射图像；b ~ f. 二次电子像

五、油砂成因模式

根据以上对研究区油砂剖面岩石学和地球化学特征的分析，建立了成因模式，结果发现，如图 2.33 所示，本油苗点的成因具有鲜明的“源控”特征，同时油气苗的形成还和构造活动有着密切联系，烃源岩展布为最主要的控制因素。

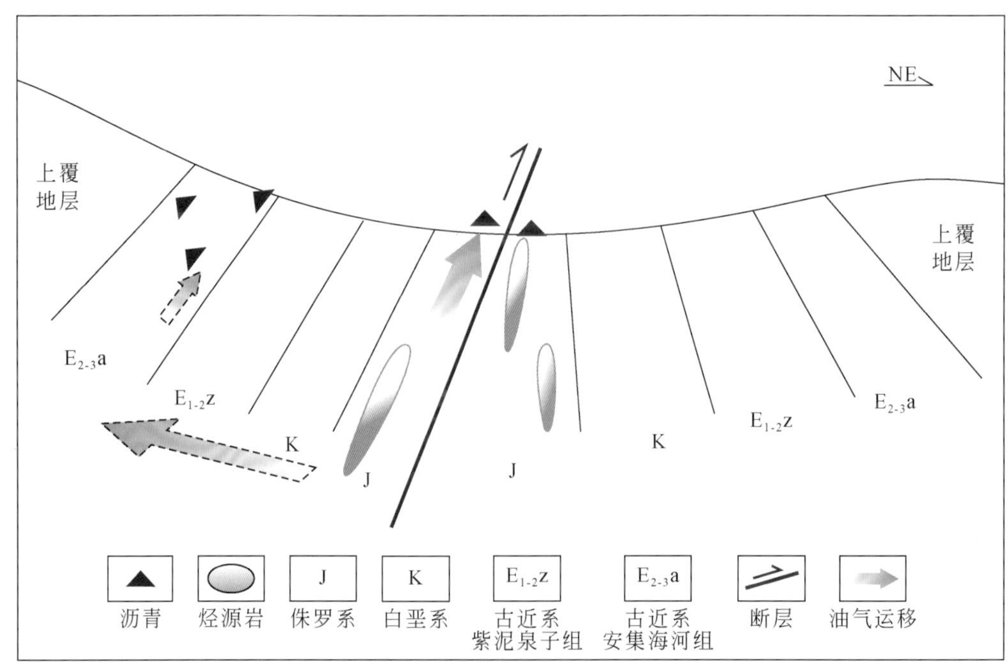

图 2.33 将军沟油砂剖面成因模式图

综合上述对油气源的分析和讨论（图 2.33），可确定产出于古近系和侏罗系的沥青都来自于侏罗系煤系烃源岩。理论而言，古近系安集海河组也作为研究区潜在烃源岩（陈建平，2016a，2016b）。因此，可能一：在将军沟剖面，安集海河组不具有烃源岩的生烃潜力，仅作为储层；可能二：安集海河组作为烃源岩，其生成的油气没有运移通道，无法运移至地表，因此没有油气苗出露。目前在安集海河组也发现源自侏罗系的沥青，足以证明当前在研究区侏罗系煤系泥岩作为绝对的主力烃源岩，具有很好的生烃潜力。

关于侏罗系油气运移的优势通道，如图 2.33 所示，可见在背斜核部发育逆断层。该逆断层贯穿侏罗系烃源岩，因此为该烃源层生成的油气提供了良好的运移通道。所以，低成熟、低降解的油气苗分布于地表，是因为地下的烃源岩不断生烃，又缺少良好的运聚条件，因此油气不断沿着断裂从深层向地表运移。

而对于安集海河组发育侏罗系来源的沥青，可能情况与侏罗系沥青有所差别。现在在剖面所见到的沥青产于泥岩中，结合镜下观察发现流体活动差，因此不太可能出现在侏罗系层间运移的情况，如图 2.33 虚线箭头方向。本研究推测，在构造破坏即断裂形成之前，背斜完整，古近系泥岩分布于侏罗系之上。因此侏罗系油气生成后从深层向浅部运移。结合地质背景，发现 J_2t 的上覆地层，如图 2.33，都能为油气的运聚提供良好的条件（J_3q 和 $E_{1\text{-}2}z$ 储层、不整合面作为运移通道等）。油气不断向上运移，过了紫泥泉子组，当继续向上时到了安集海河组粉砂岩、泥岩，油气进入后无法移动，于是就形成了现在所见的泥岩中沥青，而且大部分沿裂隙分布，可能就是以前油气运移过后留下的证据。之后构造运动将背斜破坏，安集海河组层间的沥青出露地表，形成了现在我们看到的油气苗。

综上，本研究认为将军沟油砂剖面以“源控”为特色，烃源岩展布为最主要的控制因素，而构造破坏造一方面破坏了已有的油气聚集，但更多的是促进了地表油气苗的形成，能对研究区油气苗成因与构造演化提供重要线索。

第八节　托斯台东油砂剖面

一、地质路线与剖面

如图 2.34 所示，托斯台东油砂剖面位于乌苏市西南约 48km 的托斯台河东面第一条沟，地理坐标 44°09′3.83″N，84°37′27.91″E。驱车从乌苏市沿 115 省道行驶约 8km 后，进入 Y096 乡道，再行驶约 36km，后进入 Y095 乡道，行驶约 4km 后可至。

该油砂剖面位于四棵树凹陷东南侧北托斯台背斜的东侧（托斯台河的东岸），北托斯台背斜是北天山山前逆冲推覆构造带内的一个区域构造单元（位于托斯台河与将军沟之间），东部窄，中、西部较宽，轴心出露 J_1b、J_1s，东部顶部由 $J_{2\text{-}3}$ 组成，西面斜顶由 J_2x、J_2t 组成，两翼由侏罗系、白垩系、第四系组成。其形成主要包括两个阶段：燕山期与喜马拉雅晚期。具体而言，侏罗纪至白垩纪期间，构造活动以向地表逆冲推覆为主，形成垂向叠加的双重构造；喜马拉雅晚期，则以隐伏逆冲为主，形成现今的托斯台断坡背斜。两期构造活动以低角度逆冲为主，多期次、多组断层以前列式组合形成叠瓦状断层转折褶

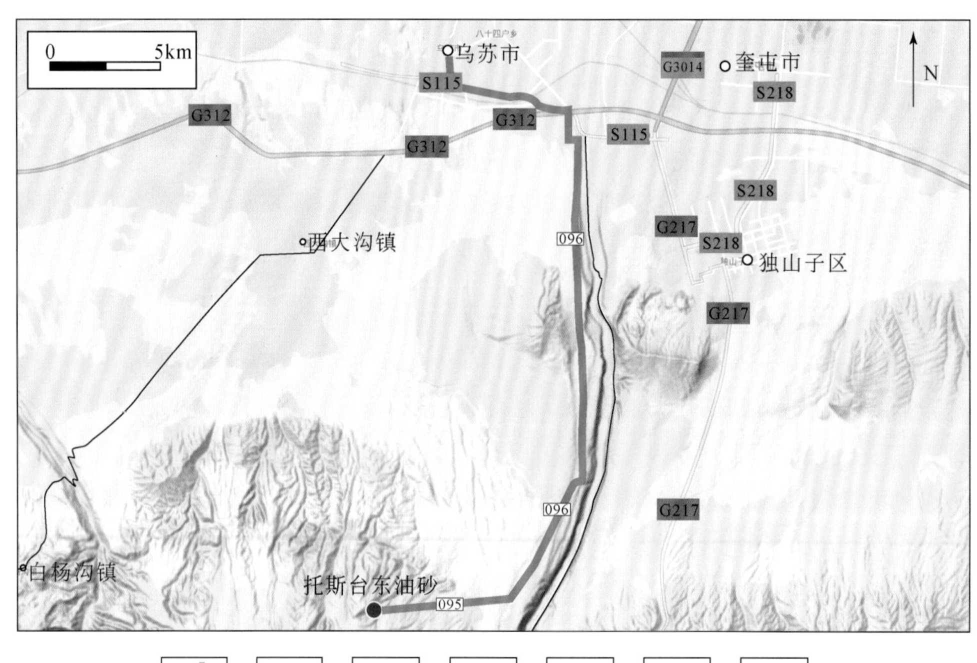

图 2.34　托斯台东油砂交通位置示意图（底图源自谷歌地图）

皱（陈伟等，2011）。

油砂出露于背斜东侧，出露地层包括侏罗系头屯河组砂岩（J_2t）、白垩系吐谷鲁群砾岩（K_1TG）及第四系，南东近水平分布，整合接触（图 2.35a，b）。油砂主要产于 J_2t，岩性主要为砂岩及粉砂岩，可根据岩性及含油气性自下而上划分出 3 层结构（图 2.35）。第一层：砂岩为灰黄色与红色砂岩互层，其中黄层厚约 10cm，灰层小于 5cm。岩石疏松胶结差，延展性好，垂直高度距地面约 10cm（图 2.35c）。第二层：砂岩呈层产出，垂向高度距地面约 30cm。矿物颗粒较第一层疏松，空隙含量明显增加，有油味（图 2.35d）。第三层：砂岩相对最为致密，约 10 ～ 15cm 厚，层状分布且规模大，沿小沟一直出现，垂向高度距地面约 50cm（图 2.35e）。

二、油砂岩石学特征

托斯台东油砂的岩石学特征具有 3 层结构差异。第一层砂岩的矿物松散破碎，在三层结构中胶结最差。矿物成分以石英为主，偶见长石，镜下观察可发现矿物边缘大多已经历了不同程度的磨圆作用，正交偏光下观察发现矿物颗粒细小，结构成熟度较高，最大为 0.15mm 左右。荧光下观察发现该层砂岩没有荧光显示（图 2.36a，b）。

第二层砂岩岩性为含中砂细砂岩，矿物颗粒以石英为主，长石含量约 8%。矿物边缘棱角发生了明显的磨圆，可达中等，较第一层砂岩磨圆度高；粒径整体为 0.1 ～ 0.3mm，以细砂组分（小于 0.25mm）占主导，中砂组分（大于 0.25mm）约 15% 左右。矿物颗粒

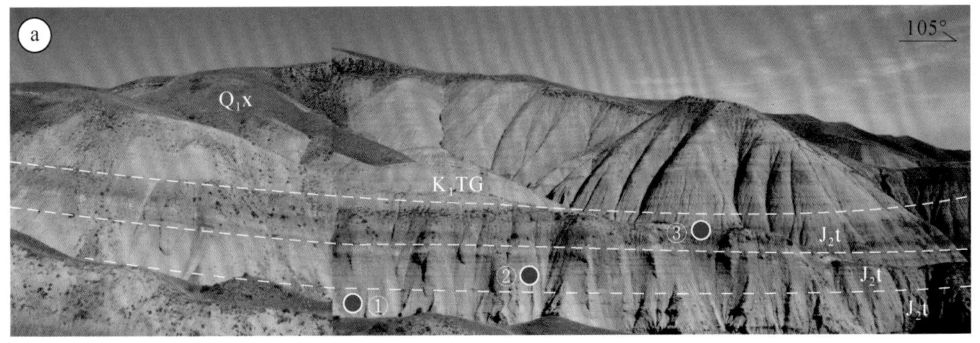

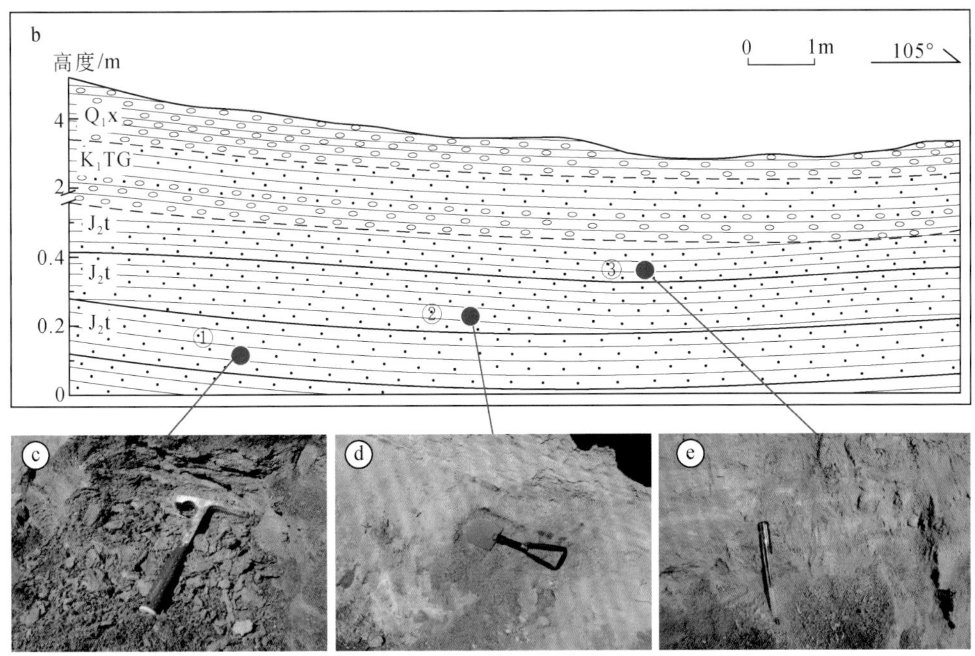

图 2.35　准噶尔盆地南缘西段四棵树地区典型油气苗野外产状图（托斯台东油砂）

a. 油气苗产出剖面图；b. 剖面素描图及三层砂岩野外照片图版；c. 第一层砂岩；d. 第二层砂岩；e. 第三层砂岩

边缘的胶结物发育，孔缝含量相对较低。荧光下可见矿物颗粒间具有橙黄色和黄绿色荧光，反映可能含有两种不同期次的油气充注（图 2.36c，d）。

第三层砂岩岩性为含长石细砂岩，矿物颗粒以石英为主，长石含量约 15%，且大多数由于次生蚀变使得表面污浊。矿物颗粒棱角分明，磨圆差；粒径整体为 0.1 ～ 0.2mm，属中砂岩。矿物颗粒边缘的胶结物含量在三层油砂中最高，可见沥青以及钙质胶结物非常发育。荧光下可见矿物颗粒边缘存在黄绿色和黄白色荧光，有机质含量相对较高，反映可能含有两种不同类型和期次的油气充注（图 2.36e，f）。

三、油砂有机地球化学特征

分析了油砂的有机地球化学特征，包括宏观的基础和微观的分子两个尺度。

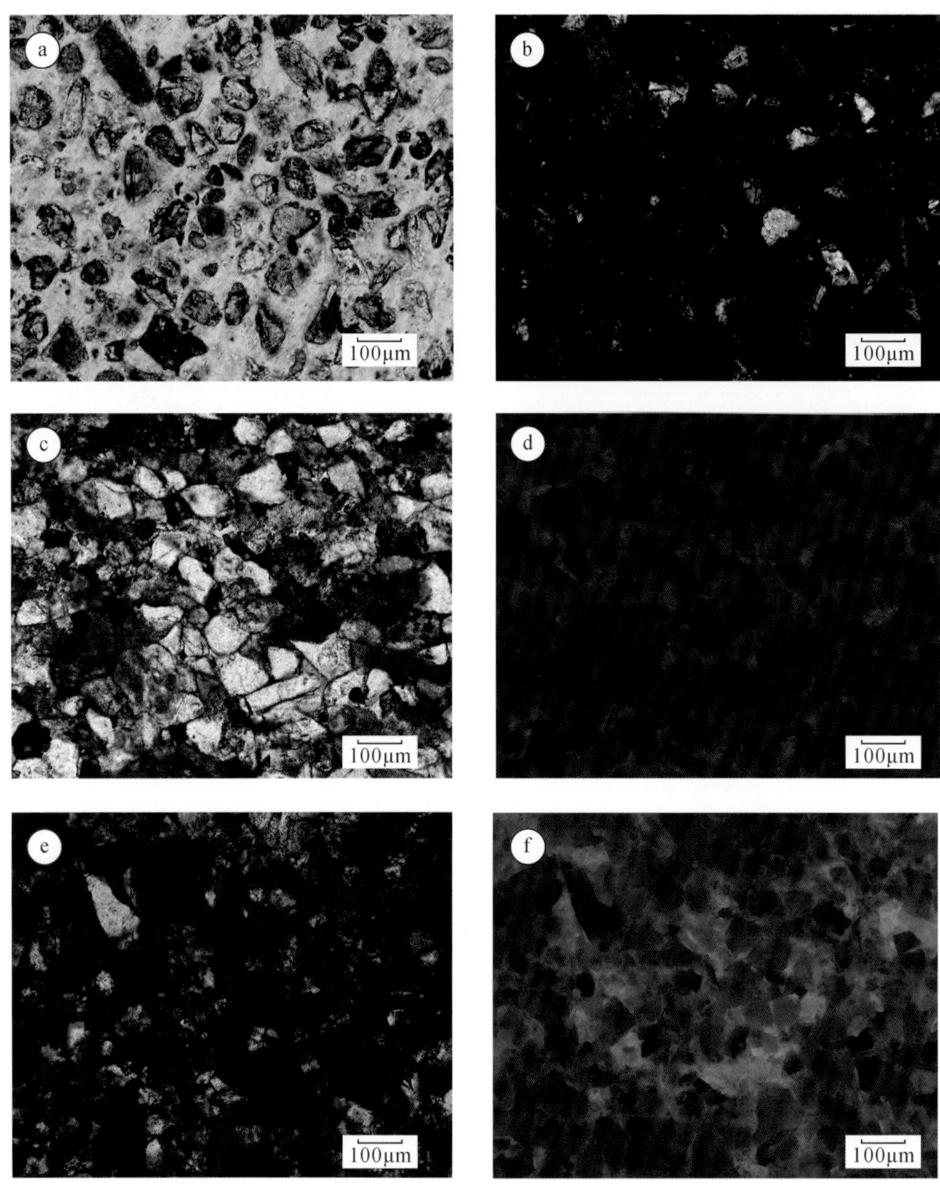

图 2.36 托斯台东油砂显微岩石学特征

a、c、e. 单偏光照片；b、d. 荧光照片；f. 正交光照片

1. 基础有机地球化学特征

托斯台东油砂的氯仿沥青含量及族组分组成特征如表 2.9。研究区油砂的氯仿沥青含量属第二层砂岩大于 2% 最高，其次为第三层和第一层。族组分属饱和烃含量最高，平均为 66.54%；其次为芳香烃和非烃，平均为 22.43% 和 5.36%；沥青质含量最低，平均为 2.59%。不同层的砂岩也有着一定差异。饱和烃含量属第二层最高（68.00%）、第三层最低（65.36%）；芳香烃属第一层最高（24.70%）、第二层最低（20.24%）；非烃和沥青

质都属第二层含量最高(分别为6.82%和4.24%),第三层含量最低(分别为3.19%和0.49%)。这些数据表明，第三层砂岩的油质最轻，非烃 + 沥青质含量仅为3.68%；且饱和烃 + 芳香烃含量最低，推测受到生物降解作用的影响使其含量有所降低。而第一层和第二层砂岩烃类组分和非烃组分都高于第三层，可能与每层油砂的降解程度不同有关。且第一层与第二层砂岩的饱和烃与芳香烃含量都大于88%，也说明油气的运移更容易发生。

表 2.9　托斯台东油砂氯仿沥青、族组分及其碳同位素数据表

项目		第一层	第二层	第三层	平均值
氯仿沥青 /%		0.21	2.37	0.38	0.99
族组分 /%	饱和烃	65.99	68.00	65.36	66.45
	芳香烃	24.70	20.24	22.36	22.43
	非烃	6.07	6.82	3.19	5.36
	沥青质	3.04	4.24	0.49	2.59
	饱和烃 + 芳香烃	90.69	88.24	87.72	88.88
	非烃 + 沥青质	9.11	11.06	3.68	7.95
碳同位素(‰, PDB 标准)	氯仿沥青	−28.58	−27.78	−28.20	−28.20
	饱和烃	−28.33	−27.74	−28.28	−28.12
	芳香烃	−26.96	−26.68	−26.45	−26.70
	非烃	−27.15	−27.12	−26.46	−26.91
	沥青质	−28.01	−27.70	−27.41	−27.71

2. 同位素地球化学特征

该剖面的碳同位素数据如表2.9所示。氯仿沥青"A"组分的碳同位素总体为−28‰左右。除 $\delta^{13}C_{饱和烃}$小于 −28‰ 以外，其余组分碳同位素组成都大于 −28‰，其中芳香烃和非烃组分都大于 −27‰。族组分碳同位素表现出一定的"倒转"，即 $\delta^{13}C_{饱和烃} < \delta^{13}C_{沥青质} < \delta^{13}C_{非烃} < \delta^{13}C_{芳香烃}$，反映受到过次生蚀变作用(王杰等，2002；孙玉梅等，2009；陈文彬等，2010)，这与前文根据基础有机地球化学组成分析得出的认识一致。

3. 分子有机地球化学特征

对托斯台东油砂的分子有机地球化学特征进行分析，检出了丰富的正构烷烃与类异戊二烯烃，以及萜烷、藿烷和甾烷类等化合物，谱图及具体参数见图 2.37 和表 2.10。

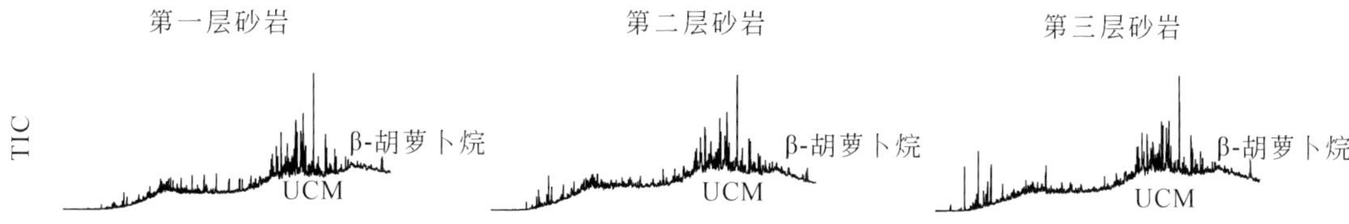

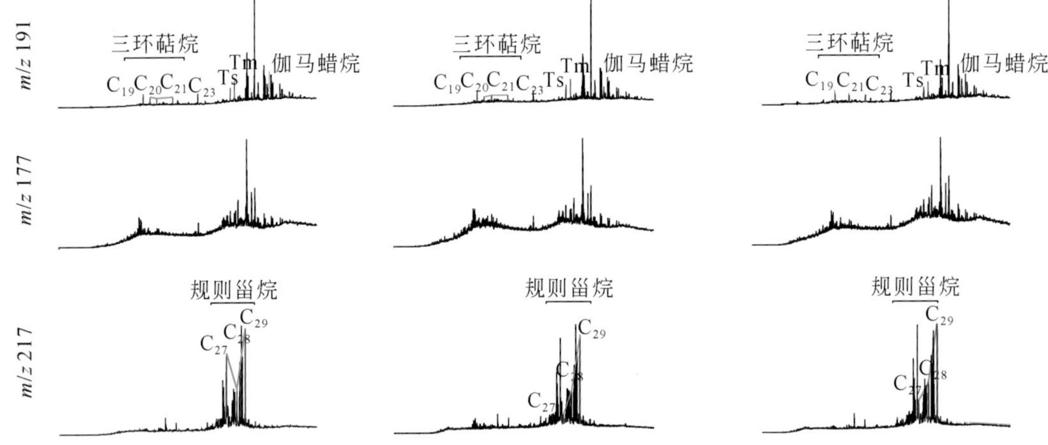

图 2.37 托斯台东油砂分子有机地球化学谱图

表 2.10 托斯台东油砂分子有机地球化学参数

类型	参数	第一层	第二层	第三层
正构烷烃	主峰碳	nC_{19}	nC_{16}	nC_{15}
	碳数范围	nC_{13}—nC_{36}	nC_{13}—nC_{36}	nC_{13}—nC_{36}
	TAR	0.56	0.17	0.08
	OEP	1.20	0.77	1.71
	CPI	1.14	1.25	2.13
	$\sum C_{21-}/\sum C_{22+}$	1.06	2.09	7.25
	$C_{21}+C_{22}/C_{28}+C_{29}$	2.97	5.25	3.35
类异戊二烯烃	Pr/Ph	2.83	1.40	2.29
	Pr/nC_{17}	0.96	0.37	0.57
	Ph/nC_{18}	0.18	0.51	0.30
萜烷	C_{19}/C_{21} 三环萜烷	1.53	1.52	1.15
	C_{20}/C_{21} 三环萜烷	0.59	0.40	0.46
	C_{21}/C_{23} 三环萜烷	0.87	0.92	0.95
	C_{24} 四环萜烷 /C_{26} 三环萜烷	0.13	0.19	0.17
藿烷	Ts/Tm	0.68	0.64	0.67
	伽马蜡烷 /C_{30} 藿烷	0.04	0.15	0.27
甾烷	C_{27}/C_{29} 规则甾烷	0.50	0.05	0.03
	C_{28}/C_{29} 规则甾烷	0.82	0.92	0.85
	C_{29}-20S/（20S+20R）	0.45	0.48	0.46
	C_{29}-ααα/（ααα+αββ）	0.53	0.49	0.55

根据谱图及地化指标参数（图 2.37 和表 2.10），可描述该剖面三层油砂的分子有机地球化学特征。第一层砂岩的正构烷烃分布属“后峰型”，具有奇碳优势，碳数大于 22

与小于 22 的组分含量基本相当。谱图中可发现明显的“UCM 鼓包”，反映受到了生物降解作用（图 2.37）。类异戊二烯烃特征主要以姥植比（Pr/Ph）大于 2 为特征，反映了氧化环境；β- 胡萝卜烷含量低，反映了低盐度环境。三环萜烷特征主要以 C_{19} 含量最高，C_{20}、C_{21} 和 C_{23} 呈“山峰型”分布，$C_{21} > C_{23} > C_{20}$，同时四环萜烷含量相对较低，C_{24} 四环萜烷 /C_{26} 三环萜烷为 0.13，进一步反映了低盐度的氧化环境。藿烷中 Ts/Tm 为 0.68；同时烷含量极低，伽马蜡烷 /C_{30} 藿烷为 0.04，反映了低盐度的氧化环境。规则甾烷 C_{27}、C_{28} 和 C_{29} 呈反“L”型，反映氧化环境下高等植物生烃母质含量高；甾烷异构化成熟度指数 C_{29}-20S/（20S+20R）小于 0.5，C_{29}-ααα/（ααα+αββ）为 0.53（表 2.10），反映为成熟油。

第二层砂岩的正构烷烃分布属“后峰型”，具偶碳数优势，碳数大于 22 的组分含量明显少于小于 22 的组分。谱图中可发现这层砂岩具有明显的“UCM 鼓包”，反映其受到了生物降解作用（图 2.37）。类异戊二烯烃以姥植比（Pr/Ph）1.4 为特征，反映了氧化环境；β- 胡萝卜烷含量低，反映了低盐度环境。三环萜烷特征主要以 C_{19} 含量最高，C_{20}、C_{21} 和 C_{23} 呈“山峰型”分布，$C_{21} > C_{23} > C_{20}$，同时四环萜烷含量相对较低，C_{24} 四环萜烷 /C_{26} 三环萜烷为 0.19，进一步反映了低盐度的氧化环境。藿烷中 Ts/Tm 为 0.64，同时伽马蜡烷极低，伽马蜡烷 /C_{30} 藿烷为 0.15。规则甾烷 C_{27}、C_{28} 和 C_{29} 呈“厂”型分布，反映氧化环境下高等植物生烃母质含量高。甾烷异构化成熟度指数 C_{29}-20S/（20S+20R）为 0.48，C_{29}-ααα/（ααα+αββ）为 0.49（表 2.10），反映为成熟油。

第三层砂岩的正构烷烃分布更趋向于前后“双峰型”，低碳数和高碳数都有峰分布；且具有奇碳优势；碳数大于 22 与小于 21 组分之比高达 7.25。谱图中可发现明显的“UCM 鼓包”，反映其受到了生物降解作用（图 2.37）。类异戊二烯烃特征为姥植比（Pr/Ph）2.29，反映出氧化环境；β- 胡萝卜烷含量低，反映了低盐度环境。三环萜烷以 C_{19} 含量最高，C_{20}、C_{21} 和 C_{23} 呈“山峰型”分布，$C_{21} > C_{23} > C_{20}$，同时四环萜烷含量相对较低，C_{24} 四环萜烷 /C_{26} 三环萜烷为 0.17，进一步反映了低盐度的氧化环境。藿烷中 Ts/Tm 为 0.67，同时伽马蜡烷极低，伽马蜡烷 /C_{30} 藿烷为 0.27，略高于第一、二层砂岩，反映了低盐度的氧化环境。规则甾烷 C_{27}、C_{28} 和 C_{29} 呈“厂”型分布。甾烷异构化成熟度指数 C_{29}-20S/（20S+20R）为 0.46，C_{29}-ααα/（ααα+αββ）为 0.55（表 2.10），反映为成熟油。

4. 地球化学意义

对以上三层油砂的有机地球化学数据进行了综合分析，考虑到次生蚀变（生物降解）对地球化学参数的影响，首先进行了生物降解意义的探讨，在此基础上分析油源及成熟度。

（1）次生蚀变（生物降解）

综合油砂的各项地球化学特征，认为托斯台东油砂受到了非常严重的生物降解作用，第三层最大等级可达 7 ～ 8 级，第一层和第二层分别为 6 和 7 级（Grice et al.，2000；Genov et al.，2008）。首先，根据正构烷烃的峰型及轻、重组分之比可发现（表 2.14），第一层到第三层砂岩的轻组分大多都已经发生降解，重组分比例逐渐增加。第二层砂岩的姥植比（Pr/Ph）突然降低，可能也和次生降解作用有关。再结合姥鲛烷和植烷与其相应正构烷烃的比值，发现第三层降解作用强于第一和第二层。其次，从 *m/z* 191 色质谱图可发现（图 2.37），三环萜烷系列的相对含量较低，且 C_{24} 四环萜烷与 C_{26} 三环萜烷的比值小于 0.2，比三环萜烷更抗降解的四环萜烷含量减少，也表明降解作用的存在。且第三层砂岩的 C_{20} 三环萜烷几乎都被蚀变，降解强度相对最高。再根据 *m/z* 177 谱图（图 2.37），发现并不存在明显的 25- 降藿烷系列；而从 *m/z* 191 的图中发现，藿烷的碳数分布从 30 到 33，其余含量较低或超出了检测范围，因此可以进一步确定该剖面油砂受到了较为强烈的次生降解作用。综上，第三层油砂降解作用最强，其次为第二层和第一层。

（2）油源

该剖面油砂的生烃母质可能是以高等植物为主，证据有三。第一，该剖面油砂的碳同位素整体较重，具有很明显的陆源植物输入的特征（表 2.10）。第二，芳香烃组分的碳同位素最重，也具有陆源植物输入和陆相氧化沉积环境特征（表 2.10）。第三，根据剖面油砂的有机地化谱图（图 2.37），发现代表缺氧、盐湖或海相环境的 β- 胡萝卜烷和伽马蜡烷的含量都比较低，而代表陆源高等植物来源的 C_{29} 规则甾烷在三层砂岩中都处于主导地位（Peters et al.，2005）。结合研究区的构造背景，侏罗纪时期燕山运动使得盆地抬升，研究区以河流相和滨湖沼泽相的氧化沉积环境为主，据此可认为托斯台东油砂的油气源为侏罗系烃源岩（陈建平等，2016a，2016b）。

（3）成熟度

在众多可表征成熟度的指标中，OEP、CPI、Pr/nC_{17} 和 Ph/nC_{18} 由于正构烷烃及类异戊二烯烃的降解作用，无法对原油的成熟度进行探讨。而前人研究成果表明 Ts/Tm 抗生物降解的能力较强，而且受成熟度的影响明显，在相同来源的情况下随成熟度的增大而增大，因此可用于生物降解，甚至是严重生物降解原油成熟度的判识（Peters and Moldowan，1993; 路俊刚等，2010）。托斯台东油砂的 Ts/Tm 较高，都大于 0.6，且根据 C_{29}-20S/(20S+20R）及 C_{29}-ααα/（ααα+αββ）这两个成熟度参数，可发现该剖面的三层油砂都已达到成熟范围（Peters et al.，2005）。

综上，根据该油气苗点分布于四棵树凹陷的构造背景，结合油源判识标准分析本油气苗点油源来自侏罗系烃源岩（陈建平等，2016a，2016b）；且整体受到最高等级为 7 ～ 8 严重次生降解作用，其中第三层油砂的降解程度最高，第一层降解程度相对较低。

四、油砂傅里叶红外光谱地球化学特征

对该油砂剖面的全岩粉末进行了红外光谱测试，检出了众多常见基团及指征基团，常见基团主要包括游离羟基（—OH）、亚甲基（$—CH_2$）、甲基（$—CH_3$）、巯基（—SH）、碳碳三键（—C≡C—），指征基团主要包括碳氧双键（—C═O）、醚键（C—O—C）以及 C—Cl 和 C—Br。总体而言，三层砂岩所含官能团的差异明显，只有第一层砂岩含有甲基反对称伸缩吸收峰及碳碳三键吸收峰，只有第二层砂岩具有亚甲基对称变形吸收峰及甲基的对称变形峰，只有第三层砂岩具有两个碳氧双键和 C—Br 的指征基团吸收峰

（图 2.38）。具体而言，第一层砂岩具有甲基和亚甲基吸收峰，而且在相同波长位置；第二层砂岩只发现了亚甲基的两种峰型，包括对称伸缩峰和反对称伸缩峰；第三层砂岩只发现

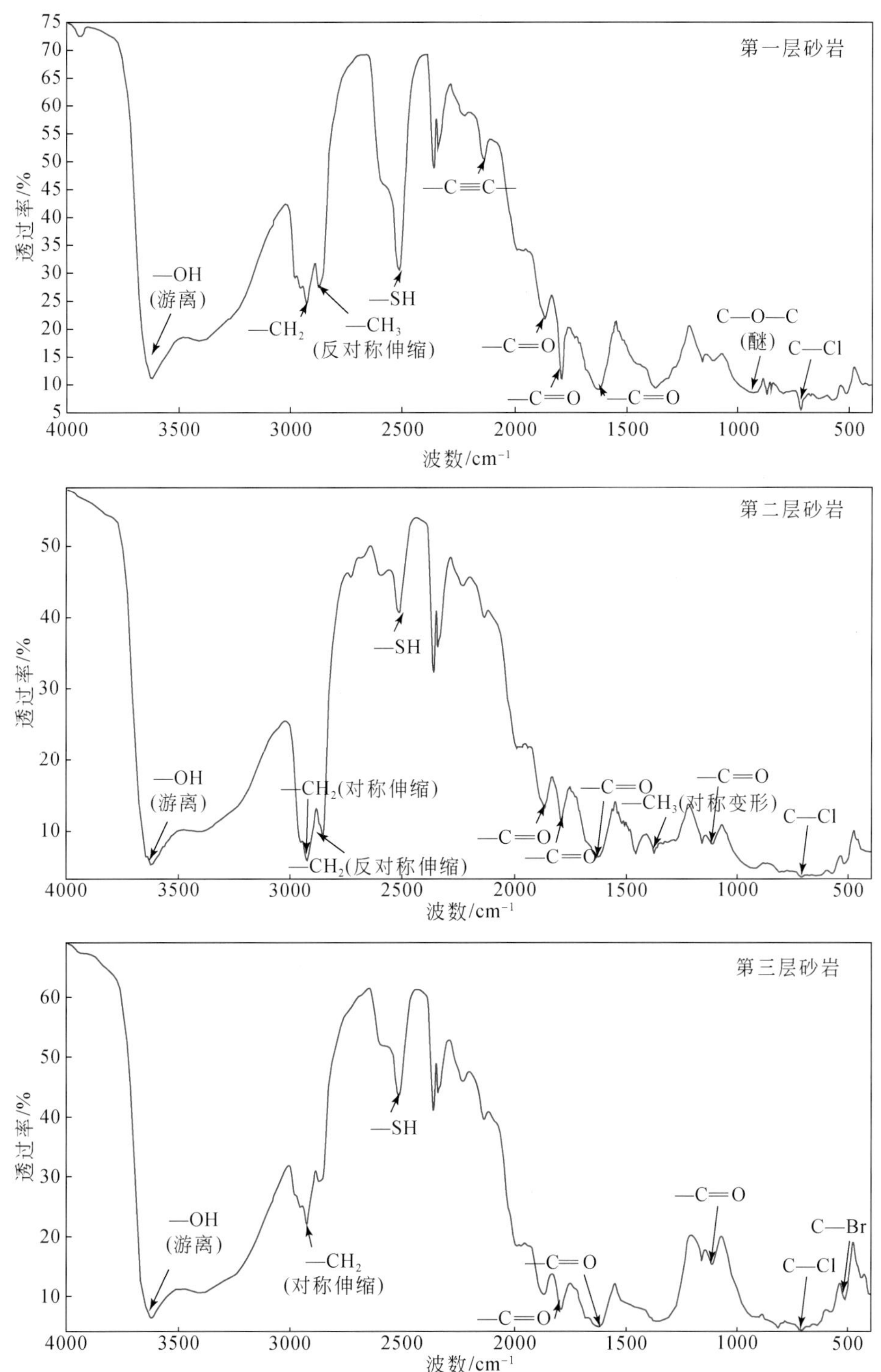

图 2.38　托斯台东油砂傅里叶变换红外光谱谱图

了相对强度较低的亚甲基对称伸缩峰。除此以外，第一层砂岩的巯基和碳碳三键的峰值都明显高于第二层和第三层。在波数小于 1500cm^{-1} 位置，只有第二层砂岩具有明显的甲基对称变形峰的显示。同时在波数为 500cm^{-1} 左右区域，第一层砂岩的 C—Cl 键最为明显，而第二层和第三层几乎不可见。但第三层砂岩具有明显的 C—Br 键吸收峰显示，第一层和第二层砂岩显示很弱。

对于这一现象的成因，可认为与降解强度有一定关联。根据上文分析，第一层砂岩的蚀变强度最高，第二层和第三层相对较低。再结合红外谱图中不同官能团的特征来看，第一层甲基、亚甲基的吸收峰都相对明显，而且巯基作为生物酶的重要组成物质之一，该层砂岩中吸收峰最为明显，因此推断该层砂岩的生物降解作用也为三层中最为强烈。除此之外，少量碳碳三键的吸收峰也表明该层油砂的目前的稳定性较差，相对更容易受到蚀变作用。第二层和第三层砂岩相比之下稳定性较高，且巯基吸收峰较低，因此受到的降解作用较第一层弱。溴元素电负性大，具有较强的氧化性；其吸收峰的出现说明现在油砂已经完全处在氧化环境，降解作用的发生多与喜氧生物相关。

五、油砂剖面流体活动特征

通过以上对于该剖面的研究发现，位于顶层的第三层砂岩胶结最好，流体活动最为复杂，并以此为代表展开了流体活动特征分析。扫描电镜背散射图像下观察发现，该层砂岩的胶结致密，矿物颗粒间都有胶结物填充，矿物颗粒磨圆中等（图 2.39a，b，d）。具体而言，在二次电子像观察后发现在矿物颗粒间也发现孔隙发育，主体以次生为主，多见于长石颗粒边缘及颗粒间（图 2.39c，e）。其中，长石颗粒包括钙长石和钠长石，且颗粒边缘的溶孔最为发育。后期钙质流体经过后在颗粒边缘形成隐晶质方解石胶结物。除了钙质流体活动，在石英颗粒边缘还发现了不同形成期次的硅质流体，包括颗粒边缘次生加大形成的一期硅质流体，二期硅质流体的颗粒较小，以半自形、他形为特征，三期颗粒则为隐晶质，赋存于一、二期石英颗粒间的裂隙内（图 2.39f）。

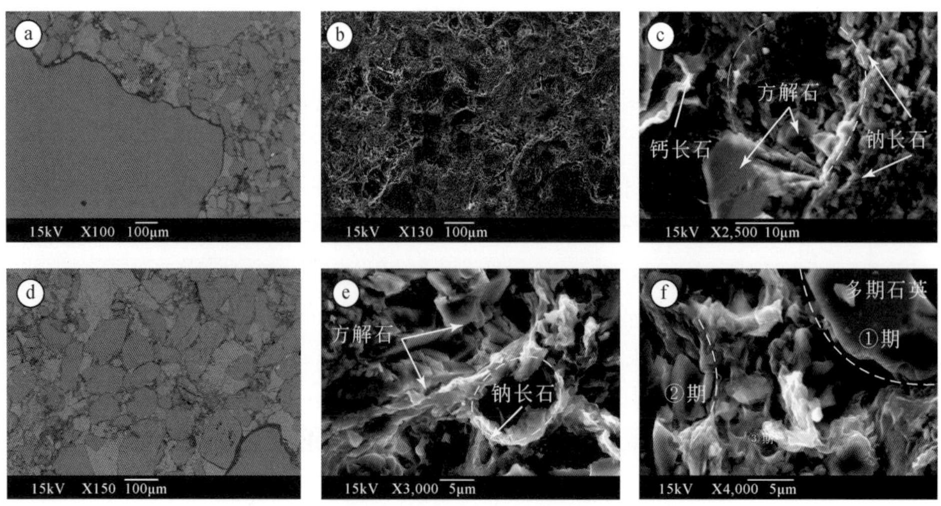

图 2.39　托斯台东油砂剖面第三层砂岩扫描电镜图版

a、d. 背散射图像；b、c、e、f. 二次电子像

综合以上特征，可发现该剖面整体的流体环境以氧化为主，总体存在三期硅质流体活动，一期钙质流体活动。氧化环境下先发生硅质矿物沉淀，之后钙质矿物（如方解石等）在残余孔隙中形成。氧化类流体活动对烃类流体造成破坏，如次生降解，同时对原生矿物也产生了一定的蚀变作用。

六、油砂成因模式

根据以上对研究区油砂剖面岩石学和地球化学特征的分析，建立了油砂的成因模式，结果发现，如图 2.40，本油苗点的成因具有鲜明的“源控”特征，以烃源岩展布为前提，储层物性为基础。

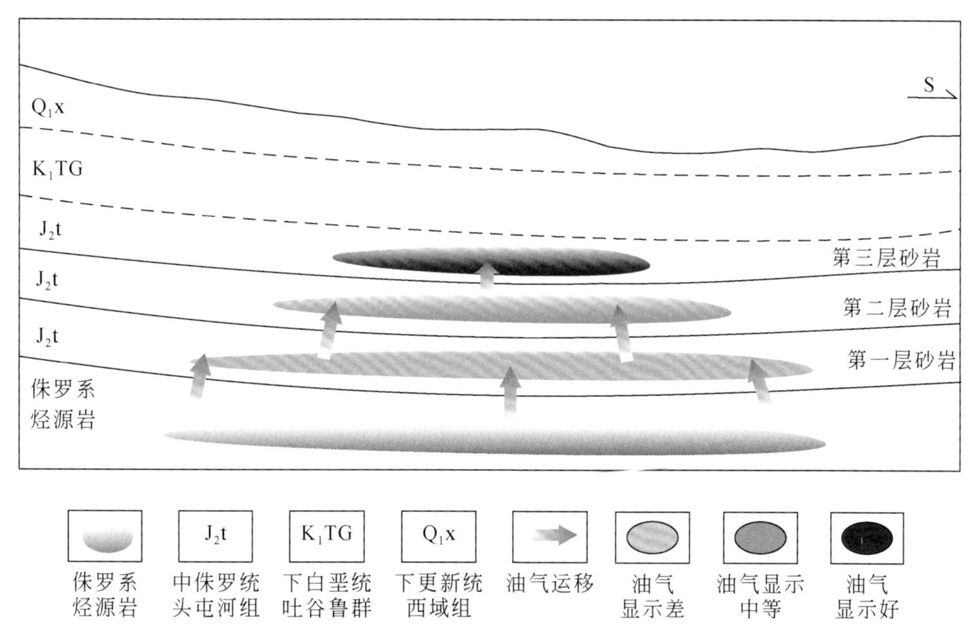

图 2.40　托斯台油砂成因模式图

油砂有机地球化学的分析表明，下侏罗统（J_1）是该油气苗剖面的烃源层。这套烃源岩分布在整个剖面的最底层，逐步沿着有利运移通道向上运移，最后运移至侏罗系储层的最高处，在上覆白垩系地层的封堵作用下聚集并形成具有一定规模的油藏（图 2.40）。侏罗系头屯河组砂岩作为油砂的产出层位，可发现第一层砂岩的胶结最差，岩性疏松，几乎无法成岩，这一特性使之成为了烃类和其他流体运移的通道。与此同时，第一层和第二层砂岩缺少有效盖层，使得几乎没有油气聚集成藏，反而顺着裂隙继续向上覆地层运移。到了第二层砂岩，储集层胶结程度逐渐变高，使得油气开始少量聚集在该层中，油气显示逐渐变好。到了第三层砂岩，由于上覆下白垩统吐谷鲁群中的泥岩作为盖层起到了一定的阻挡作用，从而为原油在第三层砂岩中聚集成藏形成了很好的条件，因此可推测大量油气在此聚集，油气显示最好。

此外，对该油砂剖面的谱图及地化地化指标分析后发现，生物降解程度从第一层砂岩到第三层砂岩逐渐增强，可以认为油气在第三层砂岩的停留时间最长，时间上为烃类次生降解作用的发生提供了很好的条件。第一层和第二层砂岩中的烃类流体依旧保持着较高的活动性，停留时间短，后期形成的烃类流体不断流经这两段储层，因此受到的降解作用也相对较弱。

因此，在该成因模式的基础上，可以认为以托斯台东油砂剖面为例，这类油气的勘探方向以源控和“封堵性好的盖层”为线索。首先是“源控”，由于该剖面的断裂相对不发育，油气发生长距离运移和调整改造不明显，可能性最大的就是形成近距离原生油气藏，“源控”为最根本的控制因素，即来自侏罗系烃源岩所形成的油气就近发生运移和成藏作用。因此，最为根本的就是确定烃源层的具体位置。其次是“封堵性好的盖层”，如本剖面的白垩系吐谷鲁群泥岩可作为阻挡油气运移的主要层位。在“源盖控烃”的基础上，寻找油气的有效运移通道，如本剖面以储集层岩性作为油气运移的主要控制因素，找到有利于油气运移的砂岩层位（第三层砂岩），确定其运移通道后圈出最有利于油气保存的圈闭（第三层砂岩透镜体）。因此，可以认为第三层砂岩及其下部层位为勘探优选区，具有一定的勘探前景（图 2.40）。

综上，本研究认为托斯台东油砂剖面是“源控”为特色，烃源岩展布为最主要的控制因素，储层物性限制了油砂的发育规模。

第三章

准噶尔盆地南缘中段山前断褶带地区油气苗

第一节　地质背景和油气苗分布

准噶尔盆地南缘中段山前断褶带在地理上主要是指北天山以北、中央凹陷带以南地区，构造上从南向北包括齐古褶皱带和霍玛吐背斜带，二者都为北天山山前逆冲推覆构造带内的二级构造单元（图 3.1），普遍认为形成于燕山期—喜马拉雅期，构造活动强烈，变形复杂，以“三排构造”最具代表性（杨海波等，2004；陈书平等，2007；漆家福等，2008）（图 3.2），发育地层主要从古生界二叠系到新生界第四系（郭召杰等，2011；林潼等，2013；陈建平等，2016a；2016b）（图 3.3）。

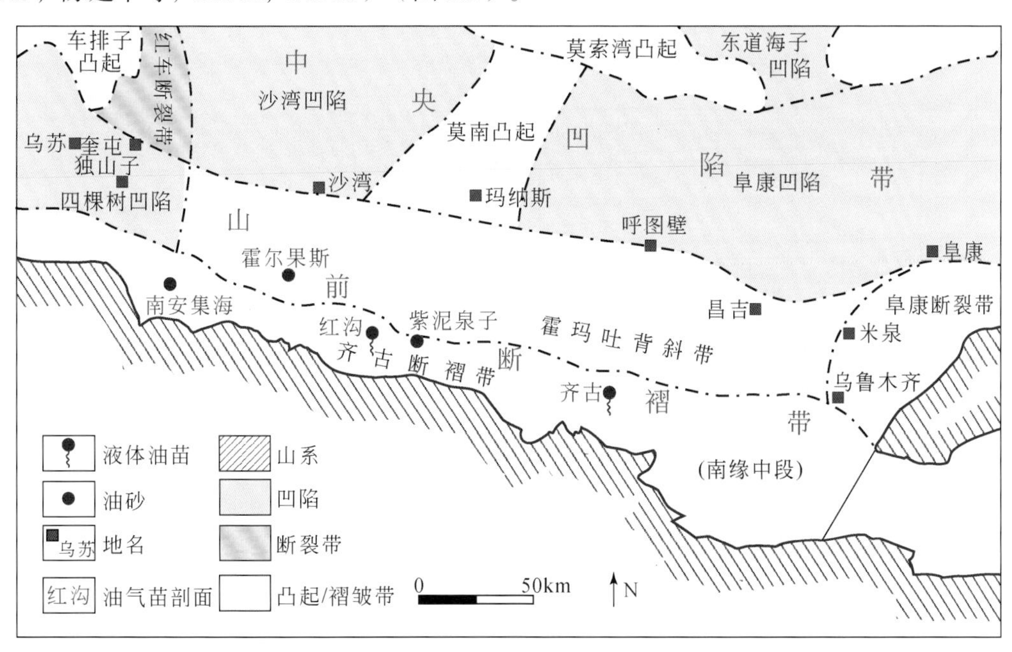

图 3.1　准噶尔盆地南缘中段山前褶皱带构造单元划分及油气苗分布简图

前人报道的油气苗主要产出于侏罗系和古近系，部分产于新近系和白垩系，类型主要包括油砂和液态油苗等（范光华和李建新，1985；何钊，1989；Zheng et al.，2018）（图 3.1，图 3.3）。已有研究成果主要集中于油气苗的油气来源及成藏类型的研究。

油气来源目前主要观点为侏罗系、白垩系和古近系均有分布（陈建平等，2016a，2016b），此外还有二叠系和三叠系油气源的报道（阿布力米提等，2004），而且大多发生混源（倪倩等，2014）。其中，二叠系油气源主要分布于第一排构造带中东部，为成熟

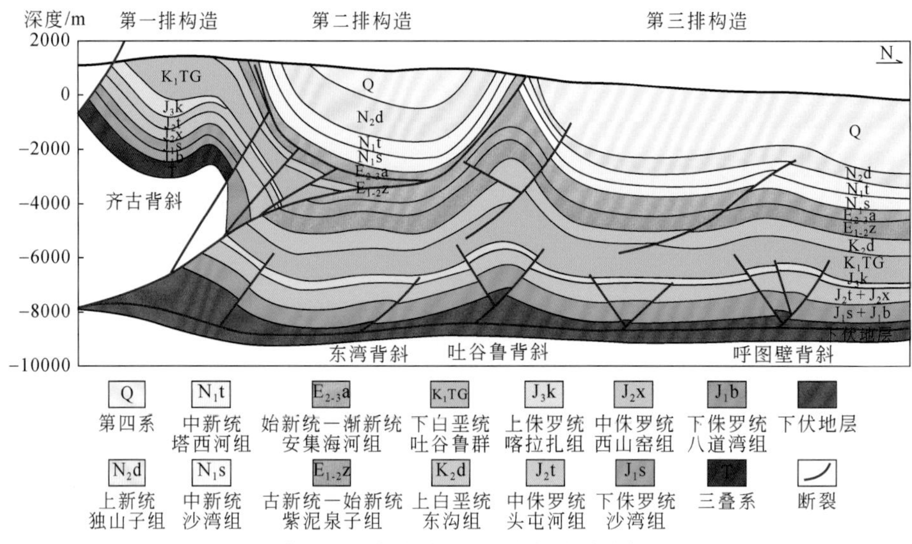

图 3.2　准噶尔盆地南缘中段山前断褶带代表构造剖面图

界	系	统	组(群)	厚度/m	岩性	构造运动	演化阶段	构造旋回	生	储	盖
新生界	第四系	下更新统	西域组 Q_1x	1250~2470		喜马拉雅晚期					
	新近系	上新统	独山子组 N_2d	1300~2000		喜马拉雅早期	再生前陆盆地	压扭强挤压构造旋回			
		中新统	塔西河组 N_1t	250~300							
		中新统	沙湾组 N_1s	150~500							
	古近系	始新统—渐新统	安集海河组 $E_{2-3}a$	130~780							
		古新统—始新统	紫泥泉子组 $E_{1-2}z$	50~400		燕山Ⅲ幕	拗陷盆地	陆内调整断陷盆地旋回			
中生界	白垩系	上统	东沟组 K_2d	46~813							
		下统	吐谷鲁群 K_1TG	680~2000		燕山Ⅱ幕					
	侏罗系	上统	喀拉扎组 J_3k	50~800			压扭盆地	压扭挤压构造旋回			
			齐古组 J_3q	144~683							
		中统	头屯河组 J_2t	200~645							
			西山窑组 J_2x	137~980		燕山Ⅰ幕					
		下统	三工河组 J_1s	148~882			断陷盆地				
			八道湾组 J_1b	260~850							
	三叠系	中上统	小泉沟群 $T_{2-3}XQ$	800~1000		印支运动	前陆盆地	古亚洲洋全面消亡，北天山有限洋盆向前陆盆地转换旋回			
		下统	下仓房沟群 T_1CH	312~706							
古生界	二叠系	下统	梧桐沟组 P_3wt	178~281							

油砂　液体油苗　砂岩　砾岩　煤系　砂质泥岩　泥岩　粉砂岩　砂质砾岩　泥质砂岩　不整合面

图 3.3　准噶尔盆地南缘中段山前断褶带生储盖综合柱状图

油（田敏和李臻，2014）。侏罗系烃源岩在南缘中段全区皆有发育，成熟度高，为成熟—过成熟，目前主要处于生气阶段（王绪龙等，2013）。白垩系烃源岩主要分布于南缘中段的中部，整体处于低成熟—成熟，从始新世开始生油一直延续至今，大约在上新世初期达到生油高峰（张兴雅等，2015b）；古近系安集海河组烃源岩主要发育在南缘中段的西侧，其厚度及有机质丰度在全区分布都较好，主要形成低成熟的原油（况军和贾希玉，2005；张兴雅等，2015a）。

成藏类型方面，前人主要将其归纳为两种成藏模式。第一，为“源上—背斜—断裂和相控油气成藏模式”，存在于第二、第三排构造中部及上部成藏组合，油气从源中靠断裂作垂向运移，在挤压背斜中聚集成藏，如呼图壁、吐谷鲁及霍尔果斯等油气田（张闻林等，2000；阿布力米提等，2004；马德龙等，2019）。第二，为“源边—断背斜—断控油气成藏模式”，第一排构造带模式以此为主。深大断裂发育，烃类通过逆冲推覆断裂运移到上盘聚集成藏，在喜马拉雅期被调整和破坏，再通过次一级的断裂聚集成藏，保存条件较差，如齐古油气田，南安集海油砂等（阿布力米提等，2004；田敏和李臻，2014；蔡义峰等，2016）。

第二节　典型油气苗剖面

在仔细梳理前人研究成果的基础上，本次工作共踏勘了研究区 6 个最为代表性的油气苗剖面，自西向东分别为南安集海油砂、霍尔果斯油砂、紫泥泉子油砂、红沟液体油苗和齐古液体油苗①（图 3.1）（范光华和李建新，1985；何钊，1989；Zheng et al.，2018；马德龙等，2019）。这些油气苗剖面从类型上来说，液体油苗和固态油砂都有产出，从垂向分布层位上来说中生界侏罗系到新生界古近系、新近系都有不同类型的油气苗出露（图 3.3）。

对这些油气苗进行了岩石学、有机和无机地球化学的综合研究，具体实验及测试内容主要包括岩石学薄片、油气苗的氯仿沥青含量、族组分、同位素、链烷烃、生物标志物、扫描电镜、电子探针和傅里叶变换红外光谱等。除此以外，对紫泥泉子剖面的泥岩还进行了岩石热解的分析（表 3.1）。在此基础上，可建立油气苗的成因模式，探讨其形成主控因素和勘探意义。

表 3.1　准噶尔盆地南缘西段四棵树凹陷油气苗基本工作量汇总表　（单位：个）

油气苗剖面	油气苗类型	采样	测试项目								
			a	b	c	d	e	f	g	h	i
南安集海	油砂	10	9	10	5	8	8	8	2	/	1
霍尔果斯	油砂	26	25	25	16	19	19	19	9	7	3
紫泥泉子	油砂	12	12	12	/	/	2	2	2	/	/
红沟	液体油苗	3	/	1	2	2	2	2	/	/	/
齐古	液体油苗	7	3	3	5	6	6	6	1	/	/

a. 岩石学薄片；b. 氯仿沥青含量；c. 族组分；d. 同位素；e. 饱和烃与类异戊二烯烃；f. 生物标志物；g. 扫描电镜；h. 电子探针；i. 傅里叶变换红外光谱；“/”代表无分析数据。

① 据新疆油田公司内部报告，1994，油气苗卡片。

第三节 南安集海油砂剖面

一、地质路线与剖面

如图 3.4 所示，南安集海油砂剖面位于独山子区东南约 56km，大地坐标 44°05′ 59.8″N，85°06′03.9″E。驱车从独山子区沿省道 S218 行驶约 6km 后，右转驶出省道，继续直行约 21km，向右转进入县道布红段行驶约 28km 后可至。

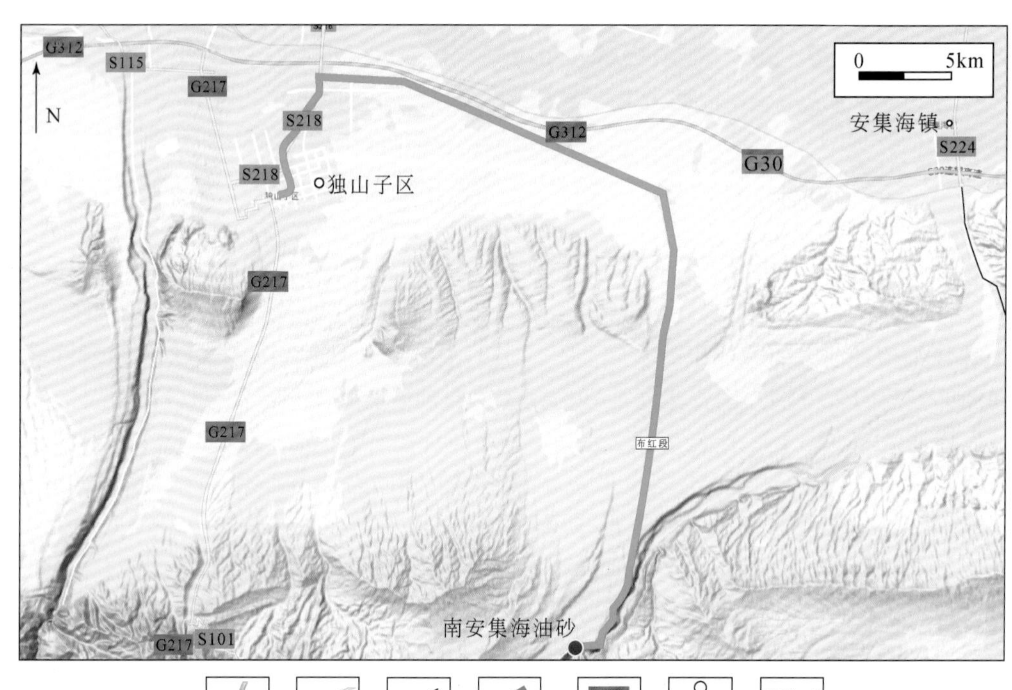

图 3.4 南安集海油砂交通位置示意图（底图源自谷歌地图）

该油砂剖面位于山前断褶带第一排构造的南安集海背斜。南安集海背斜位于车排子凸起与天山造山带之间，凸起两侧是四棵树凹陷、沙湾凹陷。该背斜东西两侧的小型褶皱遭受剥蚀并被第四系沉积物覆盖，没有出露地表。南安集海背斜核部出露下侏罗统八道湾组（J_1b），背斜南翼是中侏罗统头屯河组（J_2t），地层倾角约 20° ～ 40°，北翼地层向北倾，倾角 40° ～ 50°。南安集海背斜北翼缺失上侏罗统喀拉扎组（J_3k），白垩系发育不整合，覆盖上侏罗统齐古组（J_3q）。其经历中生代与新生代两期变形，一期构造发生于古生代至早中生代期间，发育 1 条北倾逆冲断裂；二期构造发育时间约为晚侏罗世至早白垩世期间，发育 1 条南倾逆冲断裂（王勃和汪新，2019）。

油气苗产出层位为安集海河组（$E_{2-3}a$）。可见沙湾组（N_1s）、塔西河组（N_1t）和独山子组发育（N_2d）（图 3.5a）。且本剖面可分为三段（图 3.5b）：下段（①）为紫绿色泥岩夹灰绿色泥岩；中段（②）为灰色泥岩夹黄色砂岩；上段（③）为黄色砂岩夹少量的灰色泥岩。本剖面油苗发育类型以油砂为主，均顺层产出（图 3.5c—f）。总的来说，南安集海河油砂剖面发育的油砂规模大，且剖面完整，局部具有页岩发育特征（①）。

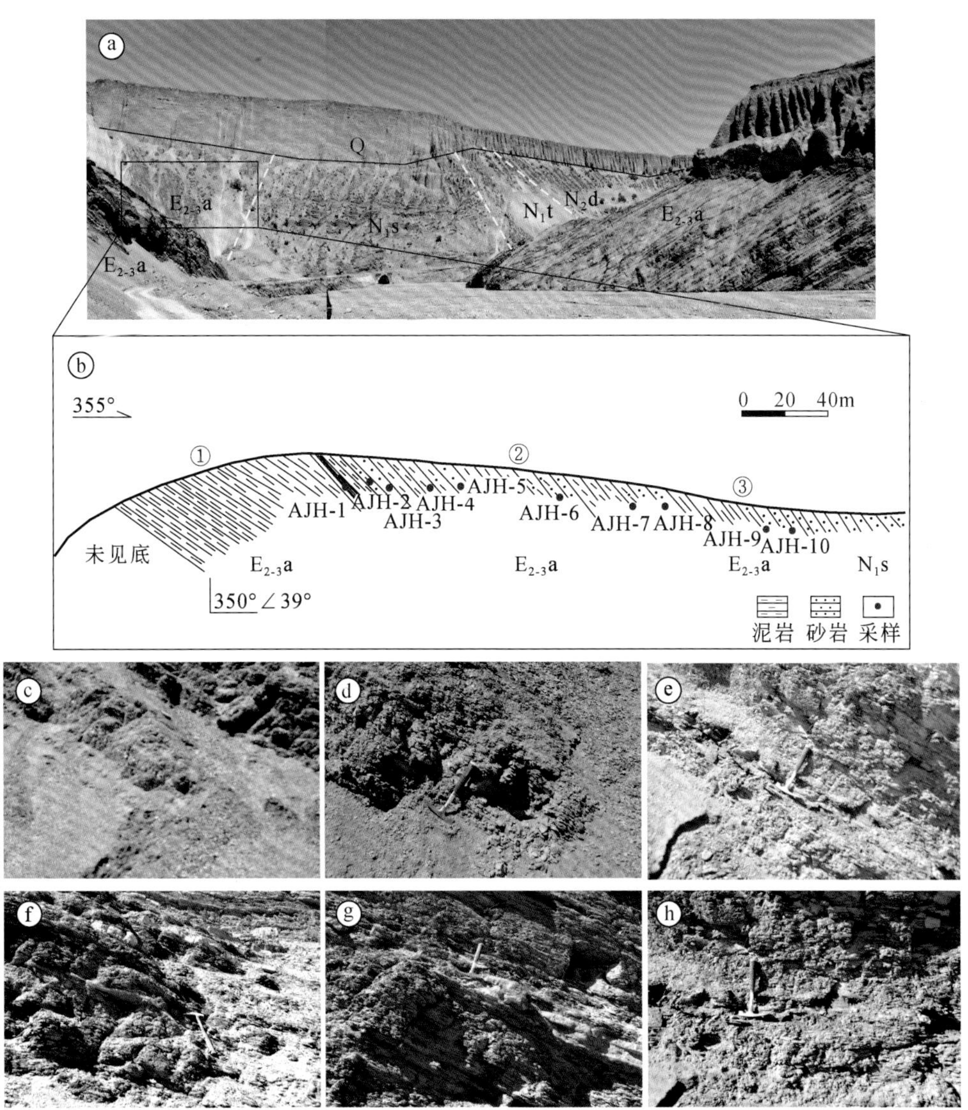

图 3.5 准噶尔盆地南缘中段山前断褶带典型油气苗野外产状图（南安集海油砂剖面）

a. 油气苗产出剖面图；b. 剖面素描图；c. AJH-2；d. AJH-3；e. AJH-4；f. AJH-6；g. AJH-8；h. AJH-9

二、油砂岩石学特征

如图 3.5 和图 3.6，可进一步发现整个剖面的岩性变化具有由细到粗的特征。AJH-2

样品为含粉屑泥灰岩，镜下观察发现整体致密少孔，矿物颗粒肉眼不可见。且裂隙不发育，整体较为均一。含有黑色泥质充填。方解石约 95%，不透明矿物 5%。泥质充填呈定向排列，与薄片长轴平行。黑色泥质充填边缘为渐变，逐步浸染在荧光下，可见黏土矿物的暗绿色荧光，整体亮度较暗，具有中等的油气显示（图 3.6a，b）。

AJH-6 样品在镜下观察发现主要还是以泥质为主，矿物组分几乎不可见。方解石约 85%，沥青等约 15%。生物碎屑含量 75%，粒径大体约为 0.5mm，泥屑 15%，孔隙 10%，

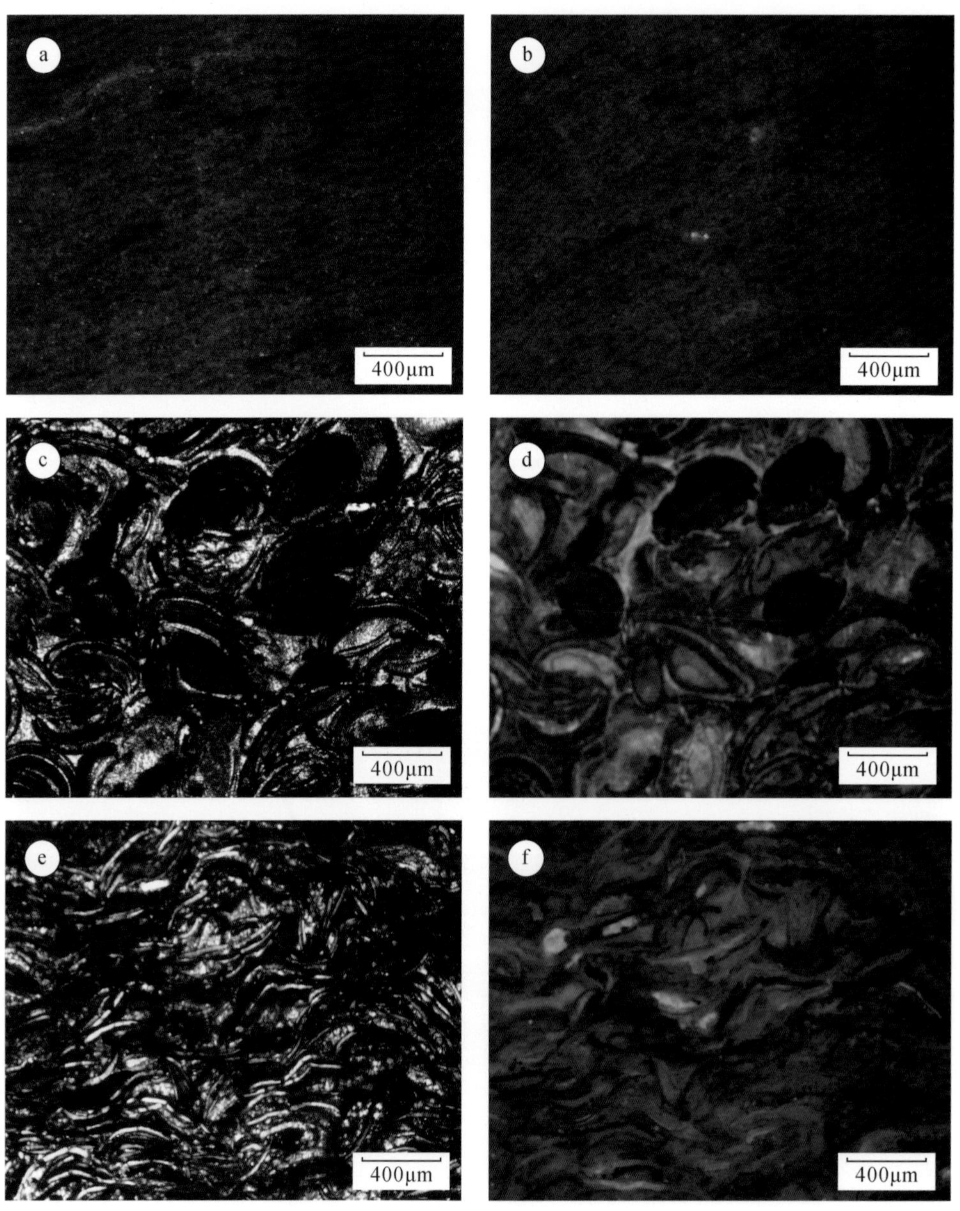

图 3.6　南安集海油砂显微岩石学特征

a. AJH-2 的单偏光照片；b. AJH-2 的荧光照片；c. AJH-6 的单偏光照片；d. AJH-6 的荧光照片；e. AJH-10 的单偏光照片；f. AJH-10 的荧光照片

颗粒之间充填有非晶胶结物。生屑（生物碎屑）表面多被充填，可能为钙质。荧光下发现，生物碎屑颗粒不含荧光，但其周围的裂隙内荧光强度大，多为亮绿色，可能为未成熟的油气充注（图 3.6c，d）。

AJH-10 样品生屑呈定向排列及波纹状，多为介壳，偶见矿物碎屑。方解石约 90%，不透明矿物约 10%。生物碎屑约 90%，砂屑少于 5%，孔隙少于 5%。方解石胶结物裂隙中也含泥质充填。荧光下观察发现荧光显示多为黄褐色，且介壳也具有一定的荧光显示。油气充注强度大，整体成熟度较高，可能为成熟油（图 3.6e，f）。

三、油砂有机地球化学特征

分析了油砂的有机地球化学特征，包括宏观的基础和微观的分子两个尺度。

1. 基础有机地球化学特征

南安集海油砂的氯仿沥青含量及族组分组成特征如表 3.2。油砂的氯仿沥青含量变化大，其中 AJH-5 和 AJH-6 样品含量大于 0.1%，油气显示最好；其次为 AJH-3、AJH-7 和 AJH-8 样品，大于 0.01%。油砂的族组分以饱和烃含量最高，40% ～ 79%；其次为芳香烃，11% ～ 27%；非烃则为 4% ～ 23%；沥青质含量最低，为 1% ～ 16%，总体油质轻—中等，流动性较强。

表 3.2　南安集海油砂剖面氯仿沥青、族组分及其碳同位素数据表

样品		AJH-1	AJH-2	AJH-3	AJH-5	AJH-6	AJH-8	AJH-10
样品类型		油砂	油砂	油砂	油砂	油砂	油砂	油砂
层位		$E_{2-3}a$	$E_{2-3}a$	$E_{2-3}a$	$E_{2-3}a$	$E_{2-3}a$	$E_{2-3}a$	$E_{2-3}a$
氯仿沥青 /%		0.0042	0.0058	0.0832	0.114	0.2038	0.0703	0.0008
族组分 /%	饱和烃	40.81	51.52	/	79.83	/	/	42.11
	芳香烃	24.49	24.24	/	11.55	/	/	26.32
	非烃	22.45	15.15	/	4.41	/	/	15.79
	沥青质	12.24	9.09	/	1.47	/	/	15.79
	饱和烃 + 芳香烃	65.3	75.76	/	91.38	/	/	68.43
	非烃 + 沥青质	34.69	24.24	/	5.88	/	/	31.58
碳同位素（‰，PDB 标准）	氯仿沥青	/	/	-30.39	/	-30.01	-29.56	/
	饱和烃	-28.07	-28.46	/	-29.22	/	/	-28.76
	芳香烃	-29.16	-28.74	/	-30.09	/	/	-28.71
	非烃	-28.94	-29.36	/	-29.49	/	/	-28.56
	沥青质	-29.24	-29.86	/	-30.46	/	/	-29.44

注：“/”代表无分析数据。

2. 同位素地球化学特征

该剖面的碳同位素数据如表 3.2 所示。氯仿沥青“A”组分的碳同位素总体为 −30‰ 左右。族组分碳同位素中 AJH-1、AJH-2 和 AJH-10 样品，整体为 −30‰ ～ −28‰；AJH-5 样品最轻，为 −30.5‰ ～ −29‰。除了 AJH-2 样品整体表现出正常的碳同位素特征以外，其余都出现了倒转现象，也可分为两种类型。第一类为 AJH-1 和 AJH-5 样品，$\delta^{13}C_{沥青质} < \delta^{13}C_{芳香烃} < \delta^{13}C_{非烃} < \delta^{13}C_{饱和烃}$；第二则为 AJH-10 样品，$\delta^{13}C_{沥青质} < \delta^{13}C_{饱和烃} < \delta^{13}C_{芳香烃} < \delta^{13}C_{非烃}$。这两类尽管表现形式上有所差异，但反映受到过次生蚀变作用，且强度不同（王杰等，2002；孙玉梅等，2009；陈文彬等，2010），这与前文根据基础有机地球化学组成分析得出的认识一致。

3. 分子有机地球化学特征

对南安集海油砂的分子有机地球化学特征进行了分析，检出了丰富的正构烷烃与类异戊二烯烃，以及萜烷、藿烷和甾烷类等化合物，谱图及具体参数见图 3.7 及表 3.3。

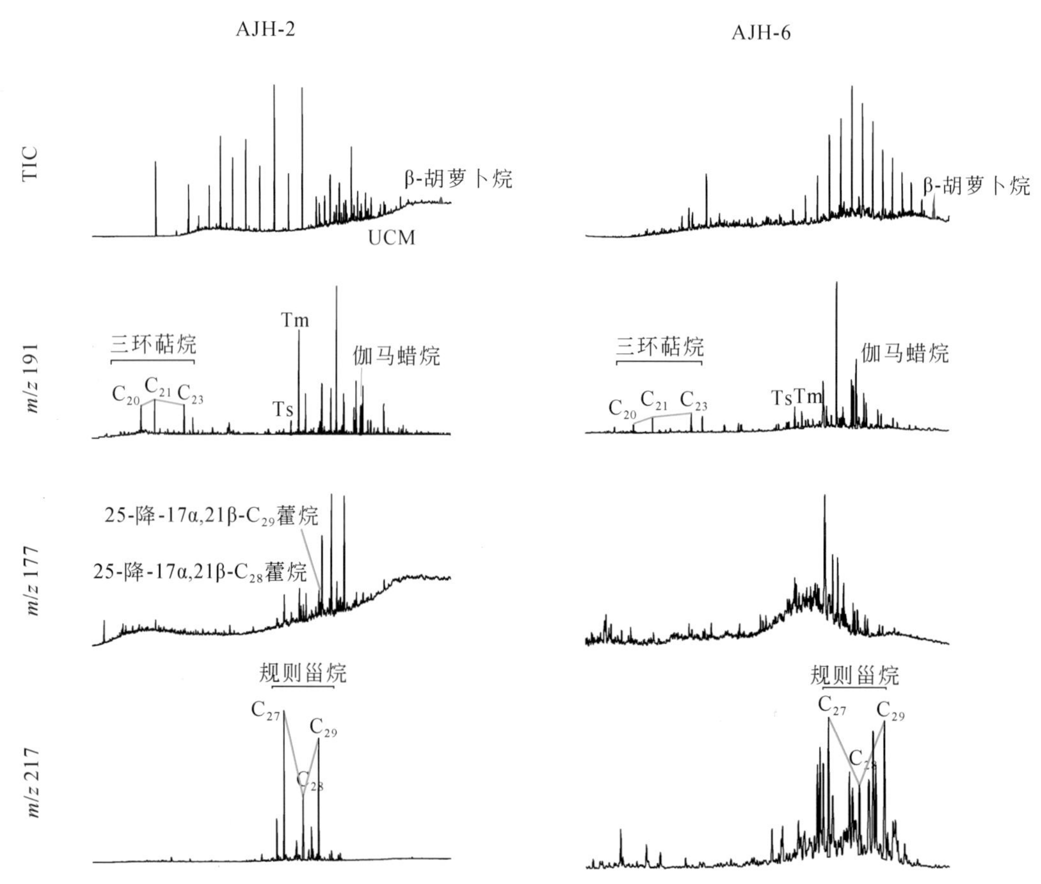

图 3.7 南安集海油砂分子有机地球化学谱图

表 3.3　南安集海油砂分子有机地球化学参数

类型	参数	AJH-1	AJH-2	AJH-3	AJH-5	AJH-6	AJH-8	AJH-10
正构烷烃	主峰碳	nC_{27}	nC_{25}	nC_{23}	nC_{27}	nC_{29}	nC_{23}	nC_{22}
	碳数范围	nC_{14}—nC_{37}	nC_{13}—nC_{37}	nC_{12}—nC_{33}	nC_{13}—nC_{37}	nC_{12}—nC_{37}	nC_{12}—nC_{29}	nC_{13}—nC_{36}
	TAR	2.61	3.27	0.65	4.33	26.53	0.59	1.47
	OEP	3.44	1.73	1.09	1.23	1.04	1.11	0.78
	CPI	2.23	2.48	1.20	1.14	1.10	1.36	1.24
	$\sum C_{21-}/\sum C_{22+}$	0.61	0.50	0.70	0.34	0.03	0.93	0.80
	$C_{21}+C_{22}/C_{28}+C_{29}$	2.77	4.39	3.36	0.47	0.03	2.39	4.97
类异戊二烯烃	Pr/Ph	0.54	0.15	0.65	0.56	0.37	0.62	0.38
	Pr/nC_{17}	1.65	1.43	0.70	1.87	9.45	0.98	1.75
	Ph/nC_{18}	2.32	2.85	0.82	2.82	21.62	1.41	2.08
萜烷	C_{19}/C_{21} 三环萜烷	0.31	0.26	0.45	0.47	0.58	0.57	0.16
	C_{20}/C_{21} 三环萜烷	0.67	0.79	0.55	0.46	0.60	0.64	0.59
	C_{21}/C_{23} 三环萜烷	1.10	1.01	0.94	0.87	0.83	0.94	0.56
	C_{24} 四环萜烷 /C_{26} 三环萜烷	0.27	0.24	0.72	0.30	0.58	0.82	0.48
藿烷	Ts/Tm	0.03	0.22	1.09	1.01	1.09	1.34	0.36
	伽马蜡烷 /C_{30} 藿烷	0.47	0.29	0.66	0.55	0.66	0.76	0.49
甾烷	C_{27}/C_{29} 规则甾烷	0.94	1.07	0.58	0.89	0.79	0.51	0.07
	C_{28}/C_{29} 规则甾烷	0.78	0.78	0.49	0.70	0.53	0.42	0.65
	C_{29}-20S/（20S+20R）	0.06	0.10	0.46	0.34	0.44	0.49	0.47
	C_{29}-ααα/（ααα+αββ）	0.79	0.78	0.50	0.59	0.51	0.52	0.47

根据谱图及地化指标参数（图 3.7 和表 3.3），可描述该剖面的分子地球化学特征。综合研究区的有机地球化学数据，可将南安集海油砂的分子地球化学特征分为两类。第一类的主要特点以 AJH-1、AJH-2 样品为例，这类样品的正构烷烃分布属“后峰型”，具有奇碳优势，碳数大于 22 组分的含量明显大于碳数小于 22 的组分。谱图中可发现这层砂岩具相对不明显的“UCM 鼓包”，反映受到了不算很强烈的生物降解作用（图 3.7）。类异戊二烯烃主要以姥植比（Pr/Ph）小于 1 为特征，反映了还原环境；含有 β- 胡萝卜烷，反映了低—中盐度环境。三环萜烷特征主要以 C_{21} 含量最高，C_{20}、C_{21} 和 C_{23} 呈“山峰型”分布，$C_{21} > C_{23} > C_{20}$。然而，四环萜烷含量低，C_{24} 四环萜烷 /C_{26} 三环萜烷为 0.27 和 0.24，反映了低等生物为有机质的主要来源。藿烷中 Ts/Tm 为 0.03 和 0.22；同时伽马蜡烷含量高，伽马蜡烷 /C_{30} 藿烷为 0.47 和 0.29，反映了低—中盐度的还原环境。规则甾烷 C_{27}、C_{28} 和 C_{29} 呈“V”型，且低等浮游生物占主导，高于 C_{29} 规则甾烷；甾烷异构化成熟度指数 C_{29}-20S/（20S+20R）为 0.06 和 0.1，C_{29}-ααα/（ααα+αββ）为 0.79 和 0.78（表 3.3），反映为未成熟油。

第二类 AJH-3、AJH-5、AJH-6、AJH-8、AJH-10 样品为例，这类样品的正构烷烃分布属“后峰型”，整体具有奇碳优势，碳数大于 22 组分的含量明显大于碳数小于 22 的组分。类异戊二烯烃主要以姥植比（Pr/Ph）小于 1 为特征，反映了还原环境；含有中等含量的 β-胡萝卜烷，反映了中盐度环境。三环萜烷特征主要以 C_{23} 含量最高，C_{20}、C_{21} 和 C_{23} 呈“上升型”分布，$C_{23} > C_{21} > C_{20}$。然而，四环萜烷含量变化大，C_{24} 四环萜烷 /C_{26} 三环萜烷为 0.30 ～ 0.72，反映了低等生物为有机质的主要来源，不排除受到高等。藿烷中 Ts/Tm 为 0.36 ～ 1.34；同时伽马蜡烷含量高，伽马蜡烷 /C_{30} 藿烷为 0.49 ～ 0.76，反映了中盐度的还原环境。规则甾烷 C_{27}、C_{28} 和 C_{29} 呈“V”型，且低等浮游生物占主导，高于 C_{29} 规则甾烷；甾烷异构化成熟度指数 C_{29}-20S/（20S+20R）为 0.34 ～ 0.49，C_{29}-ααα/（ααα+αββ）为 0.47 ～ 0.59（表 3.3），反映为成熟油。

4. 地球化学意义

对以上油砂的有机地球化学数据进行了综合分析，考虑到次生蚀变（生物降解）对地球化学参数的影响，首先进行了生物降解意义的探讨，在此基础上分析油源及成熟度。

（1）次生蚀变（生物降解）

综合以上的各项地球化学特征，认为第一类受到了强烈的降解作用，而第二类的蚀变程度相对较弱。首先，根据正构烷烃的峰型、碳数分布及轻、重组分之比（图 3.7 及表 3.3）可发现，碳数小于 12 的组分都已经消失，除了陆源生烃母质来源占主导以外，大部分轻组分都被降解；且正构烷烃的相关参数（OEP 和 CPI 等）都有着不同程度的异常值，和烃类的次生蚀变有关。在 *m/z* 177 的谱图中（图 3.7），AJH-2 样品检出了较低含量 25- 降藿烷。因此，该剖面受到了生物降解作用，且为中等—强烈。

（2）油源

该剖面油砂的生烃母质可能是以低等浮游生物为主。首先，根据表 3.2 和 3.3，该剖面氯仿抽提物碳同位素轻，且族组分碳同位素也都较轻，为低等生物来源。根据剖面油砂的有机地化谱图（图 3.7），发现代表缺氧、盐湖或海相环境的 β- 胡萝卜烷和伽马蜡烷的含量都相对较高，而代表陆源高等植物来源的 C_{19} 三环萜烷未检测到，C_{29} 规则甾烷的含量相对较低（Peters et al.，2005）。结合研究区的构造背景，白垩系和古近系时期都发育还原环境为主的咸水湖相沉积，因此可认为该剖面油源来源为白垩系烃源岩为主，混有古近系烃源岩（陈建平等，2016a，2016b）。

（3）成熟度

在众多可表征成熟度的指标中，OEP、CPI、Pr/nC_{17} 和 Ph/nC_{18}，由于正构烷烃及类异戊二烯烃的降解作用，无法对原油的成熟度进行探讨。而前人研究成果表明 Ts/Tm 抗生物降解的能力较强，而且受成熟度的影响明显，在相同来源的情况下随成熟度的增大而增大，因此可用于生物降解，甚至是严重生物降解原油成熟度的判识（Peters and Moldowan 1993；路俊刚等，2010）。南安集海油砂剖面的所有样品 Ts/Tm 比值较高，变化大，第一类则小于 0.34，第二类则大于 1，且根据 C_{29}-20S/（20S+20R）及 C_{29}-ααα/（ααα+αββ）

这两个成熟度参数，可发现该剖面的样品都分为两类，一类为白垩系的成熟油，另二类为古近系的未熟油（Peters et al.，2005）。

综上，根据该油气苗点分布于第一排构造带的构造背景，结合油源判识标准分析油砂的烃类来源为白垩系和古近系油源混源（陈建平等，2016a，2016b）；且受到了中等—强烈不等的生物降解作用。

四、油砂傅里叶红外光谱地球化学特征

对南安集海油砂全岩粉末进行了红外光谱测试，检出了众多常见基团及指征基团，常见基团主要包括游离羟基（—OH）、亚甲基（$—CH_2$）、巯基（—SH）、碳碳双键（—C═C—），指征基团主要包括碳氧双键（—C═O）、醚键（C—O—C）（图 3.8）。具体而言，可发现该剖面油砂样品的油气显示好，具有很强的亚甲基的对称伸缩和反对称伸缩峰，还具有碳碳双键的显示，反映成熟度相对较低；同时巯基的检出与还原环境密切相关。因此，与上述古近系未成熟油气来源相对应。

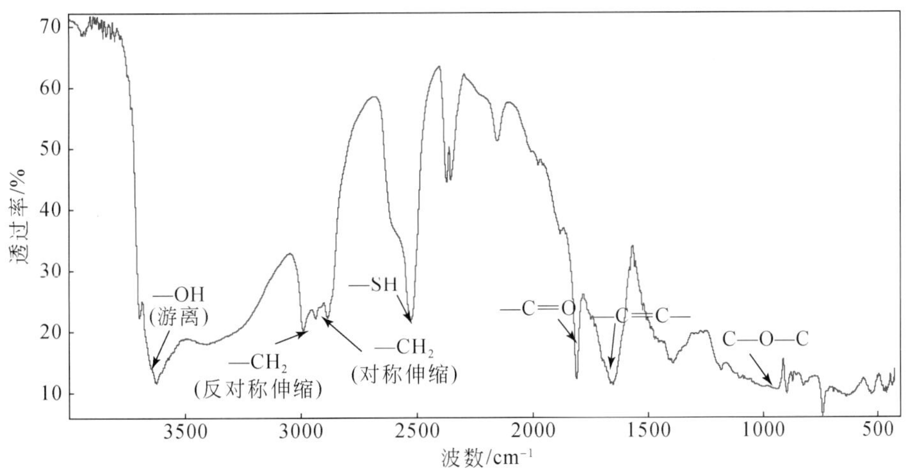

图 3.8 南安集海油砂剖面（AJH-10 样品）傅里叶变换红外光谱谱图

五、油砂剖面流体活动特征

通过以上对于该剖面岩性、油气显示及降解程度的分析后，发现 AJH-6 及 AJH-9 样品含油气显示好，胶结程度高，且富含介壳，有机质含量高，因此选用二者进行流体活动期次的分析（图 3.9）。扫描电镜背散射图像下观察发现，AJH-6 样品胶结致密，介壳颗粒间有方解石充填，且也具有黑色有机质。在二次电子像观察后发现，有黄铁矿的形成于方解石晶体边缘，且方解石颗粒的结晶程度好（图 3.9a，b），因此可判断其形成于还原的成岩环境。对于砂岩来说，可见其矿物颗粒破碎程度较高，矿物间为缝合线接触，而且颗粒间胶结程度高，可见明显的有机质赋存于颗粒间裂隙内（图 3.9c，d）。在二次电子像观察后发现，钙长石边缘也有黄铁矿的形成，说明还原性的含油气流体于后期形成

（图 3.9d）。

综合以上特征，可发现该剖面整体的成岩环境为先碱性后酸性（还原）。湖相沉积后，由于盐度中—高，因此大多为碱性矿物形成，如方解石。之后还原性的白垩系和古近系含油气酸性流体沿裂隙充注，则有黄铁矿形成于方解石和长石等矿物颗粒间。

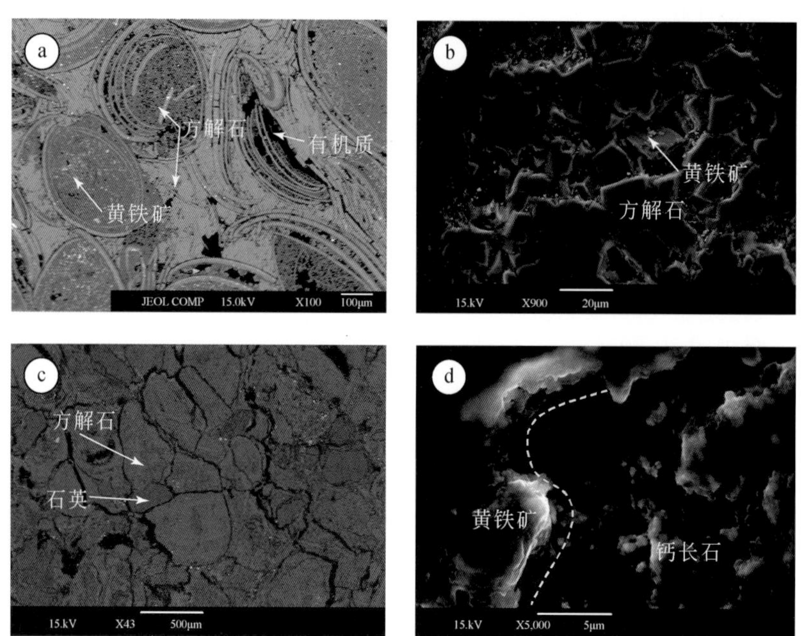

图 3.9　南安集海油砂扫描电镜图版

a. AJH-6 的背散射图像；b. AJH- 6 的二次电子像；c. AJH-9 的背散射图像；d. AJH-9 的二次电子像

六、油砂成因模式

根据以上对该剖面岩石学和地球化学特征的分析，建立了的成因模式，结果发现，如图 3.10，本油苗点的成因具有鲜明的“源控”特征，烃源岩展布为最主要的控制因素，同时还受到断裂和岩性的影响。

对该剖面油砂的地球化学分析表明，南安集海油砂的烃类组分来源主要来自于白垩系烃源岩和古近系烃源岩的混源。该剖面白垩系烃源岩已经处于排烃阶段，且达到成熟，大部分样品都为白垩系油源，说明白垩系泥岩的分布相对较广（图 3.10），且油气聚集条件好，古近系泥岩可为该层促进油气的聚集。而对于古近系油源，目前分析其还未成熟，生烃条件较差，因此发育规模可能相对较小，生烃量也相对较低。

既然古近系层位中出现白垩系的油，则说明存在运移通道，白垩系成熟油沿此运移至古近系储层中。而紫泥泉子组和安集海河组都有泥岩发育，为很好的盖层，而不利于油气的垂向运移，因此本研究推测可能存在断层（图 3.10），白垩系原油直接运移至古近系储层中，甚至直接运移至地表。而结合图 3.6，发现泥岩油气显示差，且为古近系油源，而介壳灰岩荧光强度高，为白垩系油源，这再次说明白垩系油气运移至有利储层聚集成藏。

综上，本研究认为南安集海油砂剖面是以“源控”为特色，烃源岩展布为最主要的控制因素，而油气苗的形成还受到断裂和岩性的影响，即烃类的运移通道和聚集空间。

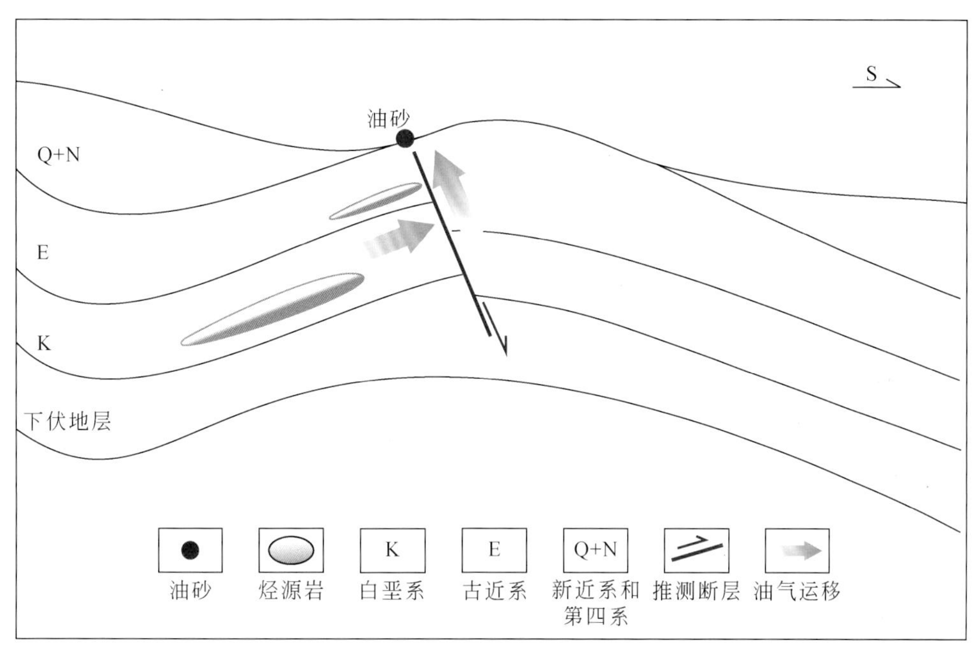

图 3.10　南安集海油砂剖面成因模式图

第四节　霍尔果斯油砂剖面

一、地质路线与剖面

如图 3.11 所示，霍尔果斯油砂剖面位于乌苏市西南约 30km，大地坐标 44°10′39.3″N，85°27′4.9″E。驱车从沙湾县沿 005 乡道行驶约 15km 后，进入 148 乡道及红兵段继续前行约 4km 后左转，后进入 819 县道，行驶约 9km 后可至。

霍尔果斯油砂位于霍尔果斯背斜，发育于背斜核部。背斜整体呈一向北突出的弧形，是近东西向延伸的长轴背斜，高点呈串珠状排列，南北方向由推覆体和前陆盆地控制，南翼产状相对较陡而北翼产状相对舒缓（郑超等，2015）。背斜轴部发育南倾逆断裂，南翼地层被霍玛吐滑脱断层切割，核部出露最老地层为古近系安集海河组（$E_{2-3}a$）；背斜两翼由中新统沙湾组（N_1s）组成（图 3.12a）。油气苗以油砂为主（图 3.12b），其中背斜核部油砂最为发育，两翼的油气苗点相对减少（图 3.12c）。背斜不同部位的岩性也有着较大差别。两翼为砂岩及砾岩，核部则为砂岩及泥岩，岩性破碎。

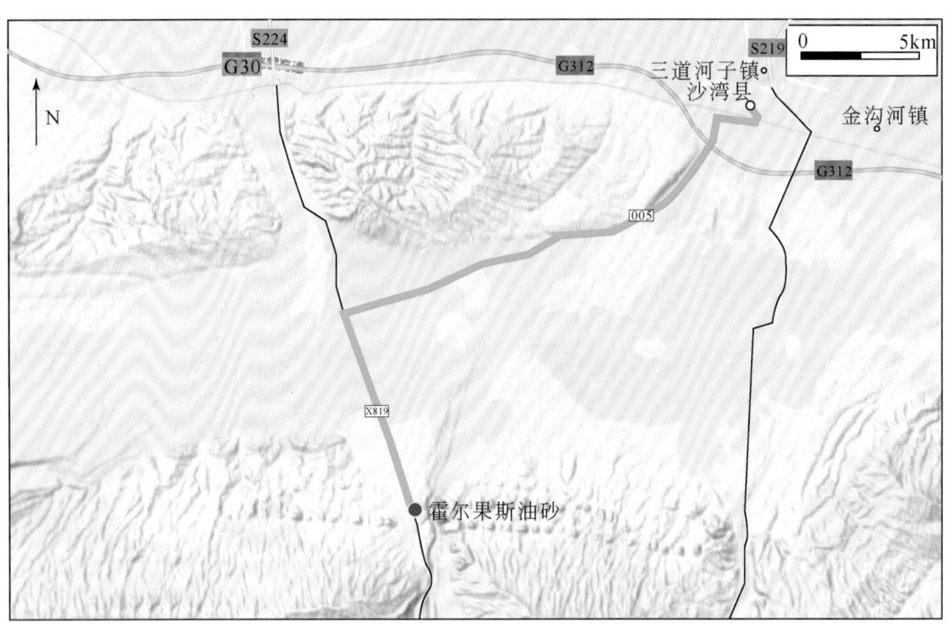

图 3.11　霍尔果斯油砂交通位置示意图（底图源自谷歌地图）

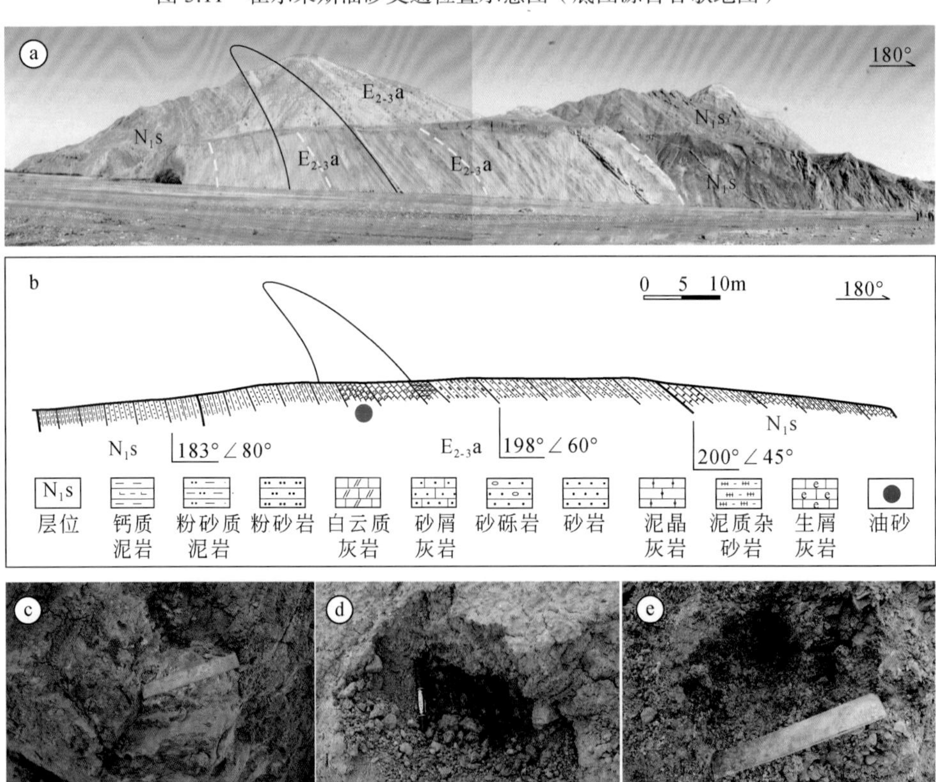

图 3.12　准噶尔盆地南缘中段山前断褶带典型油气苗野外产状图（霍尔果斯油砂剖面）

a. 油气苗产出剖面图；b. 剖面素描图；c. H-3；d. H-5；e. H-13

二、油砂岩石学特征

根据岩性和荧光特征，发现霍尔果斯背斜两翼荧光显示与岩性有关：粉砂岩整体荧光显示差（图 3.13a，b），仅在裂隙中油气显示好；砾岩和砂岩荧光显示较好（图 3.13c，d）；背斜轴部（图 3.13e，f）的油气显示与岩性无关，砂岩和粉砂岩荧光显示均较好。除此之外，矿物颗粒胶结紧密，且砾岩中含有两种不同颜色的荧光，主要有亮绿色和黄褐色荧光，油气显示说明至少存在两期不同性质或不同来源的油源，这表明本剖面的油砂、油苗成因复杂。

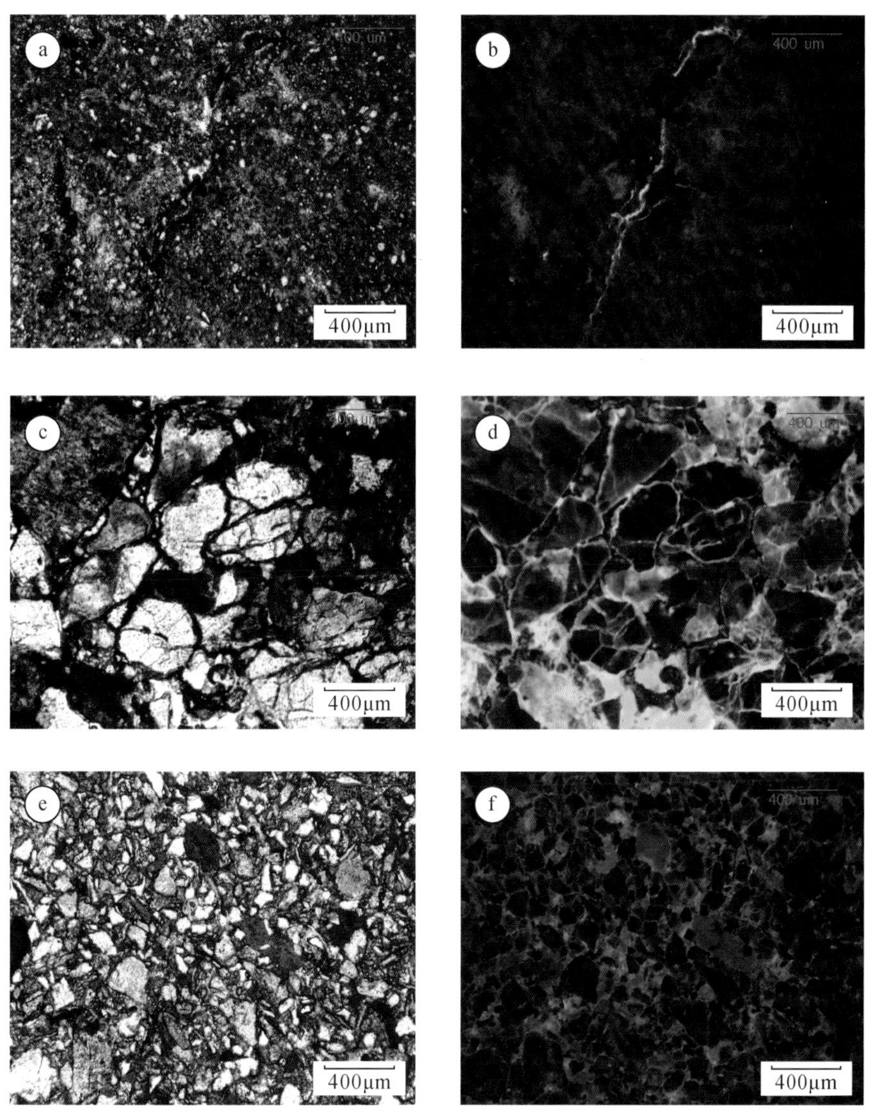

图 3.13　霍尔果斯油砂显微岩石学特征

a. H-3 的单偏光照片；b. H-3 的荧光照片；c. H-4 的单偏光照片；d. H-4 的荧光照片；e. H-13 的单偏光照片；f. H-13 的荧光照片

具体而言，胶结好的粉砂岩的矿物成分以石英为主（图 3.13a，b），偶见长石，镜下观察可发现矿物边缘大多已经历了不同程度的磨圆作用，结构成熟度较高，最大为 0.15mm 左右。荧光显示弱，仅在裂隙处可见较暗的蓝绿色荧光。

岩屑砂岩整体疏松破碎，矿物颗粒主体为石英，长石含量约 10%，方解石约 5%。砂岩的矿物边缘棱角发生了明显的磨圆，矿物颗粒破碎，发育明显的裂痕，可见研究区的构造运动相对复杂。粒径整体约为 0.4 ～ 1mm 不等，以中砂和粗砂组分占主导，粗砂组分（大于 0.5mm）约 40% 左右。矿物颗粒边缘的胶结物发育，孔缝含量相对较低。荧光下可见矿物颗粒间具有橙黄色和黄绿色荧光，反映可能含有两种不同期次的油气充注（图 3.13c，d）。

背斜核部所发育的灰岩与其他部分不同，不含石英等碎屑颗粒及生物碎屑。砂岩的矿物边缘棱角磨圆不明显，颗粒粒径整体小于 0.2mm，泥晶为主。矿物颗粒边缘的胶结物发育，孔缝含量相对较低。荧光镜下发现只有绿色荧光，可能只有一期成熟度低的油气充注期次（图 3.13e，f）。

三、油砂有机地球化学特征

分析了油砂的有机地球化学特征，包括宏观的基础和微观的两个尺度。

1. 基础有机地球化学特征

霍尔果斯油砂的氯仿沥青含量及族组分组成特征如表 3.4。根据油砂的氯仿沥青的含量，发现位于背斜核部的样品（H-14）油气显示最好，其次为 H-12 和 H-15 样品，含量大于 0.9%，而距离核部越远油气显示越弱，和上文的岩石学特征一致。油砂的族组分变化大，但总体以饱和烃含量最高，53.65% ～ 81.87%；其次为芳香烃，7.85% ～ 17%；非烃则为 5.04% ～ 21.35% 沥青质含量最低，为 0.54% ～ 2.25%，总体油质轻，流动性较强。该剖面的碳同位素数据如表 3.4 所示。氯仿沥青“A”组分的碳同位素总体为 -30‰ 左右，整体较轻。

表 3.4　霍尔果斯油砂氯仿沥青、族组分及其碳同位素数据表

样品		H-1	H-4	H-12	H-14	H-15	H-21	H-25
样品类型		油砂	油砂	油砂	油砂	油砂	油砂	油砂
层位		$E_{2-3}a$	$E_{2-3}a$	$E_{2-3}a$	$E_{2-3}a$	$E_{2-3}a$	$E_{2-3}a$	$E_{2-3}a$
氯仿沥青 /%		0.1796	0.3937	1.8791	6.0095	0.9027	0.2113	0.0014
族组分 /%	饱和烃	74.35	72.43	71.47	81.79	81.87	53.65	/
	芳香烃	17	14.05	13.04	12.04	7.85	11.8	/
	非烃	8.93	13.78	6.52	5.04	8.16	21.35	/
	沥青质	1.15	0.54	2.45	1.4	1.51	2.25	/
	饱和烃 + 芳香烃	91.35	86.48	84.51	93.83	89.72	65.45	/
	非烃 + 沥青质	10.08	14.32	8.97	6.44	9.67	23.6	/
氯仿沥青碳同位素 /（‰，PDB 标准）		-29.93	-29.9	-29.23	-29.72	-30.4	-29.9	-29.77

注：“/”代表无分析数据。

2. 分子有机地球化学特征

对霍尔果斯油砂的分子有机地球化学特征进行了分析，检出了丰富的正构烷烃与类异戊二烯烃，以及萜烷、藿烷和甾烷类等化合物，谱图及具体参数见图 3.14 及表 3.5。

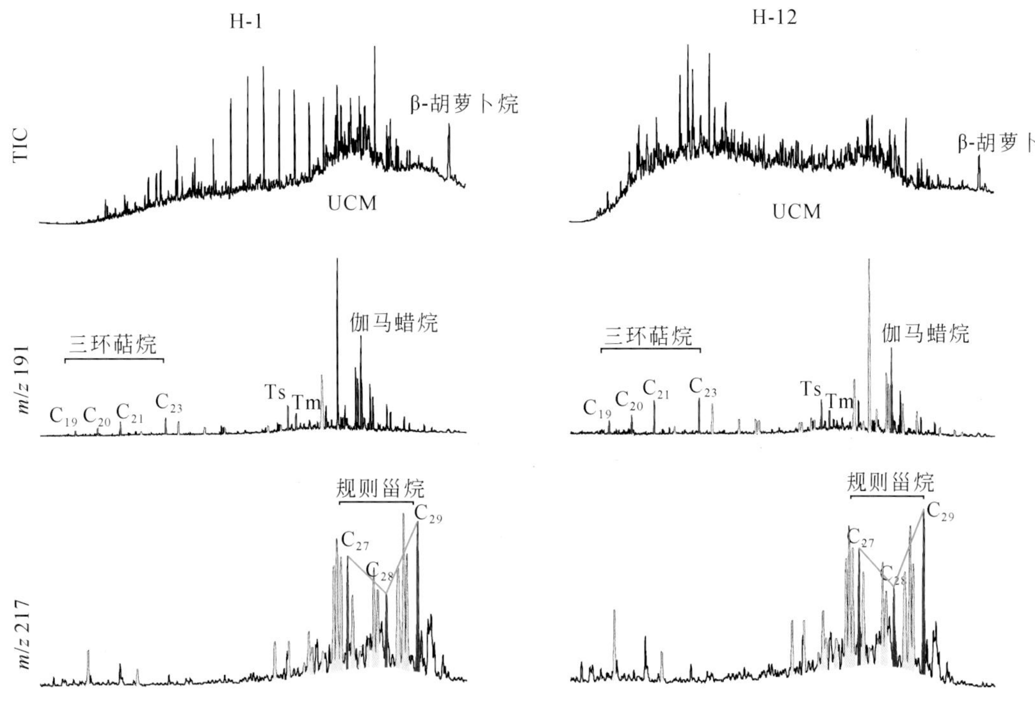

图 3.14　霍尔果斯油砂分子有机地球化学谱图

表 3.5　霍尔果斯油砂分子有机地球化学数据表

类型	参数	H-1	H-4	H-12	H-14	H-15	H-21
正构烷烃	主峰碳	nC_{23}	nC_{23}	nC_{19}	nC_{14}	nC_{19}	nC_{27}
	碳数范围	nC_{12}—nC_{29}	nC_{14}—nC_{29}	nC_{13}—nC_{19}	nC_{13}—nC_{19}	nC_{12}—nC_{19}	nC_{12}—nC_{29}
	TAR	/	/	/	/	2.78	/
	OEP	1.07	1.10	1.80	0.64	5.74	1.16
	CPI	1.05	1.02	/	/	/	1.11
	$\sum C_{21-}/\sum C_{22+}$	0.36	0.46	/	/	/	0.31
	$C_{21}+C_{22}/C_{28}+C_{29}$	1.75	1.56	/	/	/	0.60
类异戊二烯烃	Pr/Ph	0.45	0.51	0.88	0.56	0.62	0.51
	Pr/nC_{17}	3.03	1.08	11.20	80.67	22.54	2.20
	Ph/nC_{18}	3.00	1.28	7.11	86.00	39.67	3.82

续表

类型	参数	H-1	H-4	H-12	H-14	H-15	H-21
萜烷	C_{19}/C_{21} 三环萜烷	0.45	0.50	0.58	0.55	0.55	0.28
	C_{20}/C_{21} 三环萜烷	0.63	0.58	0.64	0.56	0.74	0.37
	C_{21}/C_{23} 三环萜烷	0.88	0.92	0.93	0.96	0.93	0.47
	C_{24} 四环萜烷 /C_{26} 三环萜烷	0.62	0.58	0.51	0.49	0.50	0.53
藿烷	Ts/Tm	1.31	1.50	1.44	1.72	1.49	1.59
	伽马蜡烷 /C_{30} 藿烷	0.71	0.74	0.65	0.68	0.66	0.81
甾烷	C_{27}/C_{29} 规则甾烷	0.59	0.60	0.76	0.95	0.73	0.48
	C_{28}/C_{29} 规则甾烷	0.50	0.46	0.61	0.61	0.62	0.51
	C_{29}-20S/（20S+20R）	0.49	0.50	0.46	0.50	0.48	0.47
	C_{29}-ααα/（ααα+αββ）	0.48	0.47	0.50	0.46	0.46	0.50

注：“/”代表无分析数据。

根据谱图及地化指标参数（图 3.14 及表 3.5），可描述该剖面的分子地球化学特征。霍尔果斯背斜南翼（H-1 和 H-4 样品）的正构烷烃分布属“后峰型”，具有奇碳优势，未检测到碳数大于 20 的组分。谱图中可发现这层砂岩具明显的“UCM 鼓包”，反映受到了生物降解作用（图 3.14）。类异戊二烯烃特征主要以姥植比（Pr/Ph）为 0.45 ～ 0.51 为特征，反映了强还原环境；β- 胡萝卜烷含量高，反映了高盐度环境。三环萜烷特征主要以 C_{23} 含量最高，C_{20}、C_{21} 和 C_{23} 呈“上升型”分布，$C_{23} > C_{21} > C_{20}$，同时四环萜烷含量相对较低，C_{24} 四环萜烷 /C_{26} 三环萜烷为 0.62，进一步反映了高盐度的还原环境。藿烷中 Ts/Tm 为 1.31；同时伽马蜡烷含量高，伽马蜡烷 /C_{30} 藿烷为 0.71，反映了高盐度还原环境。规则甾烷 C_{27}、C_{28} 和 C_{29} 呈“V”型，反映还原化环境下低等植物与高等植物的生烃母质含量相当；甾烷异构化成熟度指数 C_{29}-20S/（20S+20R）小于 0.5，C_{29}-ααα/（ααα+αββ）为 0.48（表 3.5），反映为成熟油。

背斜核部油砂及油苗（H-12、H-14 和 H-15）的正构烷烃分布属“前峰型”，具偶碳数优势，碳数大于 22 的组分含量明显少于小于 22 的组分。谱图中可发现这层砂岩具明显的“UCM 鼓包”，反映其受到了强烈的生物降解作用（图 3.14）。类异戊二烯烃以姥植比（Pr/Ph）小于 0.9 为特征，反映了还原环境；β- 胡萝卜烷含量高，反映了相对高的盐度。三环萜烷特征主要以 C_{23} 含量最高，C_{20}、C_{21} 和 C_{23} 呈“上升型”分布，$C_{23} > C_{21} > C_{20}$，同时四环萜烷含量相对较高，C_{24} 四环萜烷 /C_{26} 三环萜烷为 0.5 左右，进一步反映了高盐度的还原环境。藿烷中 Ts/Tm 大于 1.4，同时伽马蜡烷 /C_{30} 藿烷大于 0.6。规则甾烷 C_{27}、C_{28} 和 C_{29} 呈“V”型，反映还原化环境下低等植物与高等植物的生烃母质含量相当。甾烷异构化成熟度指数 C_{29}-20S/（20S+20R）为 0.48 左右，C_{29}-ααα/（ααα+αββ）为 0.46 左右（表 3.5），反映为成熟油。

背斜北翼油砂（H-21）的正构烷烃分布属“后峰型”，具奇碳数优势，碳数大于 22 的组分含量明显少于小于 22 的组分。谱图中可发现这层砂岩具明显的“UCM 鼓包”，反映其受到了生物降解作用（图 3.14）。类异戊二烯烃以姥植比（Pr/Ph）为 0.51 为特征，反映了氧化环境；β- 胡萝卜烷含量高，反映了高盐度环境。三环萜烷特征主要以 C_{23} 含量最高，C_{20}、C_{21} 和 C_{23} 呈“上升型”分布，$C_{23} > C_{21} > C_{20}$，同时四环萜烷含量相对较高，C_{24} 四环萜烷 /C_{26} 三环萜烷为 0.53，进一步反映了高盐度的还原环境。藿烷中 Ts/Tm 为 1.59，同时伽马蜡烷高，伽马蜡烷 /C_{30} 藿烷大于 0.6。规则甾烷 C_{27}、C_{28} 和 C_{29} 呈“V”型，反映还原化环境下低等植物与高等植物的生烃母质含量相当。甾烷异构化成熟度指数 C_{29}-20S/（20S+20R）为 0.47，C_{29}-ααα/（ααα+αββ）为 0.50 左右（表 3.5），反映为成熟油。

3. 地球化学意义

对以上油砂的有机地球化学数据进行了综合分析，考虑到次生蚀变（生物降解）对地球化学参数的影响，首先进行了生物降解意义的探讨，在此基础上分析油源及成熟度。

（1）次生蚀变（生物降解）

综合以上的各项地球化学特征，认为背斜核部受到了强烈的降解作用，而两翼的蚀变程度相对较弱。根据正构烷烃的峰型、碳数分布及轻、重组分之比（图 3.14；表 3.5）可发现，碳数小于 12 的组分都已经消失，且核部样品大于 19 的组分也都消失，大部分组分都被降解；且正构烷烃的相关参数（OEP 和 CPI 等）都有着不同程度的异常值，和烃类的次生蚀变有关。因此，该剖面受到了生物降解作用，且为中等—强烈，其中背斜核部的降解作用最强，北翼和南翼基本相当，强度从核部向两翼逐渐减弱，最高等级可达 8 级，其余 5 ～ 7 级不等（Grice et al.，2000；Genov et al.，2008）。

（2）油源

该剖面油砂的生烃母质可能是以低等浮游生物为主。首先，根据图 3.14 及表 3.5，该剖面氯仿抽提物碳同位素轻，且族组分碳同位素也都较轻，为低等生物来源。根据剖面油砂的有机地化谱图（图 3.14），发现代表缺氧、盐湖或海相环境的 β- 胡萝卜烷和伽马蜡烷的含量都相对较高，而代表陆源高等植物来源的 C_{19} 三环萜烷未检测到，C_{29} 规则甾烷都含量相对较低（Peters et al.，2005）。结合研究区的构造背景，白垩系发育还原环境为主的咸水湖相沉积，因此可认为该剖面油源来源为白垩系烃源岩（陈建平等，2016a，2016b；Wang et al.，2019）。

（3）成熟度

在众多可表征成熟度的指标中，OEP、CPI、Pr/nC_{17} 和 Ph/nC_{18}，由于正构烷烃及类异戊二烯烃的降解作用，无法对原油的成熟度进行探讨。而前人研究成果表明 Ts/Tm 抗生物降解的能力较强，而且受成熟度的影响明显，在相同来源的情况下随成熟度的增大而增大，因此可用于生物降解，甚至是严重生物降解原油成熟度的判识（Peters and Mddowan，1993；路俊刚等，2010）。霍尔果斯油砂剖面的所有样品 Ts/Tm 都大于 1，且根据 C_{29}-20S/（20S+20R）及 C_{29}-ααα/（ααα+αββ）这两个成熟度参数，可发现该剖面的样品都为白垩系的成熟油（Peters et al.，2005）。

综上，根据该油气苗点分布于第二排构造带的构造背景，结合油源判识标准分析油砂的烃类来源为白垩系油源（陈建平等，2016a，2016b；Wang et al.，2019）；且受到了最高 8 级的中等—强烈的生物降解作用，核部强两翼逐渐减弱。

四、油砂傅里叶红外光谱地球化学特征

本次研究选取霍尔果斯背斜南翼（H-4 样品）、核部（H-14 样品）及北翼（H-17 样品），对油砂全岩粉末进行了红外光谱测试，检出了众多常见基团及指征基团。其中，常见基团主要包括游离羟基（—OH）、亚甲基（$—CH_2$）、巯基（—SH）、碳碳双键（—C═C—），指征基团主要包括碳氧双键（—C═O）、醚键（C—O—C）。总体而言，可发现研究区油砂剖面样品的油气显示好，具有很强的亚甲基的对称伸缩和反对称吸收峰，还具有碳碳双键的显示反映成熟度相对较低；同时巯基的检出与还原环境密切相关（图 3.15）。

具体来说，背斜南翼样品不存在巯基，且亚甲基的伸缩振动峰及碳氧双键明显减弱；背斜核部具有非常强的巯基、亚甲基及碳氧双键的伸缩振动峰；背斜北翼的亚甲基的对称伸缩和反对称伸缩峰相对降低，具有强的巯基吸收峰（图 3.15）。对于这一现象的成因，

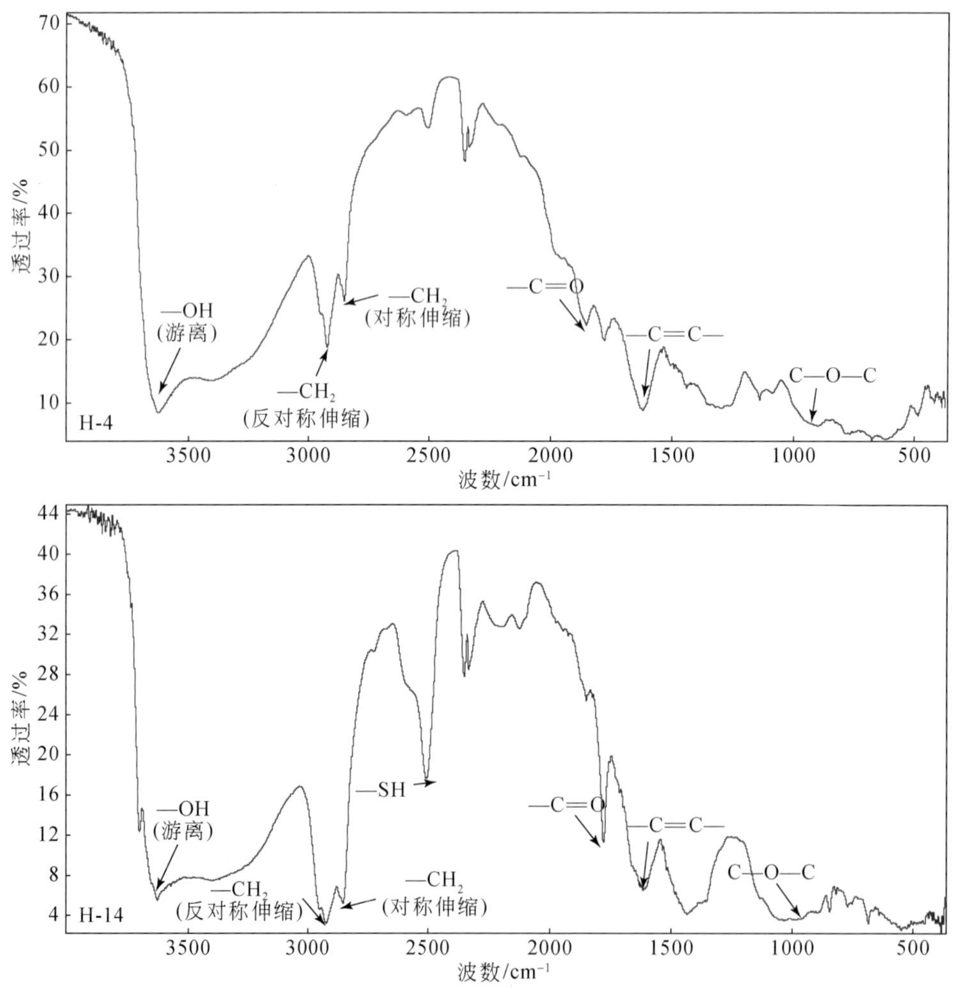

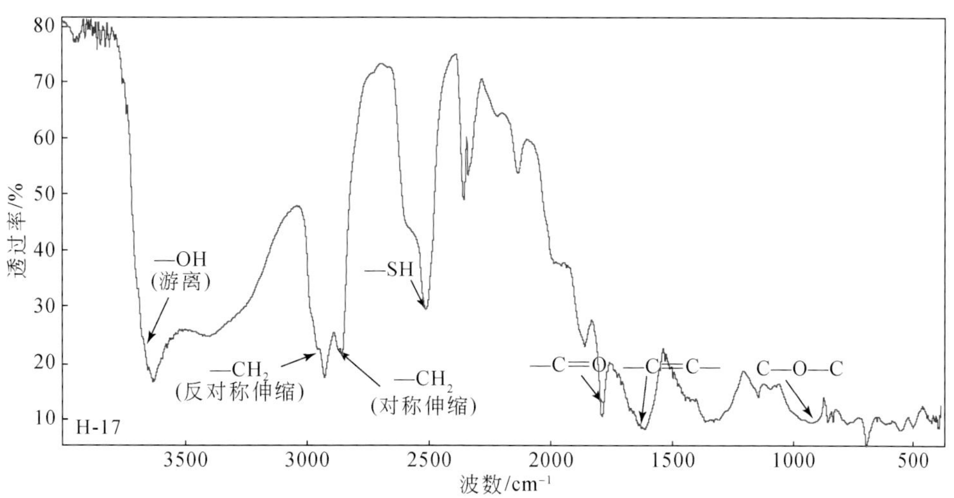

图 3.15　霍尔果斯油砂剖面傅里叶变换红外光谱谱图

可能与还原环境和降解强度有一定关联。巯基（—SH）的检出，且从背斜南翼、北翼和核部强度逐渐增加，与其本身易被氧化的性质说明了还原的环境占主导。除此以外，碳碳双键则与油气来源和成熟度有着明显联系。由上文可知，研究区油砂剖面已达到成熟，代表成熟度低的碳碳双键强度相对较弱，进一步证实了其成熟的演化阶段。而亚甲基在背斜核部的丰度高而在两翼的丰度低，可能与油气显示有关，进一步指示了霍尔果斯背斜核部油气显示好而两翼较差的特点。

五、油砂剖面流体活动特征

通过以上对于该剖面的研究发现，霍尔果斯背斜的胶结程度变化大，背斜核部油气显示好，但胶结差，无法对其流体活动进行细致刻画；而背斜两翼的油气显示相对较差，但胶结程度高，流体活动相对复杂，并以此为代表展开了流体活动特征分析。具体而言，如图 3.16 和表 3.6，背斜南翼的流体活动主要可以分为两大类。第一大类是离背斜核部较近的 H-6 样品，发现方解石胶结物也含有两种不同的晶体类型，包括半自形的第一期与他形的第二期，前者粒径较大，分布于矿物颗粒间的缝隙中；而后者颗粒细小，多包围在矿物周围形成（图 3.16a，b，e，f；表 3.6）。背斜核部的流体活动最为活跃，结合对方解石胶结物的矿物形态及其主量元素含量的研究，表现出三期钙质流体活动。第一期方解石表现为矿物颗粒最大、自形程度最高，局部将钠长石颗粒覆盖，形成时间最早。第二期方解石形成于钠长石颗粒间的位置，可见其矿物颗粒明显小于第一期，自形程度差，以 5μm 左右的泥晶颗粒为主。第三期方解石颗粒更小，附在钠长石表面，为最晚期形成（图 3.16c，d；表 3.6）。

综合以上特征，可发现钙质的流体活动以三期为主，且大多为碱性环境（单祥等，2018）。而酸性含油气流体形成其后，对碱性矿物包括方解石和长石进行溶蚀破坏。

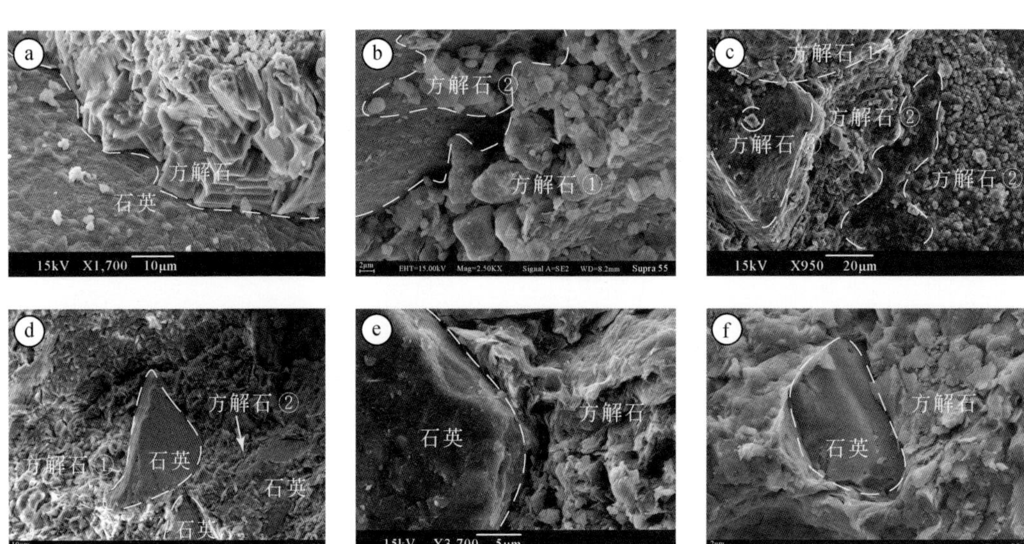

图 3.16 霍尔果斯油砂扫描电镜图版（二次电子像）

a. H-6；b. H-8；c. H-13；d. H-17；e. H-21；f. H-25

表 3.6 霍尔果斯背斜方解石胶结物中主量元素数据表 （单位：%）

背斜	样品	数据点	MgO	FeO	MnO	CaO	总和
南翼	H-3	1	0.10	0.05	0.39	55.78	56.32
		2	0.18	/	0.60	55.63	56.42
		3	0.09	0.08	0.39	56.04	56.60
		4	0.00	0.01	0.61	55.73	56.35
		5	0.10	0.06	0.38	55.67	56.21
核部	H-6	1	0.57	0.43	0.08	55.84	56.93
		2	0.60	0.53	0.22	55.49	56.83
		3	0.96	0.72	0.22	54.07	55.97
		4	0.53	0.18	0.03	55.72	56.46
		5	0.72	0.56	/	55.45	56.73
北翼	H-11	1	0.38	0.05	1.24	55.65	57.33
		2	0.26	0.08	0.90	55.11	56.35
		3	0.26	0.09	1.18	55.36	56.89
		4	0.39	0.28	0.65	55.35	56.67

注：“/”代表无数据。

六、油砂成因模式

根据以上对研究区霍尔果斯剖面油砂的岩石学和地球化学特征的分析，建立了成因模式，结果发现，如图 3.17 所示，本油苗点的成因具有“源控 + 断控”特征，烃源岩展布和断裂的分布是最为主要的控制因素。

对该油砂的地球化学分析表明，霍尔果斯油砂的烃类组分来源来自于白垩系烃源岩。该剖面白垩系烃源岩已经处于排烃阶段，且达到成熟，大部分样品都为白垩系油源（图 3.17），且油气聚集条件好。既然古近系层位中出现白垩系的油，说明存在运移通道，白垩系成熟油沿此运移至古近系储层中。而紫泥泉子组和安集海河组都有泥岩发育，为很好的盖层，不利于油气的垂向运移，因此本研究推测可能存在垂向贯穿断层（图 3.17），白垩系原油直接运移至古近系储层中，甚至直接运移至地表。而结合图 3.6，发现本剖面粒度细的岩性油气显示差，而断裂带附近的粗粒储层荧光强度高，再次说明断裂为油气的运移通道，烃类流体沿着断裂源源不断地从地下运移到地表。

综上，本研究认为南安集海油砂剖面是以“源控 + 断控”为特色，烃源岩展布为最主要的控制因素。

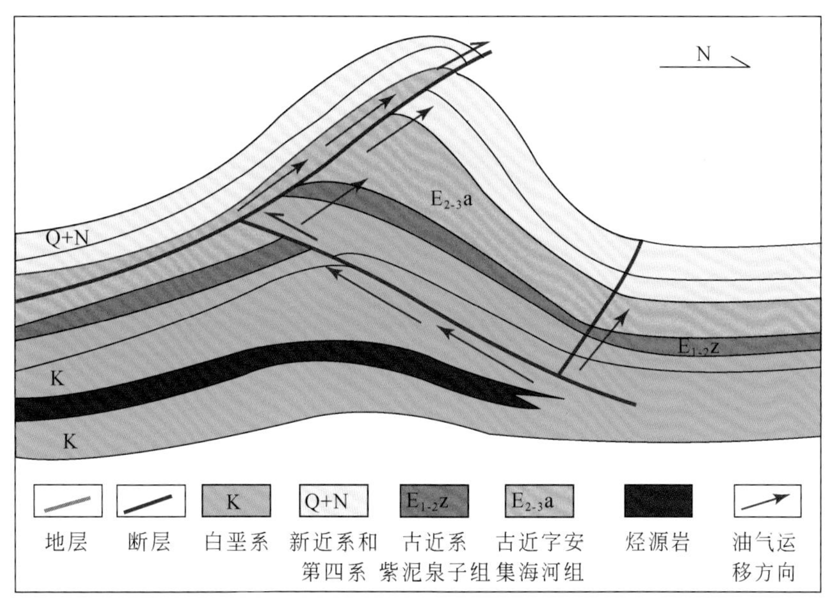

图 3.17　霍尔果斯油砂剖面成因模式图

第五节　紫泥泉子油砂剖面

一、地质路线与剖面

如图 3.18 所示，紫泥泉子油砂剖面位于石河子市南约 60km，大地坐标 43°54′44.0″N，86°03′12.4″E。驱车从石河子市沿 115 省道行驶约 5km 后，进入 312 国道，行驶约 7km 后，进入 894 县道行驶约 17km，进入 289 县道行驶 8km 后继续前行，上 157 县道行驶约 24km，左转后进入 101 省道行驶约 2km 后左转行驶约 1km 可至。

紫泥泉子油砂处于北天山山前第一排构造，为清水河背斜。油苗主要产于吐谷鲁群

（K_1TG）底砾岩，向北倾斜 50° 单斜地层，呈灰绿色，为钙质胶结；其下为上侏罗统喀拉扎组（J_3k）；其上为灰绿色、咖啡色的泥砂岩互层。本区油气苗类型主要为油砂，黄褐色（图 3.19）。

图 3.18　紫泥泉子油砂交通位置示意图（底图源自谷歌地图）

图 3.19　准噶尔盆地南缘中段山前断褶带典型油气苗野外产状图（紫泥泉子剖面）

二、油砂岩石学特征

根据岩性和荧光特征（图 3.20a，b），发现本剖面油气显示较差，裂隙中见非常暗的蓝白色荧光，整体强度弱。但方解石脉相对发育，可见一期主脉体，宽度最大不到 0.5mm，且方解石颗粒表面洁净，边缘呈树枝状分布细脉，颗粒小，可能与形成较晚、结晶速度快有关。

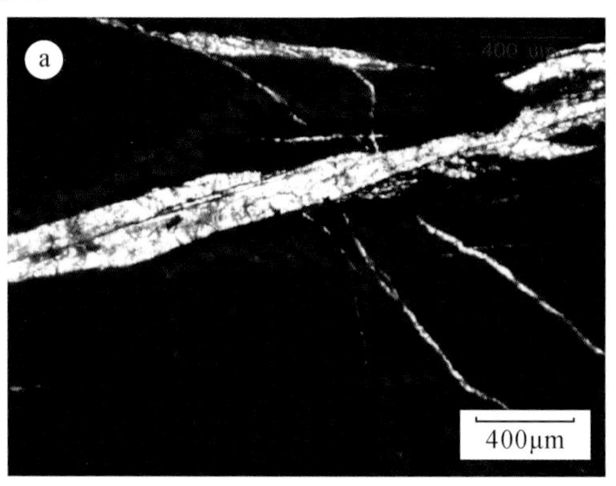

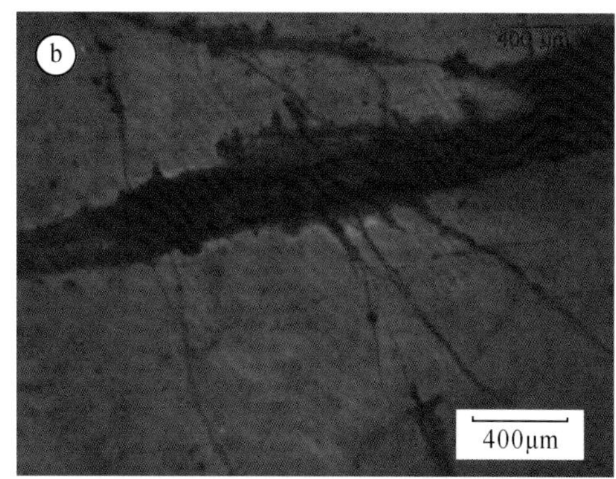

图 3.20 紫泥泉子油砂显微岩石学特征

a. ZNQZ-2 单偏光照片；b. ZNQZ-2 荧光照片

三、油砂有机地球化学特征

1. 分子有机地球化学特征

紫泥泉子剖面的氯仿沥青含量都很低，从 0.0055% 到 0.0066% 不等，油气显示差。在此基础上，对油砂的分子有机地球化学特征进行了分析，检出了丰富的正构烷烃与类异戊二烯烃，以及萜烷、藿烷和甾烷类等化合物，谱图及具体参数见图 3.21 和表 3.7。

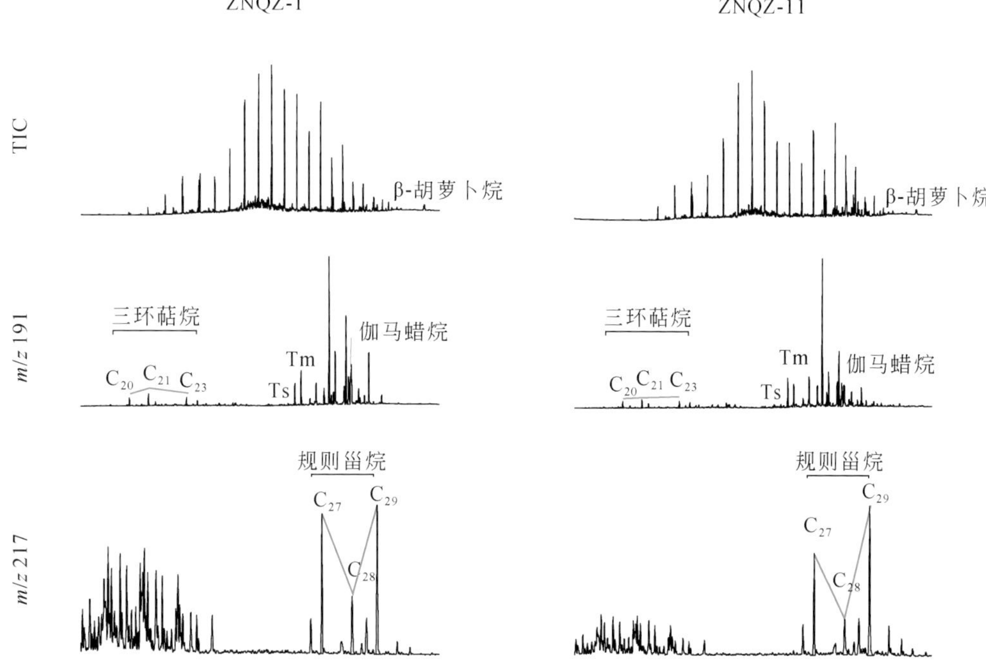

图 3.21 紫泥泉子油砂分子有机地球化学谱图

表 3.7　紫泥泉子油砂分子有机地球化学参数

类型	参数	ZNQZ-1	ZNQZ-11
正构烷烃	主峰碳	nC_{22}	nC_{22}
	碳数范围	nC_{14}—nC_{35}	nC_{15}—nC_{35}
	TAR	2.55	3.03
	OEP	0.98	0.94
	CPI	1.64	1.62
	$\sum C_{21-}/\sum C_{22+}$	0.34	0.41
	$C_{21}+C_{22}/C_{28}+C_{29}$	3.08	2.43
类异戊二烯烃	Pr/Ph	0.50	0.53
	Pr/nC_{17}	0.69	0.55
	Ph/nC_{18}	1.54	0.91
萜烷	C_{19}/C_{21} 三环萜烷	0.17	0.22
	C_{20}/C_{21} 三环萜烷	0.71	0.81
	C_{21}/C_{23} 三环萜烷	1.22	0.97
	C_{24} 四环萜烷 /C_{26} 三环萜烷	0.54	0.67
藿烷	Ts/Tm	0.10	0.11
	伽马蜡烷 /C_{30} 藿烷	0.25	0.22
甾烷	C_{27}/C_{29} 规则甾烷	0.81	0.55
	C_{28}/C_{29} 规则甾烷	0.46	0.30
	C_{29}-20S/（20S+20R）	0.07	0.08
	C_{29}-ααα/（ααα+αββ）	0.87	0.87

根据谱图及地化指标参数（图 3.21；表 3.7），可描述该剖面的分子地球化学特征。紫泥泉子剖面油砂的正构烷烃分布属“后峰型”，具有偶碳优势，碳数大于 22 组分的含量明显大于碳数小于 22 的组分。谱图中可发现“UCM 鼓包”不发育（图 3.21）。类异戊二烯烃主要以 0.5 左右的姥植比（Pr/Ph）为特征，反映了还原环境；含有少量 β- 胡萝卜烷，反映了较低盐度环境。三环萜烷特征主要以 C_{21} 或 C_{23} 含量最高，C_{20}、C_{21} 和 C_{23} 呈“山峰型”或“上升型”。然而，含有一定的四环萜烷，C_{24} 四环萜烷 /C_{26} 三环萜烷为 0.6 左右，反映了含有一定的陆源有机质。藿烷中 Ts/Tm 为 0.1 左右；同时伽马蜡烷 /C_{30} 藿烷 ≤ 0.25，相对较低，反映了中—低盐度的氧化环境。规则甾烷 C_{27}、C_{28} 和 C_{29} 呈“V”型，反映还原环境下高等植物生烃母质含量高，同时受到低等浮游生物的影响；甾烷异构化成熟度指数 C_{29}-20S/（20S+20R）小于 0.1，C_{29}-ααα/（ααα+αββ）为大于 0.8（表 3.7），反映为未成熟油。

2. 地球化学意义

（1）次生蚀变（生物降解）

综合油砂的各项地球化学特征，认为紫泥泉子油砂的生物降解程度为中等—严重，总体为 4 ～ 5 级（Wenger and Isaksen，2002）。首先，根据正构烷烃的峰型、碳数分布及轻、重组分之比（图 3.21；表 3.7）可发现，碳数小于 12 的组分都已经消失；且正构烷烃的相关参数（OEP 和 CPI 等）都有着不同程度的异常值，和烃类的次生蚀变有关。而根据从 *m/z* 217 色质谱图可发现（图 3.21），甾烷含量明显降低，且可见谱图的异常峰形，结合上文可发现其成因可能是由于检测含量低，而非降解。因此，紫泥泉子油砂仅存在正构烷烃的分解损失，属于为中等—严重降解（Wenger and Isaksen，2002）。

（2）油源

该剖面油砂的生烃母质以浮游生物为主，存在一定量的高等植物贡献。根据剖面油砂的有机地化谱图及参数（图 3.21；表 3.7），发现代表缺氧、盐湖或海相环境的 β- 胡萝卜烷和伽马蜡烷的含量都有检出，可以反映出低—中等盐度环境，而代表陆源高等植物来源的 C_{19} 三环萜烷、C_{29} 规则甾烷并非占主导，低等浮游生物的贡献明显增加（Peters et al.，2005）。结合研究区的构造背景，白垩系时期发育还原环境为主的淡水—微咸水湖相沉积，因此可认为紫泥泉子剖面的油砂来源为白垩系烃源岩（陈建平等，2016a，2016b；Wang et al.，2019）。

（3）成熟度

在众多可表征成熟度的指标中，OEP、CPI、Pr/nC_{17} 和 Ph/nC_{18} 由于正构烷烃及类异戊二烯烃的降解作用，无法对原油的成熟度进行探讨。而前人研究成果表明 Ts/Tm 抗生物降解的能力较强，而且受成熟度的影响明显，在相同来源的情况下随成熟度的增大而增大，因此可用于生物降解，甚至是严重生物降解原油成熟度的判识（Peters and Moldowan，1993；路俊刚等，2010）。紫泥泉子油砂的 Ts/Tm 都较低，且根据 C_{29}-20S/（20S+20R）及 C_{29}-ααα/（ααα+αββ）这两个成熟度参数，为未成熟（Peters et al.，2005）。

综上，根据该油气苗点分布于第一排构造带的构造背景，结合油源判识标准分析烃类源自白垩系咸水湖相烃源岩（陈建平等，2016a，2016b），且剖面的生物降解作用为中等—严重降解，总体为 4 ～ 5 级。

四、油砂成因模式

根据以上对研究区油砂剖面岩石学和地球化学特征的分析，建立了成因模式，结果发现，如图 3.22 所示，本油苗点的成因具有鲜明的“源控”特征，烃源岩展布为最主要的控制因素。

对该剖面油砂的地球化学分析表明，紫泥泉子剖面的油砂来自白垩系咸水湖相烃源岩，但还属于未成熟油，因此可以推测该剖面区域烃源岩还未达到生烃门限，但可以肯定的是白垩系烃源岩的具有一定的生烃潜力（Wang et al.，2019）。断裂在该剖面的单斜带不发育，因此推测油气苗出露地表受到构造运动的影响。如图 3.22 所示，在喜马拉雅期，构造活动强烈，深部的侏罗系、白垩系抬升并出露地表，形成单斜带。因此，白垩系泥岩出露地表，形成现在的紫泥泉子油砂。

综上，本研究认为紫泥泉子油砂剖面是以“源控”为特色，烃源岩展布为最主要的控制因素。

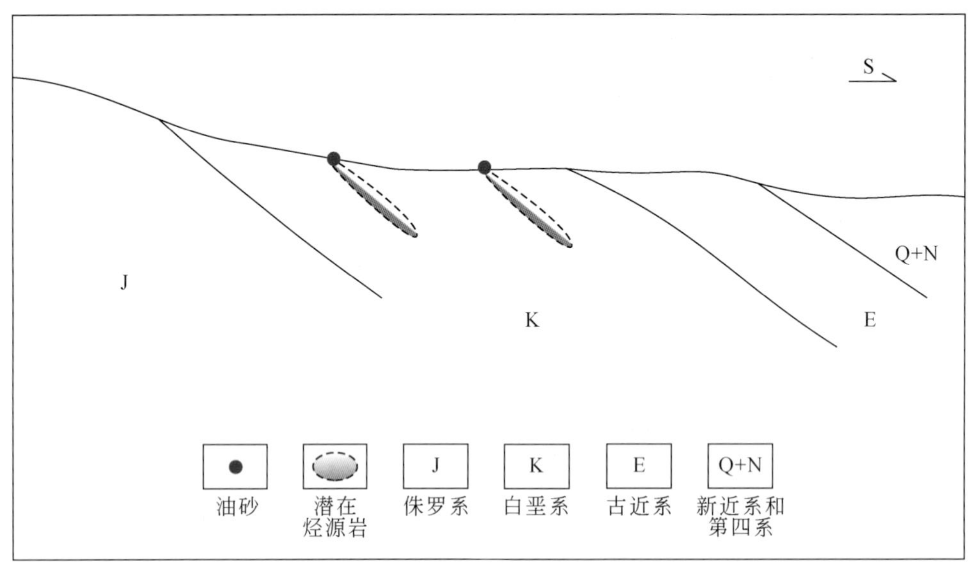

图 3.22　紫泥泉子油砂剖面成因模式图

第六节　红沟液体油苗剖面

一、地质路线与剖面

如图 3.23 所示，红沟液体油苗剖面位于石河子市西南约 80km，大地坐标 43°56′02.1″N，85°53′06.7″E。驱车从石河子市沿 G30 连霍高速行驶约 23km 后，左转进入 223 省道，行驶约 40km 后右转进入紫红段，行驶约 13km 后可至。

红沟液体油苗剖面位于南玛纳斯背斜。油苗产于喀拉扎组（J_3k）上段棕红色角状砾岩层，节理裂缝发育；下部为红色齐古组（J_3q）红褐色砂岩、泥质粉砂岩；其上部为白垩系灰绿色砂泥岩互层。红沟剖面的油苗以液体为主，还有沥青质油，呈半固体状，附于岩层裂缝中。在整个红沟剖面上至少有四处油苗出露点，其中有两处成为油苗出露的遗迹，油苗呈褐黄色（图 3.24），半透明，流动性较好。

图 3.23　红沟液体油苗交通位置示意图（底图源自谷歌地图）

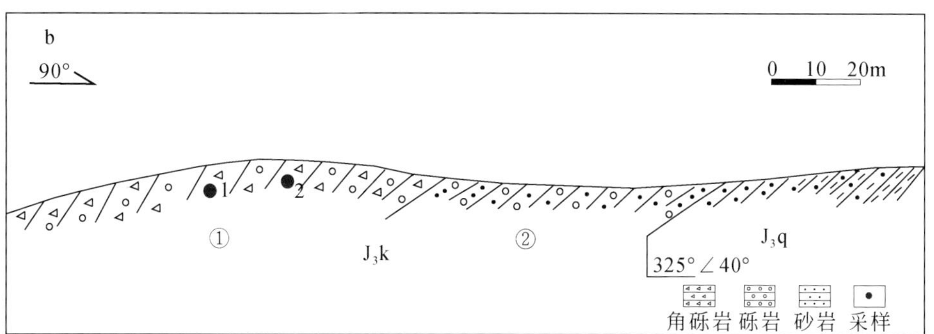

图 3.24　准噶尔盆地南缘中段山前断褶带典型油气苗野外产状图（红沟液体油苗剖面）

a. 油气苗产出剖面图；b. 剖面素描图；c. HG-1；d. HG-2

二、油苗有机地球化学特征

分析了油苗的有机地球化学特征，包括宏观的基础和微观的分子两个尺度。

1. 基础有机地球化学特征

红沟液体油苗的基础地球化学特征如表 3.8 所示，可见族组分以饱和烃含量最高，为 50.72% ～ 54.00%；其次为非烃和芳香烃，分别为 20.00% ～ 20.86% 和 15.65% ～ 14.57%；沥青质含量最低，为 3.19% ～ 3.43%。因此，可见原油流动性较差—中等，非烃和沥青质含量高，油质中等较重，推测受到生物降解作用的影响使其含量有所降低。

表 3.8　红沟液体油苗原油族组分及其碳同位素数据表

样品		HG-1	HG-2
样品类型		油苗	油苗
层位		J_3k	J_3k
族组分 /%	饱和烃	50.72	54.00
	芳香烃	15.65	14.57
	非烃	20.00	20.86
	沥青质	3.19	3.43
	饱和烃 + 芳香烃	66.37	68.57
	非烃 + 沥青质	23.19	24.29
碳同位素 /（‰，PDB 标准）	原油	−28.86	−28.76
	饱和烃	−29.32	−29.41
	芳香烃	−28.06	−27.99
	非烃	−29.09	−28.42
	沥青质	/	−28.54

注：“/”代表无分析数据。

2. 同位素地球化学特征

红沟剖面的原油碳同位素地球化学特征如表 3.8 所示。原油碳同位素整体较轻，为 −28.8‰ 左右。对各族组分的碳同位素分析后发现，$\delta^{13}C_{饱和烃}$小于 −29‰，最轻，$\delta^{13}C_{芳香烃}$最重，为 −28‰ 左右，$\delta^{13}C_{沥青质}$为 −28.5‰ 左右，而$\delta^{13}C_{非烃}$的变化大，从 −29.09‰ ～ −28.42‰ 不等。因此，族组分碳同位素表现出一定的“倒转”，即 $\delta^{13}C_{饱和烃} < \delta^{13}C_{沥青质} < \delta^{13}C_{非烃} < \delta^{13}C_{芳香烃}$，表明受到过次生蚀变作用（王杰等，2002；孙玉梅等，2009；陈文彬等，2010），这与前文根据基础有机地球化学组成分析得出的认识一致。

3. 分子有机地球化学特征

对红沟液体油苗的分子有机地球化学特征进行了分析，发现正构烷烃基本都被降解，检出了少量的正构烷烃与类异戊二烯烃，以及萜烷、藿烷和甾烷类等化合物，谱图及具体参数见图 3.25 及表 3.9。

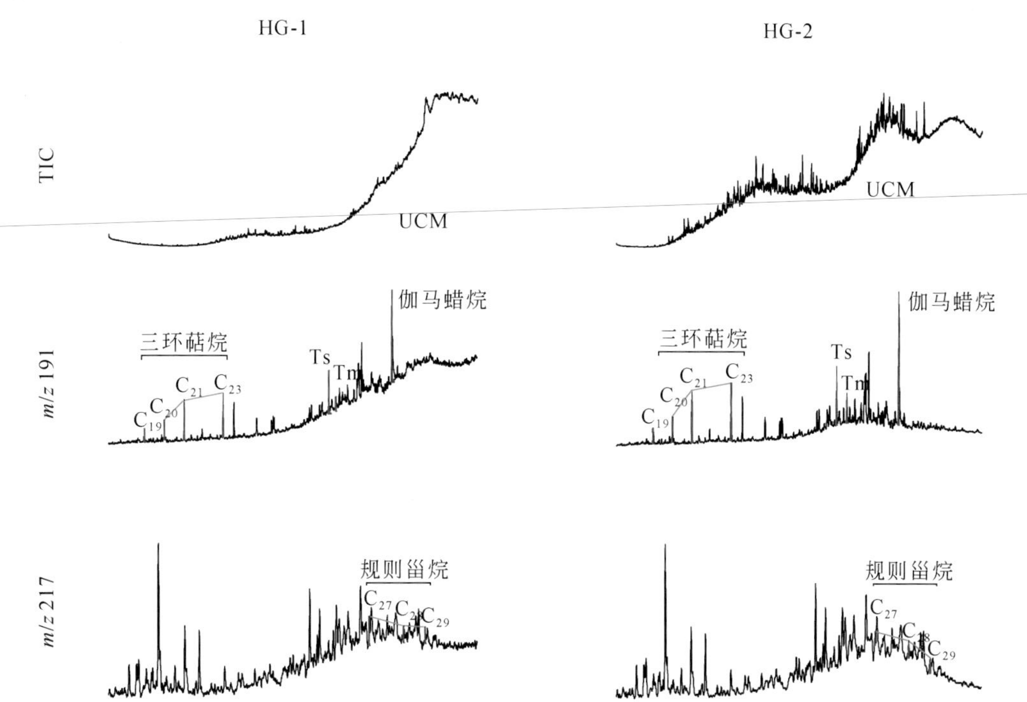

图 3.25　红沟液体油苗分子有机地球化学谱图

表 3.9　红沟液体油苗分子有机地球化学参数

类型	参数	HG-1	HG-2
萜烷	C_{19}/C_{21} 三环萜烷	0.40	0.48
	C_{20}/C_{21} 三环萜烷	0.48	0.52
	C_{21}/C_{23} 三环萜烷	0.95	0.86
	C_{24} 四环萜烷 /C_{26} 三环萜烷	0.42	0.42

续表

类型	参数	HG-1	HG-2
藿烷	Ts/Tm	3.49	3.78
	伽马蜡烷 /C_{30} 藿烷	4.75	6.95
甾烷	C_{27}/C_{29} 规则甾烷	1.35	1.19
	C_{28}/C_{29} 规则甾烷	1.24	1.51
	C_{29}-20S/（20S+20R）	0.66	0.69
	C_{29}-ααα/（ααα+αββ）	0.33	0.34

根据谱图及地化指标参数（图 3.25；表 3.9），可描述该剖面的分子地球化学特征。谱图中可发现油苗的链烷烃基本都被降解，具明显的“UCM 鼓包”，反映受到了非常强烈的生物降解作用（图 3.25）。三环萜烷特征主要以 C_{23} 丰度最高，C_{20}、C_{21} 和 C_{23} 呈“山峰型”分布，$C_{21} > C_{23} > C_{20}$，同时四环萜烷含量相对较低，C_{24} 四环萜烷 /C_{26} 三环萜烷为 0.42，进一步反映了低盐度的氧化环境。藿烷中 Ts/Tm 大于 3.49；同时伽马蜡烷 /C_{30} 藿烷异常高，可能由于降解作用导致其异常。规则甾烷 C_{27}、C_{28} 和 C_{29} 呈“下降型”，反映低等浮游生物的影响大于高等植物；甾烷异构化成熟度指数 C_{29}-20S/（20S+20R）大于 0.6，C_{29}-ααα/（ααα+αββ）小于 0.35（表 3.9），反映为成熟油，可能混有部分未成熟油。

4. 地球化学意义

对以上红沟液体油苗的有机地球化学数据进行了综合分析，考虑到次生蚀变（生物降解）对地球化学参数的影响，首先进行生物降解意义的探讨，在此基础上分析油源及成熟度。

（1）次生蚀变（生物降解）

综合油苗的各项地球化学特征，认为红沟液体油苗受到了强烈的生物降解作用，可达 7 ~ 8 级（Grice et al.，2000；Genov et al.，2008）。首先，根据正构烷烃的峰型、碳数分布及轻、重组分之比可发现（图 3.25；表 3.9），正构烷烃和类异戊二烯烃都已被降解，且根据 *m/z* 191 和 *m/z* 217 色质谱图也能看到大部分甾烷和藿烷都已消失，且重排甾烷丰度高，指示着强烈的降解作用。再结合表 3.8 所示的重质油特征，可见研究区液体油苗的降解程度强，受到了强烈的生物降解作用，可达 7 ~ 8 级。

（2）油源

该剖面液体油苗的生烃母质可能是以低等浮游生物贡献为主，证据有二。其一，根据有机地化谱图（图 3.25；表 3.9），发现代表陆源高等植物来源的 C_{19} 三环萜烷、C_{29} 规则甾烷都相对处于较低含量（Peters et al.，2005）。且伽马蜡烷 /C_{30} 藿烷大，一方面可能由于确实具有一定的盐度，另一方面由于藿烷的降解使得比值异常。其二，结合原油碳同位素，可发现其介于二叠系原油和侏罗系原油之间，一方面可能由于降解作用，另一方面可能由于油气混源。结合研究区的构造背景，据此可认为红沟剖面液体油苗的油气源为二叠系烃源岩为主，可能存在具有侏罗系原油的混源（陈建平等，2016a，2016b）。

（3）成熟度

在众多可表征成熟度的指标中，由于降解程度相对较低，OEP、CPI、Pr/nC_{17} 和 Ph/nC_{18} 对成熟度的探讨具有一定的可信度。结合图 3.25 与表 3.9，发现该样品整体处于成熟范围。而前人研究成果表明 Ts/Tm 抗生物降解的能力较强，而且受成熟度的影响明显，在相同来源的情况下随成熟度的增大而增大，因此可用于生物降解，甚至是严重生物降解原油成熟度的判识（Peters and Moldowan，1993；路俊刚等，2010）。本剖面的所有样品 Ts/Tm 大于 3，可能由于 Tm 被降解；且根据 C_{29}-20S/（20S+20R）及 C_{29}-ααα/（ααα+αββ）这两个成熟度参数，可发现样品为二叠系成熟油，可能混有少量侏罗系未成熟油（Peters et al.，2005）。

三、油苗成因模式

根据以上对研究区剖面液体油苗地球化学特征的分析，建立了液体油苗的成因模式，结果发现，如图 3.26 所示，本油苗点的成因具有鲜明的“源控 + 断控”特征。首先，油苗的油气来源以成熟的二叠系烃源岩为主，因此液体油苗的出露指示着剖面周围具有好的烃源岩及储层发育。其次，研究区侏罗系烃源岩的发育，结合原油碳同位素及成熟和未成熟原油共存的现象，极有可能指示着存在未成熟的侏罗系原油和成熟的二叠系原油混合。不仅如此，从野外剖面可见红沟剖面的断裂发育，说明垂向贯穿断裂为二叠系油气运移提供了必要的通道。同时，侏罗系未成熟原油能一方面能沿着断裂运移，也可以通过储层层间进行流动。最后从烃源岩生成的油气沿着该断裂不断向上运移至侏罗系储层，在地表形成液态的油苗。

综上，本研究认为红沟油苗是以“源控 + 断控”为特色，烃源岩分布为基础，断裂则为油气运移通道。

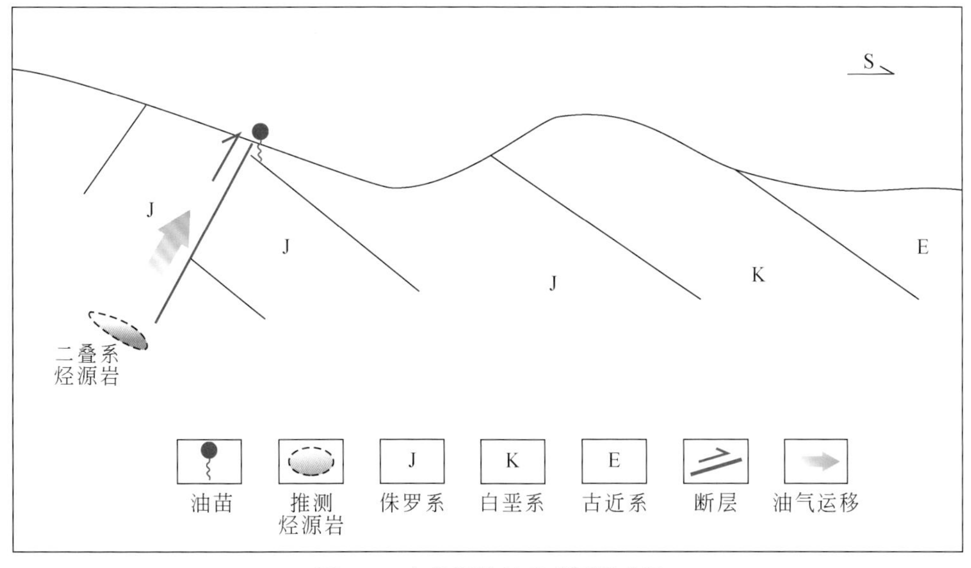

图 3.26　红沟液体油苗成因模式图

第七节　齐古液体油苗剖面

一、地质路线与剖面

如图 3.27 所示，齐古油苗剖面位于呼图壁县西南约 56km，大地坐标 43°50′35.7″N，86°38′05.4″E。驱车从呼图壁县行驶约 7km 后，进入 312 国道行驶 3km，进入 209 乡道行驶约 1km 后左转继续沿 209 乡道行驶 13km，继续直行 6km 进入 153 县道后行驶约 6km，左转沿 209 乡道行驶 27km 后可至。

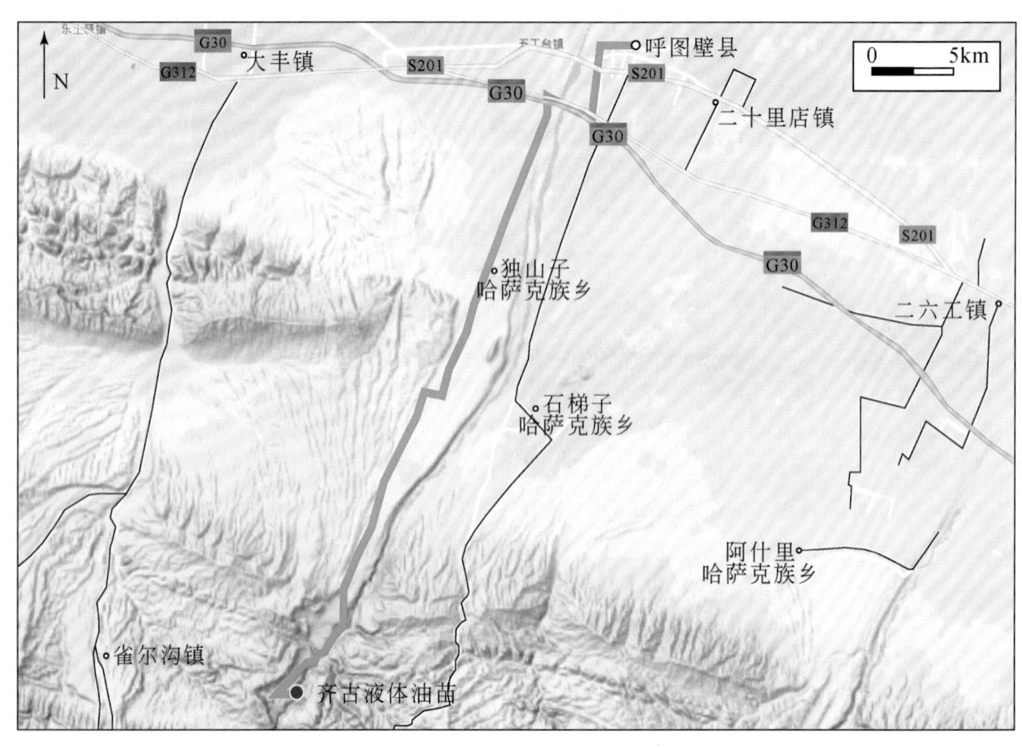

图 3.27　齐古油苗交通位置示意图（底图源自谷歌地图）

该剖面构造上隶属于齐古背斜，发育正断层和逆掩断层，同时还发育齐古断裂，后者为主断层构造，构造活动强烈。油苗产于头屯河组（J_2t）浅灰绿色细砂岩和紫色泥岩，位于主断裂带内（图 3.28）。岩石整体较为破碎，岩性以砂砾岩为主。本剖面油苗主要含有固、液、气体油苗。在主断层带内有大量的油迹显示，无论是砂岩、砾岩还是泥岩都具有明显油味；这种显示从断层的中心向断层的两侧有明显变弱趋势。

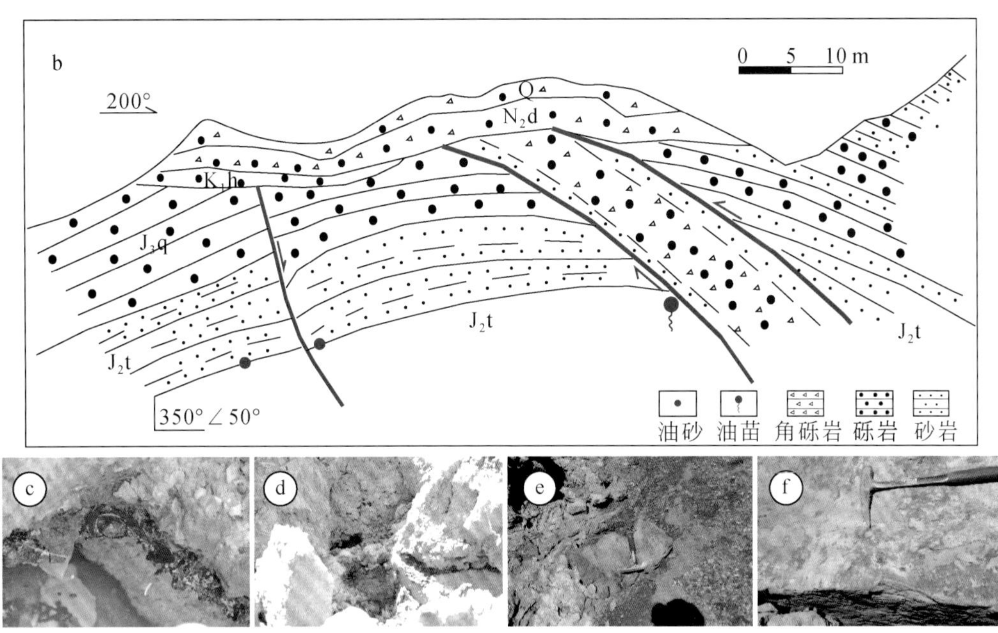

图 3.28 准噶尔盆地南缘中段山前断褶带典型油气苗野外产状图（齐古油苗剖面）

a. 油气苗产出剖面图；b. 剖面素描图；c. QG-1；d.QG-2；e.QG-4；f. QG-5

二、油苗岩石学特征

齐古油苗剖面的主断层带内有大量的油迹显示，无论是砂岩、砾岩还是泥岩都具有明显油味；这种显示从断层的中心向断层的两侧有明显变弱趋势。镜下也具有这样的特征，如图 3.29a 和 b 所示，可发现矿物成分以石英为主，偶见长石，镜下观察可发现矿物边缘大多已经历了不同程度的磨圆作用，矿物颗粒破碎，粒径大多为 0.3 ～ 0.4mm，胶结程度高，而且发育裂缝。荧光下，可见裂隙内黄褐色和亮绿色荧光，大多分布与矿物间裂隙内，油气显示好，说明断裂带附近有大量含油气流体运移过后的痕迹。

三、油苗有机地球化学特征

分析了油苗及油砂的有机地球化学特征，包括宏观的基础和微观的分子两个尺度。

图 3.29　齐古油苗显微岩石学特征

a. QG-5 单偏光；b. QG-5 荧光

1. 基础有机地球化学特征

齐古油苗及油砂的氯仿沥青含量及其碳同位素特征如表 3.10 所示。研究区油砂的氯仿沥青含量变化大，从不到 0.01% 到大于 1% 都有分布。油砂和油苗族组分以饱和烃含量最高，平均大于 65%，最高可达 85%；其次为芳香烃和非烃，分别为 9.28% ～ 17.04% 和 7.26% ～ 12.21%，沥青质含量最低，含量为 0.30% ～ 4.59%。整体而言，齐古剖面的油气苗和油砂以轻组分为主，流动性大，也说明油气相对容易发生运移。

表 3.10　齐古油苗氯仿沥青及其碳同位素数据表

样品		QG-1	QG-2	QG-3	QG-4	QG-5	QG-7
样品类型		油苗	油苗	油苗	油砂	油砂	油砂
层位		J_2t	J_2t	J_2t	J_2t	J_2t	J_2t
氯仿沥青 /%		/	/	/	1.0197	0.0892	0.4790
族组分 /%	饱和烃	64.83	68.78	64.86	85.33	/	65.36
	芳香烃	12.79	16.02	9.73	9.28	/	17.04
	非烃	12.21	12.15	10	7.49	/	7.26
	沥青质	4.36	2.21	4.59	0.30	/	0.56
	饱和烃 + 芳香烃	77.62	84.8	74.59	94.61	/	82.40
	非烃 + 沥青质	16.57	14.36	14.59	7.79	/	7.82
碳同位素 /(‰, PDB 标准)	原油	-29.62	-28.98	-29.02	/	/	/
	氯仿沥青	/	/	/	-29.34	-30.14	-29.67
	饱和烃	-29.78	-29.4	-29.37	/	/	/
	芳香烃	-27.44	-27.58	-27.93	/	/	/
	非烃	-27.78	-27.59	-28.31	/	/	/
	沥青质	-27.28	-27.43	-28	/	/	/

注：“/”代表无分析数据。

2. 同位素地球化学特征

该剖面的碳同位素数据如表 3.10 所示。氯仿沥青“A”组分的碳同位素总体为 -30‰ ～ -29‰ 左右，相对较轻。而原油碳同位素 -29‰ ～ -28‰，稍重于氯仿沥青碳同位素。而对于原油的族组分碳同位素，可发现 $\delta^{13}C_{饱和烃}$小于 -29‰ 最轻，而其余组分的碳同位素有着不同的变化趋势，包括 $\delta^{13}C_{非烃}<\delta^{13}C_{芳香烃}<\delta^{13}C_{沥青质}$和 $\delta^{13}C_{非烃}<\delta^{13}C_{沥青质}<\delta^{13}C_{芳香烃}$。造成这种“倒转”现象的原因，可能与油气的来源有关，也可能受到了一定程度的次生降解作用（王杰等，2002；孙玉梅等，2009；陈文彬等，2010）。

3. 分子有机地球化学特征

对齐古油苗的分子有机地球化学特征进行分析，检出了丰富的正构烷烃与类异戊二烯烷烃，以及萜烷、藿烷和甾烷类等化合物，谱图及具体参数见图 3.30 及表 3.11。

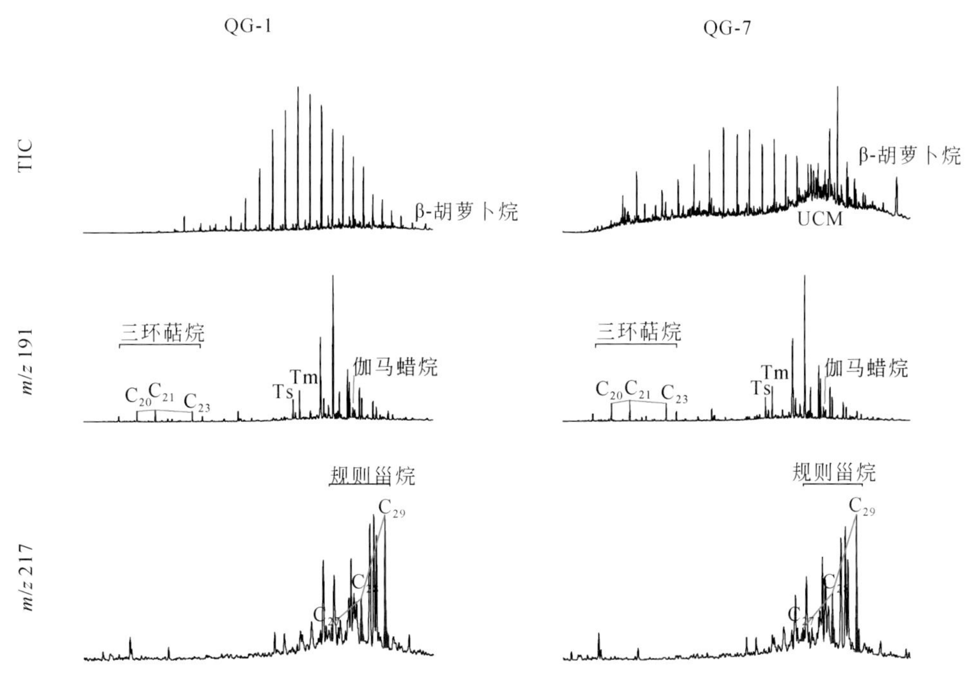

图 3.30　齐古油苗分子有机地球化学谱图

表 3.11　齐古油苗分子有机地球化学参数

类型	参数	QG-1	QG-2	QG-3	QG-4	QG-5	QG-7
正构烷烃	主峰碳	nC_{27}	nC_{25}	nC_{25}	nC_{21}	nC_{22}	nC_{24}
	碳数范围	$nC_{13}—nC_{37}$	$nC_{14}—nC_{37}$	$nC_{13}—nC_{37}$	$nC_{9}—nC_{37}$	$nC_{14}—nC_{29}$	$nC_{9}—nC_{29}$
	TAR	21.88	9.43	8.73	0.42	1.27	0.97
	OEP	1.19	1.16	1.15	1.05	0.99	0.97

续表

类型	参数	QG-1	QG-2	QG-3	QG-4	QG-5	QG-7
正构烷烃	CPI	1.25	1.23	1.22	1.19	1.23	1.16
	$\sum C_{21-}/\sum C_{22+}$	0.06	0.11	0.12	1.06	0.68	0.64
	$C_{21}+C_{22}/C_{28}+C_{29}$	0.26	0.63	0.63	3.52	1.24	1.94
类异戊二烯烃	Pr/Ph	2.41	2.11	2.08	2.30	2.00	1.77
	Pr/nC_{17}	8.35	2.13	2.00	0.40	0.67	1.48
	Ph/nC_{18}	2.39	0.52	0.52	0.14	0.29	0.55
萜烷	C_{19}/C_{21} 三环萜烷	0.57	0.54	0.51	0.35	0.25	0.45
	C_{20}/C_{21} 三环萜烷	0.95	0.97	0.91	0.79	0.44	0.63
	C_{21}/C_{23} 三环萜烷	1.11	1.07	0.95	1.09	0.55	0.88
	C_{24} 四环萜烷 /C_{26} 三环萜烷	1.87	1.86	1.76	1.09	0.81	0.62
藿烷	Ts/Tm	0.68	0.67	0.69	0.62	0.60	1.31
	伽马蜡烷 /C_{30} 藿烷	0.12	0.12	0.13	0.13	/	0.71
甾烷	C_{27}/C_{29} 规则甾烷	0.18	0.20	0.18	0.18	0.17	0.59
	C_{28}/C_{29} 规则甾烷	0.55	0.54	0.60	0.48	0.29	0.50
	C_{29}-20S/（20S+20R）	0.56	0.54	0.56	0.53	0.64	0.49
	C_{29}-ααα/（ααα+αββ）	0.42	0.43	0.43	0.45	0.42	0.48

注：“/”代表无分析数据。

根据谱图及地化指标参数（图 3.30 及表 3.11），可描述该剖面的液体油苗和油砂的分子地球化学特征。液体油苗以 QG-1 样品最为典型，其正构烷烃分布属“后峰型”，具有奇碳优势，碳数大于 22 的组分占主导（图 3.30）。谱图中未发现明显的“UCM 鼓包”。类异戊二烯烃特征主要以姥植比（Pr/Ph）大于 2 为特征，反映了氧化环境；β- 胡萝卜烷含量极低，反映了低盐度环境。三环萜烷特征主要以 C_{21} 含量最高，C_{20}、C_{21} 和 C_{23} 呈“山峰型”分布，$C_{21} > C_{23} > C_{20}$，同时四环萜烷含量相对高，C_{24} 四环萜烷 /C_{26} 三环萜烷为大于 1.5。藿烷中 Ts/Tm 为 0.68 左右；同时伽马蜡烷含量低，伽马蜡烷 /C_{30} 藿烷为 0.12 左右，反映了低盐度的氧化环境。规则甾烷 C_{27}、C_{28} 和 C_{29} 呈“L”型，反映氧化环境下高等植物生烃母质占主导；甾烷异构化成熟度指数 C_{29}-20S/（20S+20R）大于 0.5，C_{29}-ααα/（ααα+αββ）大于 0.4（表 3.11），反映为成熟油。

油砂以 QG-7 样品最为典型，其正构烷烃分布属“双峰型”，具有偶碳优势，碳数大于 22 的组分含量明显少于小于 22 的组分。谱图中可发现油砂具有明显的“UCM 鼓包”，反映其受到了生物降解作用（图 3.30）。类异戊二烯烃特征主要以姥植比（Pr/Ph）大于 1.5 为特征，反映了氧化环境；β- 胡萝卜烷含量相对原油有所增加，反映了低—中等盐度环境。三环萜烷特征主要以 C_{21} 含量最高，C_{20}、C_{21} 和 C_{23} 呈“上升型”分布，$C_{23} > C_{21} > C_{20}$，同时四环萜烷含量有所降低，C_{24} 四环萜烷 /C_{26} 三环萜烷小于 1 。藿烷中 Ts/Tm 整体小于 1，部分样品有所增加；同时伽马蜡烷含量低，伽马蜡烷 /C_{30} 藿烷为 0.71 左右，部分样品有所增加，反映了整体的低盐度的氧化环境。规则甾烷 C_{27}、C_{28} 和 C_{29} 呈“L”型，反映氧化环境下高等植物生烃母质占主导；甾烷异构化成熟度指数 C_{29}-20S/（20S+20R）大于 0.45，C_{29}-ααα/（ααα+αββ）大于 0.4（表 3.11），反映为成熟油。

4. 地球化学意义

（1）次生蚀变（生物降解）

综合油苗的各项地球化学特征，认为齐古油苗中的烃类受到了严重—强烈的生物降解作用，油苗的降解程度高于油砂。首先，根据正构烷烃的峰型、碳数分布及轻、重组分之比可发现（图 3.30；表 3.10），油苗不存在“UCM 鼓包”，而正构烷烃的轻组分基本都被降解；油砂具有明显的鼓包，但链烷烃的相关参数碳数范围比原油更大。结合姥鲛烷、植烷与相应正构烷烃比值来看，油苗的降解程度更高。因此，齐古油苗中的烃类受到了严重的生物降解作用，大致可为 5 ～ 6 级，而油砂的降解程度为 4 级左右（Grice et al.，2000；Genov et al.，2008）。

（2）油源

该剖面生烃母质可能是以低等生物和高等植物混合为主，证据有二。首先，该剖面原油及氯仿抽提物碳同位素较轻，可能为湖相低等生物来源（表 3.10）。第二，根据剖面油砂的有机地化谱图及参数（图 3.30），发现代表缺氧、盐湖或海相环境的 β- 胡萝卜烷变化大，伽马蜡烷的含量整体低，为淡水—微咸水环境，且 QG-7 样品的伽马蜡烷 /C_{30} 藿烷明显升高，指示着盐度的升高；而代表陆源高等植物来源的 C_{19} 三环萜烷含量低，说明低等浮游生物的生烃贡献不容忽视；而值得注意的是 C_{29} 规则甾烷仍处于主导地位，（Peters et al.，2005）。结合研究区的构造背景，本研究认为油气来源为二叠系和侏罗系原油混源（陈建平等，2016a，2016b）。

（3）成熟度

在众多可表征成熟度的指标中，由于该剖面降解程度相对较低，OEP、CPI、Pr/nC_{17} 和 Ph/nC_{18} 对成熟度的探讨具有一定的可信度。结合图 3.30 与表 3.12，发现该样品整体处于成熟范围，油砂的成熟度相对高于油苗。而且，前人研究成果表明 Ts/Tm 抗生物降解的能力较强，而且受成熟度的影响明显，在相同来源的情况下随成熟度的增大而增大，广泛应用于原油成熟度的判识（Peters and Moldowan，1993；路俊刚等，2010）。齐古油苗及油砂的所有样品 Ts/Tm 较高，都大于 0.6，且根据 C_{29}-20S/（20S+20R）及 C_{29}-ααα/（ααα+αββ）这两个成熟度参数，可发现样品为成熟油（Peters et al.，2005）。

四、油苗剖面流体活动特征

通过以上对于该剖面的研究发现，QG-5 样品侏罗系沥青的油气显示好，且镜下能看到有机质残留，流体活动复杂，并以此样品为代表展开了流体活动特征分析。

扫描电镜背散射图像下观察发现，QG-5 样品胶结致密，矿物颗粒间都有胶结物填充，矿物颗粒磨圆中等（图 3.31a）。具体而言，该样品中矿物颗粒破碎，如石英发育裂缝且被后期充填，并且发现有机质残留于矿物颗粒间的裂隙内，矿物边缘有类似于缝合线的现象，说明当时构造活动强烈。在二次电子像观察后发现，长石溶孔非常发育，说明碱性的成岩环境后期有酸性含油气流体充注（图 3.31b）。

综合以上特征，可发现该剖面整体的流体环境以偏碱性的氧化环境为主，存在一期含油气流体。含油气流体进入颗粒间的孔隙，对方解石等矿物进行溶蚀，油气在有利储集空间内聚集。

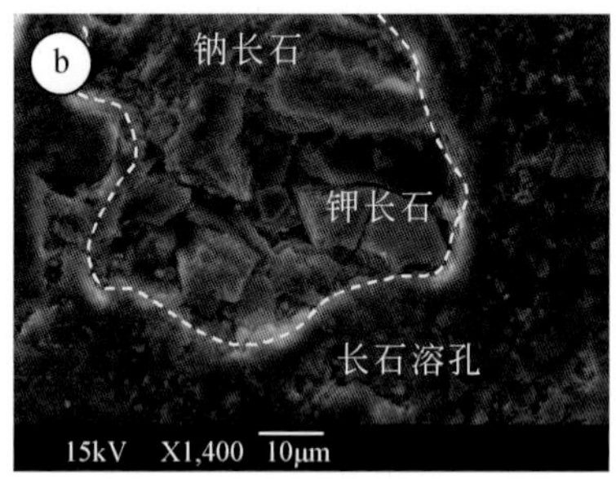

图 3.31　齐古油苗剖面（QG-5 样品）扫描电镜图版

a. 背散射图像；b. 二次电子像

五、油苗成因模式

根据以上对研究区油苗及油砂剖面的岩石学和地球化学特征的分析，建立成因模式，结果发现，如图 3.32 所示，本油苗点的成因具有鲜明的“源控 + 断控”特征。

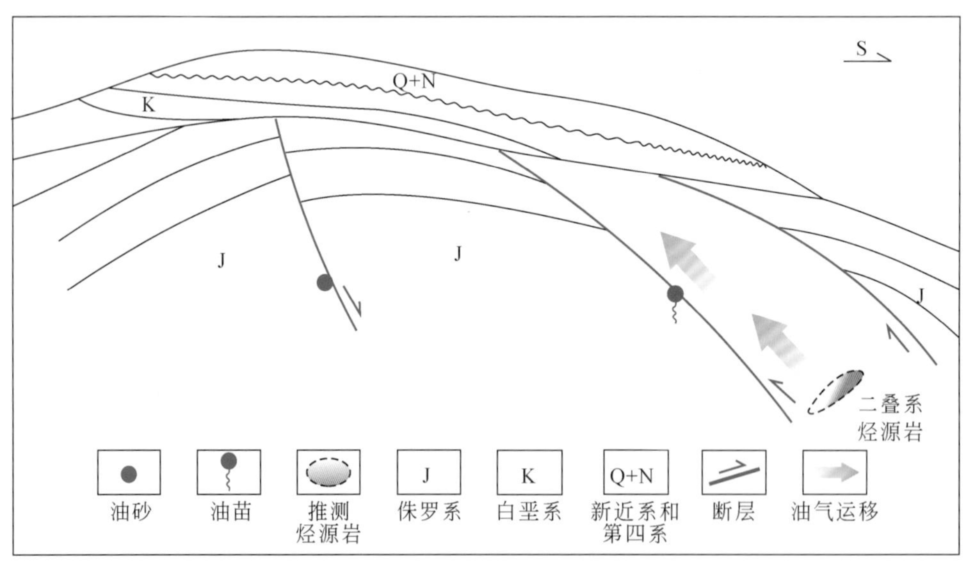

图 3.32　齐古油苗剖面成因模式图

综合上述对油气源的分析和讨论，可确定产出于侏罗系的油苗和油砂都来自于二叠系淡水湖相烃源岩与侏罗系油源的混源，其中油砂的二叠系贡献更为明显。再综合齐古剖面的构造活动特征（图 3.32），可发现断裂带附近有油苗出露，且油砂的油气显示好，因此在烃源岩发育的基础上，发育贯穿烃源岩到地表的断裂系统作为油气的运移通道，地下的烃源岩不断生烃，又缺少良好的保存条件，因此油气不断沿着断裂从深层向地表运移。

综上，本研究认为齐古油苗以“源控 + 断控”为特色，生烃的烃源岩发育为物质基础，而断裂为油气运移的通道，促进了地表油气苗的形成。

第四章
准噶尔盆地南缘东段阜康地区油气苗

第一节　地质背景和油气苗分布

准噶尔盆地南缘东段阜康地区在地理上主要是指乌鲁木齐以东地区，构造上属于阜康断裂带，是北天山山前逆冲推覆构造带内的一个二级构造单元（图 4.1），山前构造变形具有分段特征，由多条断裂组成的复杂构造带，断裂带由一系列近东西走向的断裂沿博格达山北缘呈北凸弧形展布，经历了海西、燕山和喜马拉雅三期强烈构造运动改造（潘秀清等，1986；吴俊军等，2013；郑孟林等，2018）（图 4.2），发育地层主要从古生界石炭系到新生界第四系（周朝济，1985；陈建平等，2016a，2016b）（图 4.3）。

前人报道的油气苗主要产出于二叠系，类型为沥青，以大龙口研究程度最高（何钊等，1989；Carroll et al.，1992；路成等，2015）（图 4.1，图 4.3）。目前，对这一剖面的研究主要包括对二叠系芦草沟组的沉积环境及页岩成因模式的研究。当前主流的观点认为，准噶尔盆地南缘芦草沟组厚 680 ~ 1100m，在柴窝堡凹陷内以灰色砾岩、砂砾岩夹深灰色泥岩为主，在博格达山周缘以深灰色泥页岩夹粉细砂岩、灰岩为主，长期处于半深湖—深湖环境内，以水体分层不强的厌氧环境为主，富氧的沉积环境仅在局部存在。芦草沟组页岩沉积时期湖盆流域总体上为半干旱—半湿润的古气候背景，博格达东北部芦草沟组页岩沉积时期相对湿润的气候条件和较强的降雨促进了古湖泊盐度分层，造成底层湖水具有较高的盐度并且更加缺氧，同时降雨促进河流携带大量富营养元素的淡水注入湖泊造成表层水体生产力升高，造成了芦草沟组的贫氧–厌氧底层水体环境，从而有机质富集，形成了剖面所见的页岩露头（Carroll，1998；Tao et al.，2013；孙自明，2015；张逊等，2018）。

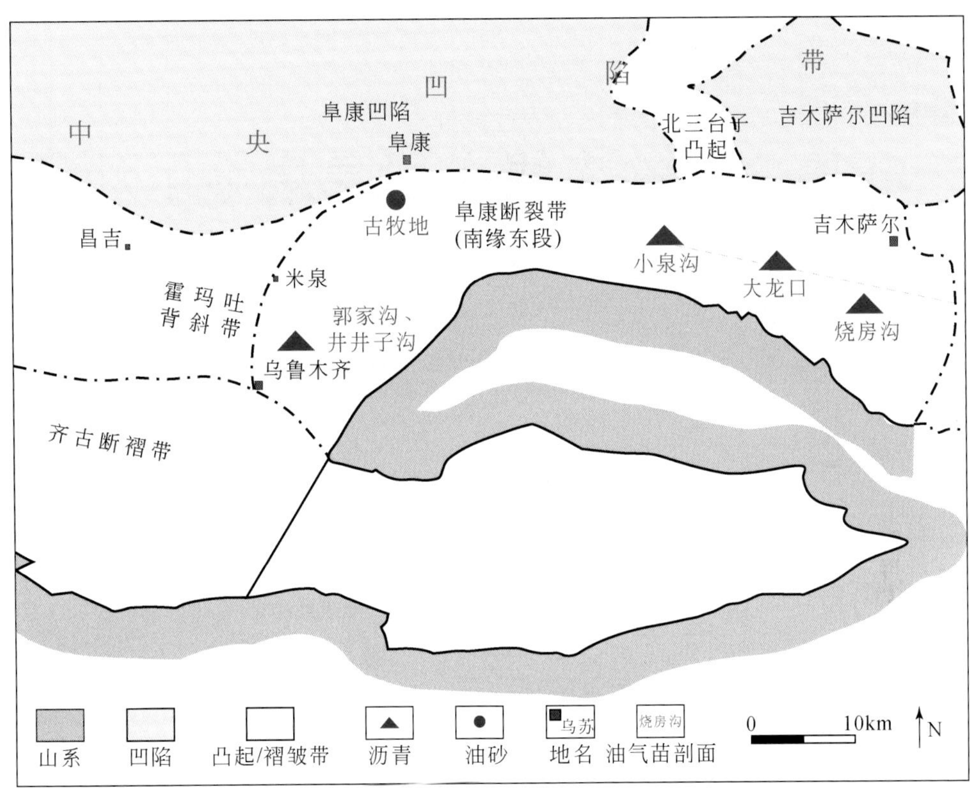

图 4.1　准噶尔盆地南缘东段阜康地区构造单元划分及油气苗分布简图

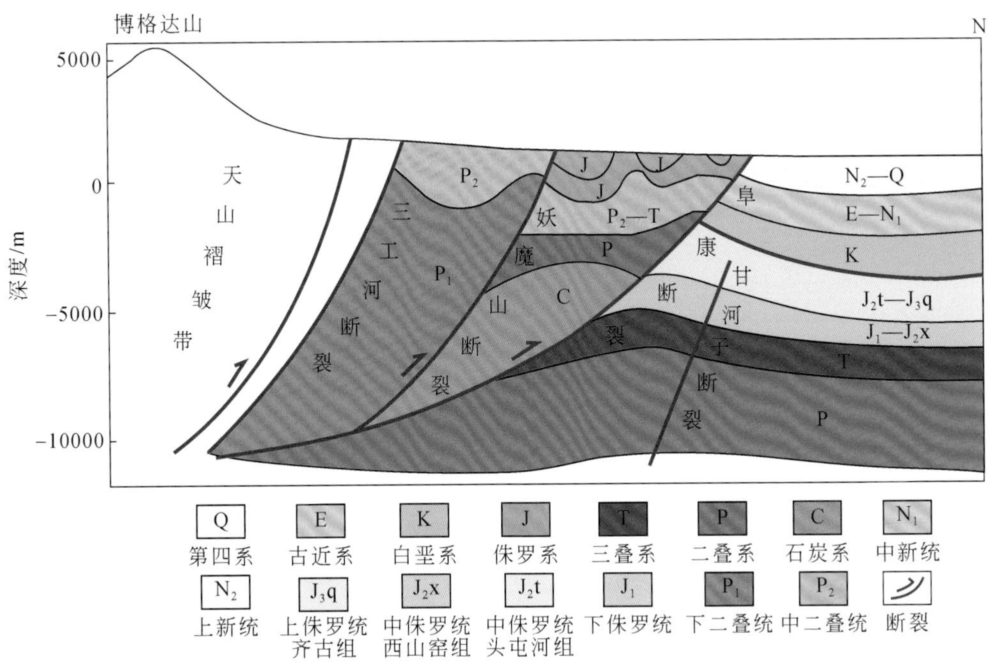

图 4.2　准噶尔盆地南缘东段阜康地区构造剖面图

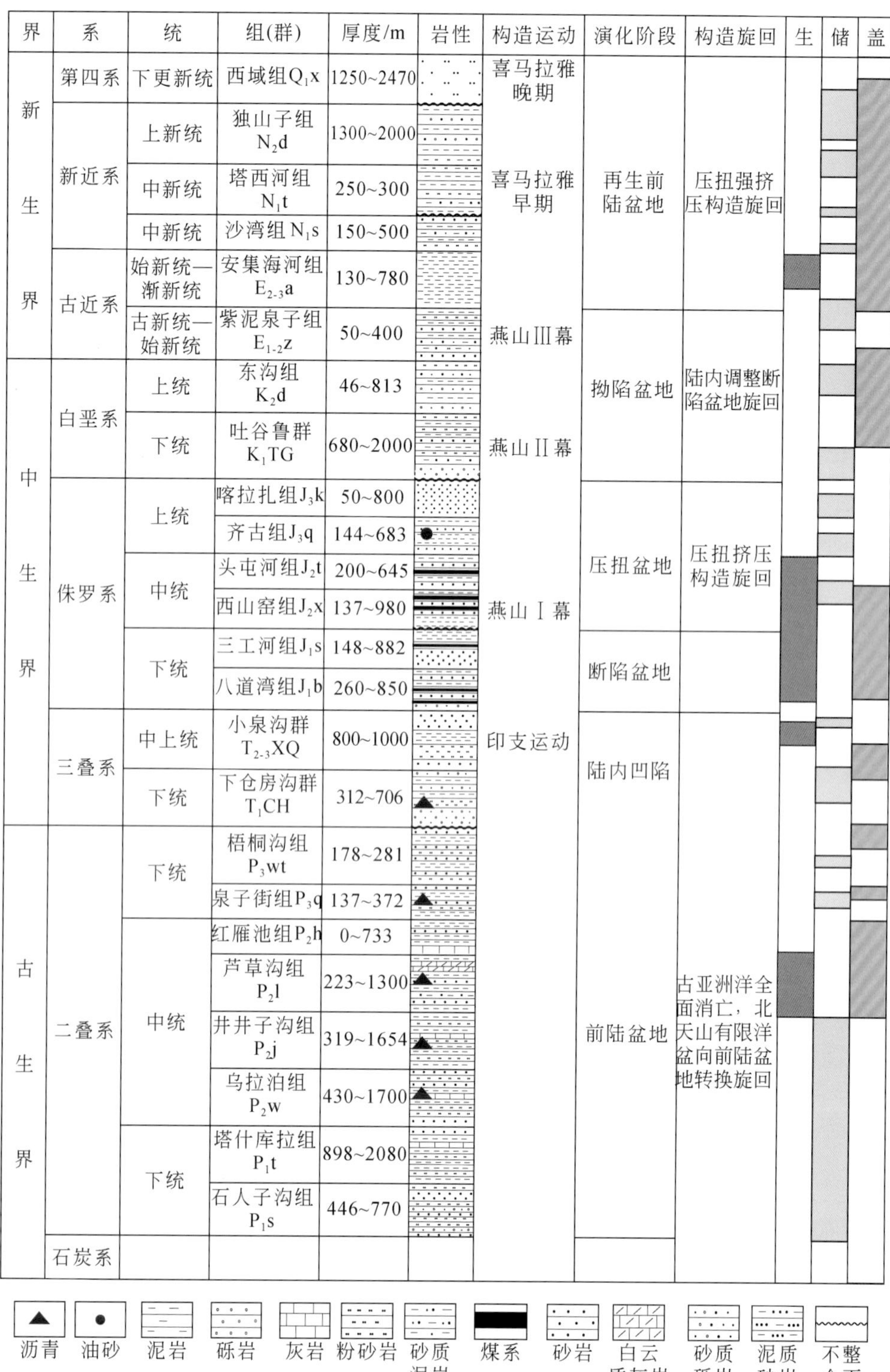

图 4.3　准噶尔盆地南缘东段阜康地区生储盖综合柱状图

第二节　典型油气苗剖面

在仔细梳理前人研究成果的基础上，本次工作共踏勘了研究区 5 个最为代表性的油气苗剖面，自西向东分别为郭家沟（井井子沟）沥青、古牧地油砂、小泉沟沥青、大龙口沥青和烧房沟沥青[①]（图 4.1，图 4.3）（何钊等，1989；Carroll et al.，1992；路成等，2015）。这些油气苗剖面从类型上来说，以固体沥青最为发育，油砂少有产出，从垂向分布层位上来说古生代二叠系到中生代侏罗系都有不同类型的油气苗出露，整体上层位老。

对这些油气苗进行岩石学、有机和无机地球化学的综合研究，具体实验及测试内容主要包括岩石学薄片、油气苗的氯仿沥青含量、族组分、同位素、链烷烃、生物标志物、扫描电镜和傅里叶变换红外光谱等（表 4.1）。在此基础上，结合地质背景可建立油气苗的成因模式，探讨其形成主控因素和勘探意义。

表 4.1　准噶尔盆地南缘东段阜康断裂带油气苗基本工作量汇总表　（单位：个）

油气苗剖面	油气苗类型	采样	测试项目								
			a	b	c	d	e	f	g	h	i
郭家沟（井井子沟）	沥青	2	2	2	/	/	/	/	2	/	2
古牧地	油砂	3	3	3	/	/	/	/	1	1	1
小泉沟	沥青	4	4	4	/	/	/	/	1	2	1
大龙口	沥青	12	12	12	/	1	4	4	2	1	3
烧房沟	沥青	5	3	/	/	/	/	/		1	

a. 岩石学薄片；b. 氯仿沥青“A”；c. 族组分；d. 同位素；e. 饱和烃与类异戊二烯烃；f. 生物标志物；g. 扫描电镜；h. 傅里叶变换红外光谱；i. 电子探针；“/”代表无分析数据。

第三节　郭家沟（井井子沟）沥青剖面

一、地质路线与剖面

如图 4.4 所示，郭家沟（井井子沟）沥青位于乌鲁木齐市西南约 35km，地理坐标 43°44′55.81″N，87°48′43.84″E。驱车从乌鲁木齐市沿温泉东路行驶约 12km 后左转进入葛家沟西路，行驶约 27km 后可达。

油苗产于乌鲁木齐向斜北翼妖魔山断裂带和向斜南翼乌拉泊断裂带，剖面断裂发育，构造活动较为强烈，岩石破碎程度较高，且油苗多产于裂缝中（图 4.5a，c）。固体沥青主要产出于上二叠统泉子街组（P_3q）紫褐色砾岩，少见石炭系祁家沟组（C_2q）含沥青生屑灰岩。除此之外，还有生屑灰岩粒间孔中的沥青。

① 据新疆油田公司内部报告，1994，油气苗卡片。

图 4.4 郭家沟（井井子沟）沥青交通位置示意图（底图源自谷歌地图）

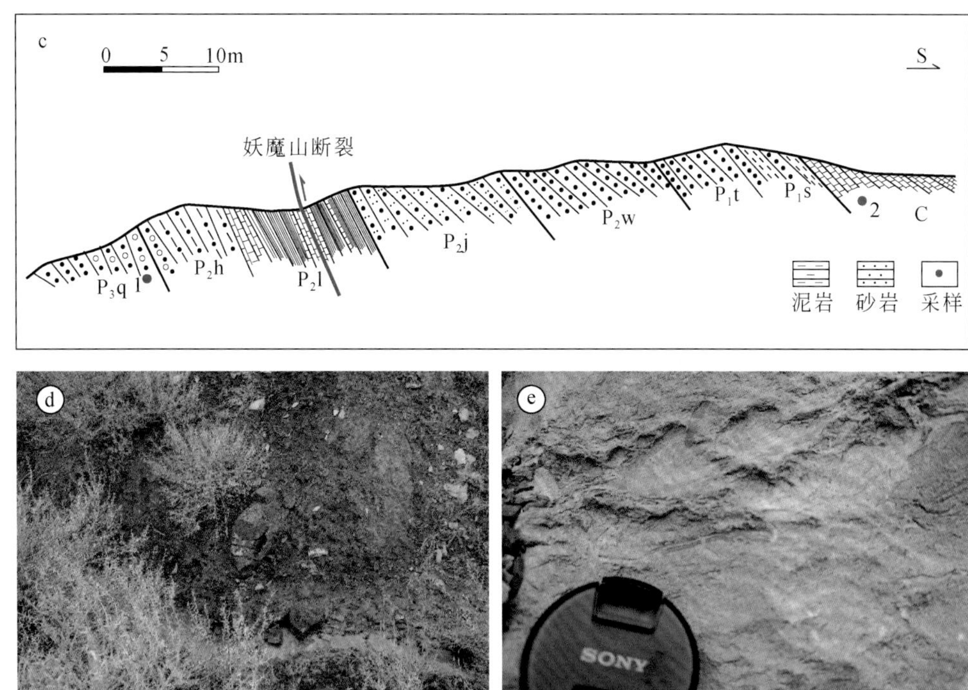

图 4.5 准噶尔盆地南缘东段阜康地区典型油气苗野外产状图［郭家沟（井井子沟）砂剖面］

a. 郭家沟 P_2j 产出剖面图；b. 井井子沟 C 产出剖面；c. 图剖面素描图；d. GJG-1；e. JJZG-2

二、沥青岩石学特征

偏光下发现，本油苗点方解石脉非常发育，且根据方解石的不同颗粒大小、形态及结晶程度等，发现其明显具有多期性：颗粒最大的方解石最早结晶，后期形成的方解石颗粒小且多分布于颗粒边缘更为细小的裂缝内。沥青多和方解石共生（图 4.6a，b），根据二者的接触关系可判断方解石先形成，沥青形成在后。

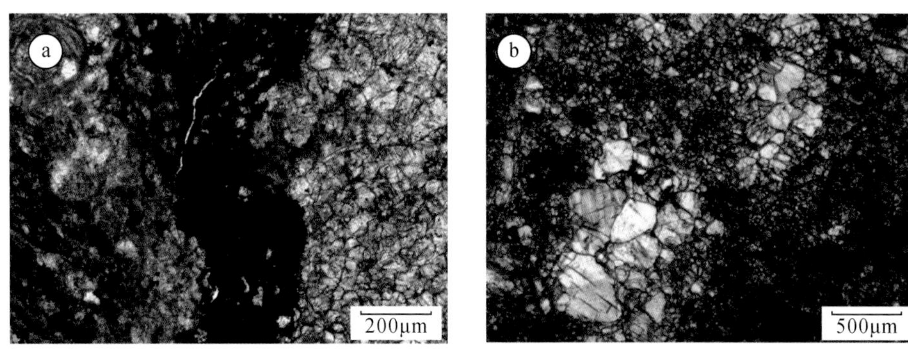

图 4.6 郭家沟（井井子沟）显微岩石学特征

a. GJG-1；b. JJZG-2

三、沥青有机地球化学特征

本研究分析了郭家沟（井井子沟）沥青剖面的有机地球化学特征，主要为氯仿沥青含量，其中郭家沟沥青砂岩为0.0023%，井井子沟沥青砂岩则为0.0010%，含量极低，油气显示差。

四、沥青剖面流体活动特征

扫描电镜背散射图像下观察发现，GJG-1样品胶结致密，矿物颗粒间都有胶结物填充，颗粒细小（图4.7 a）。具体而言，可发现泥质矿物胶结，说明其遭受了一定强度的风化蚀变（图4.7 b）。在二次电子像观察后发现，有尖晶石形成于方解石胶结物边缘（图4.7c，d），因此可判断其形成于相对氧化的流体环境。

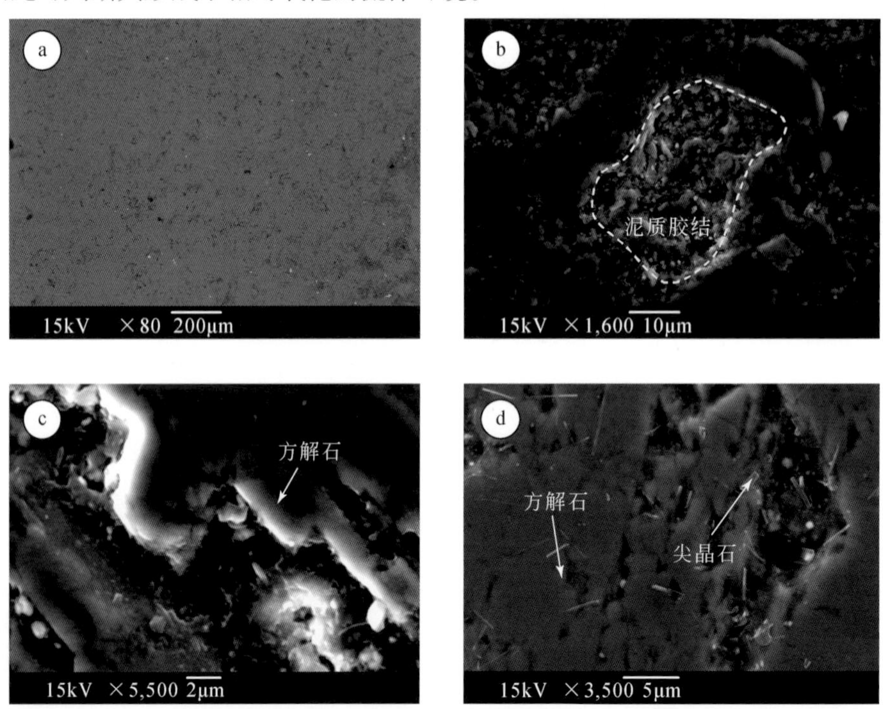

图4.7 郭家沟（井井子沟）沥青剖面扫描电镜图版

a. GJG-1的背散射图像；b. GJG-1的二次电子像；c. JJZG-2的背散射图像；d. JJZG-2的二次电子像

综合以上特征，可发现该剖面整体的流体环境以氧化环境为主，后期可能由于含油气流体残留，无法大规模运移，从而形成沥青。

五、沥青成因模式

根据以上对研究区沥青剖面地球化学特征的分析，建立了的成因模式，结果发现，如图 4.8 所示，本油苗点沥青的成因主要受到构造运动的影响而出露地表，为“断控”型。

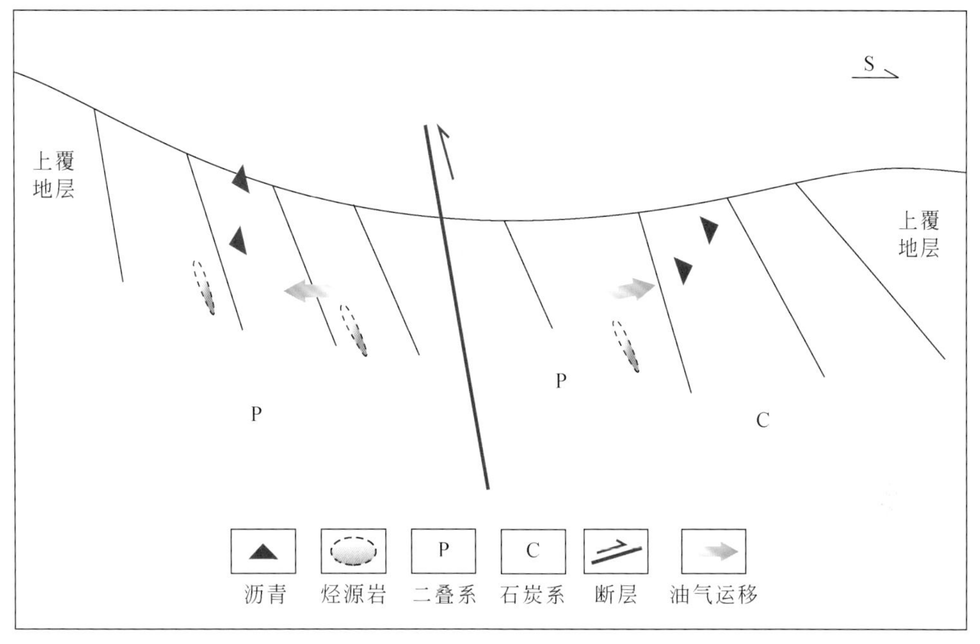

图 4.8 郭家沟（井井子沟）沥青剖面成因模式图

结合以上研究，可发现该沥青砂岩的岩性致密，孔隙发育差。因此，油气后期充注的可能性相对较小，推测其形成时间早。在构造运动之前，研究区发育的二叠系烃源岩和石炭系烃源岩不断生烃，生成的油气运移至周围的有效储层中聚集，形成油气藏。随着时间的推移，则形成顺层、顺裂隙分布的沥青。而构造运动对这个背斜产生破坏后，地下深部层位出露地表，原本形成于层间的沥青则出露地表，形成当今所见的沥青脉剖面。但由于构造运动强烈，推测烃类大部分被破坏，沿着断裂散失，因此只留下沥青。

综上，本研究认为郭家沟（井井子沟）沥青的出露地表的最主要因素为断裂破坏，构造运动对其具有很大的影响。

第四节　古牧地油砂剖面

一、地质路线与剖面

如图 4.9 所示，古牧地油砂剖面位于乌鲁木齐市东北约 50km，地理坐标 44°05′55.31″N，87°51′30.68″E。驱车从乌鲁木齐市沿 216 国道行驶约 46km 后，即可到达。

油砂产于古牧地背斜的北翼，于侏罗系齐古组（J_3q）灰绿色砂岩中，呈透镜状砂体，并发现喀拉扎组（J_3k）与吐谷鲁群（K_1TG）地层的分界线。具体而言，油砂发育于一个小型断裂东侧的紫红色砂岩夹层中，呈透镜状分布，在含油砂岩附近可闻见浓烈的油味。除了油砂以外，在地层接触处还发现了 H_2S 气泉（图 4.10）。

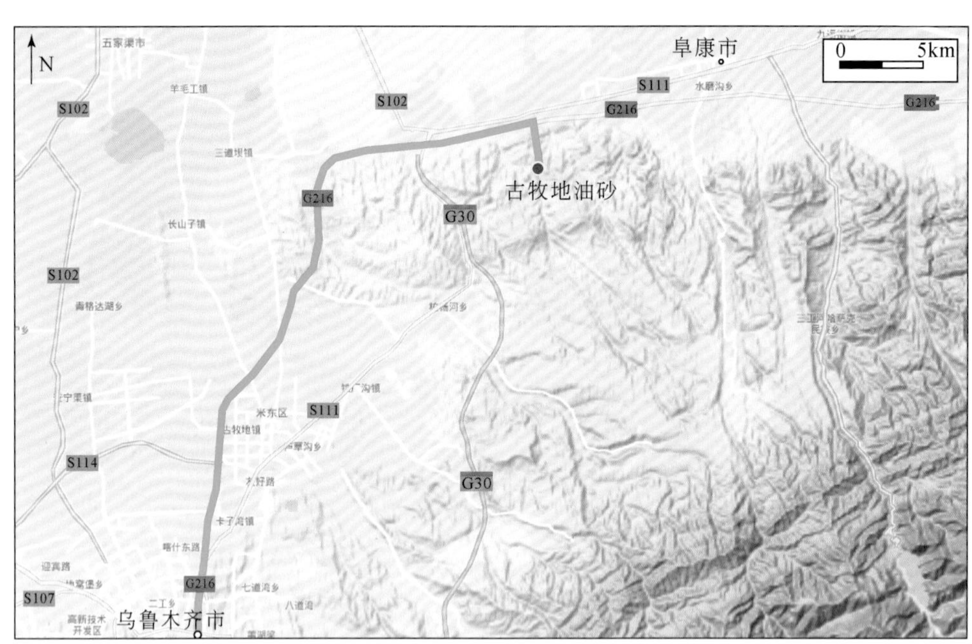

图 4.9　古牧地油砂交通位置示意图（底图源自谷歌地图）

图 4.10　准噶尔盆地南缘东段阜康地区典型油气苗野外产状图（古牧地油砂剖面）

二、油砂岩石学特征

如图 4.11a 所示，镜下观察发现油砂整体致密少孔，总体粒径小于 0.3mm，裂隙不发育，胶结程度高，矿物组分以石英和长石为主，还含有黄褐色的有机质残留。荧光下观察发现，颗粒间含有暗绿色荧光，整体亮度较暗，具有较差的油气显示（图 4.11b）。

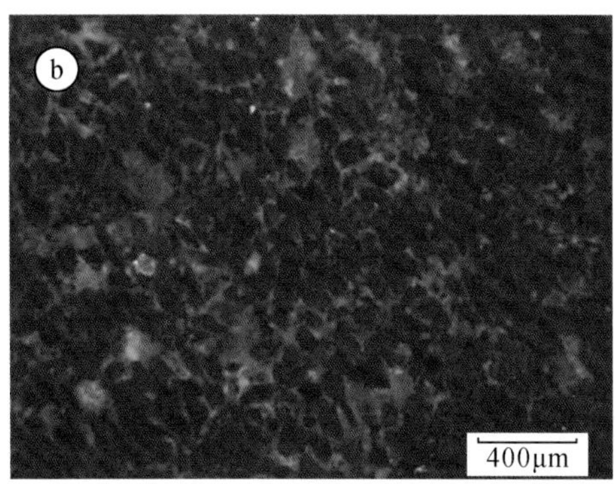

图 4.11　古牧地（GMD-1）油砂显微岩石学特征

a. 单偏光照片；b. 荧光照片

三、油砂有机地球化学特征

分析了油砂的有机地球化学特征，包括宏观的基础和微观的分子两个尺度。

1. 基础有机地球化学特征

古牧地油砂的氯仿沥青含量及族组分组成特征如表 4.2 所示。研究区油砂的氯仿沥青含量整体较低，小于 0.003%，油气显示差。而烃类族组分可分为两类，一类以芳香烃占主导（如 GMD-1），其含量达到 41.67%，而饱和烃 33.33%，非烃 16.67%，沥青质 8.33%；而另一类以饱和烃占主导（如 GMD-2，GMD-3），但其含量变化大，45.83% ~ 80.04%，其次为芳香烃，12.88% ~ 33.33%，非烃和沥青质含量最低，分别为 5.79% ~ 8.33% 和 1.29% ~ 4.17%。不难看出，剖面的族组分特征依旧以饱和烃和芳烃占主导，因此油质轻—中等，也说明油气的运移更容易发生。

表 4.2　古牧地油砂剖面氯仿沥青、族组分及其碳同位素数据表

样品	GMD-1	GMD-2	GMD-3
样品类型	砂岩	砾岩	油砂
层位	J_3q	K_1TG	J_3q
氯仿沥青 /%	0.0019	0.0024	0.0008

续表

样品		GMD-1	GMD-2	GMD-3
族组分 /%	饱和烃	33.33	45.83	80.04
	芳香烃	41.67	33.33	12.88
	非烃	16.67	8.33	5.79
	沥青质	8.33	4.17	1.29
	饱和烃 + 芳香烃	75.00	79.16	92.92
	非烃 + 沥青质	25.00	12.50	7.08
碳同位素 / (‰，PDB 标准)	饱和烃	−29.31	−29.17	−27.56
	芳香烃	−28.20	−28.85	−27.65
	非烃	−28.49	−29.01	−27.25
	沥青质	−28.34	−28.60	−28.19

注：“/”代表无分析数据。

2. 同位素地球化学特征

该油砂剖面的族组分碳同位素数据如表 4.2 所示。总体而言，GMD-1 和 GMD-2 样品的碳同位素较轻，而 GMD-3 最重，可能指示着不同的来源。具体而言，GMD-1 的 $\delta^{13}C_{饱和烃} < \delta^{13}C_{非烃} < \delta^{13}C_{沥青质} < \delta^{13}C_{芳香烃}$；GMD-2 的 $\delta^{13}C_{饱和烃} < \delta^{13}C_{非烃} < \delta^{13}C_{芳香烃} < \delta^{13}C_{沥青质}$；GMD-3 的 $\delta^{13}C_{沥青质} < \delta^{13}C_{芳香烃} < \delta^{13}C_{饱和烃} < \delta^{13}C_{非烃}$，具有完全不同的分布特征。而根据这几类不同的“倒转”现象，猜测可能受到不同程度及不同成因的降解蚀变作用（王杰等，2002；孙玉梅等，2009；陈文彬等，2010）。

3. 分子有机地球化学特征

对古牧地油砂的分子有机地球化学特征进行分析，检出了丰富的正构烷烃与类异戊二烯烃，以及萜烷、藿烷和甾烷类等化合物，谱图及具体参数见图 4.12 及表 4.3。

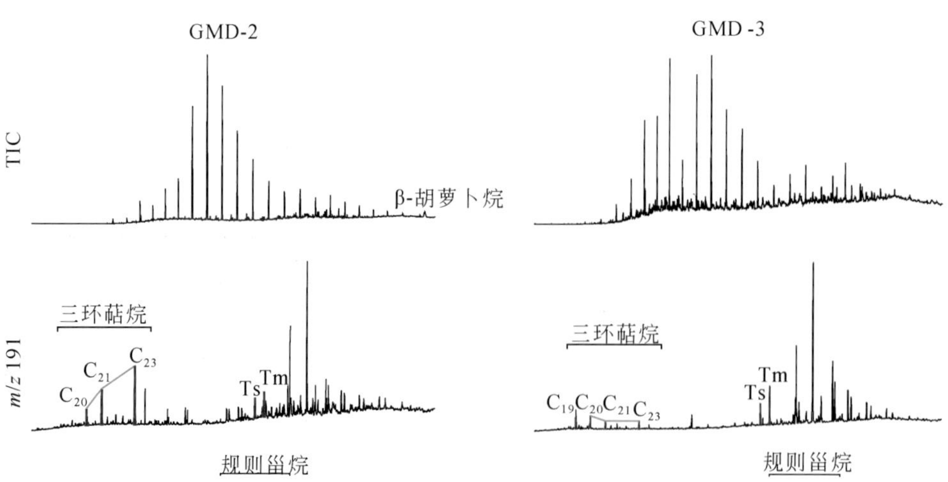

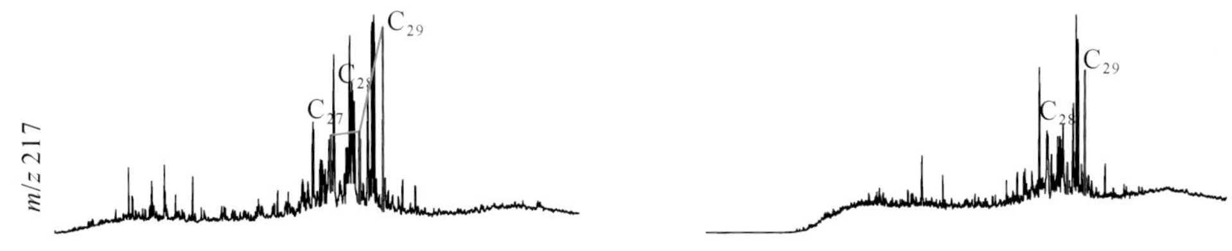

图 4.12　古牧地油砂分子有机地球化学谱图

表 4.3　古牧地油砂分子有机地球化学参数

类型	参数	GMD-1	GMD-2	GMD-3
正构烷烃	主峰碳	nC_{23}	nC_{23}	nC_{19}
	碳数范围	nC_{13}—nC_{30}	nC_{13}—nC_{34}	nC_{14}—nC_{36}
	TAR	0.25	0.81	0.42
	OEP	2.24	1.87	1.00
	CPI	1.57	1.31	1.10
	$\sum C_{21-} / \sum C_{22+}$	0.36	0.41	1.14
	C_{21}+C_{22} / C_{28}+C_{29}	40.71	11.60	3.91
类异戊二烯烃	Pr / Ph	0.18	0.73	1.58
	Pr / nC_{17}	0.58	1.51	1.42
	Ph / nC_{18}	0.62	0.52	0.51
萜烷	C_{19} /C_{21} 三环萜烷	0.08	0.22	2.13
	C_{20}/C_{21} 三环萜烷	0.46	0.44	0.52
	C_{21}/C_{23} 三环萜烷	0.65	0.48	0.84
	C_{24}/C_{26} 三环萜烷	0.17	0.44	0.14
藿烷	Ts / Tm	0.64	0.60	0.65
	伽马蜡烷 / C_{30} 藿烷	0.23	0.03	0.02
甾烷	C_{27}/C_{29} 规则甾烷	0.11	0.17	/
	C_{28}/C_{29} 规则甾烷	0.91	0.72	0.11
	C_{29}-20S /（20S+20R）	0.52	0.51	0.48
	C_{29}-ααα /（ααα+αββ）	0.46	0.48	0.46

注："/" 代表无分析数据。

根据谱图及地化指标参数（图 4.12；表 4.3），可描述该剖面的分子地球化学特征。如上文所述，可将古牧地油砂分为两类进行阐述。GMD-1 和 GMD-2 样品具有相似的基础地球化学特征，且分子有机地球化学特征也类似。具体而言，可发现正构烷烃分布属“前峰型”，具有奇碳优势，但碳数小于 22 组分的含量明显大于碳数大于 22 的组分。谱图中未见明显的“UCM 鼓包”，但轻组分大多都已经消失，可能反映受到了一定强度的生物降解作用（图 4.12）。类异戊二烯烃主要以姥植比（Pr/Ph）小于 1 为特征，反映了较强的还原环境；而几乎不含 β-胡萝卜烷极低，反映了淡水环境。三环萜烷特征主要以 C_{23} 含量最高，C_{20}、C_{21} 和 C_{23} 呈“上升型”分布，$C_{23}>C_{21}>C_{20}$。然而，四环萜烷含量相对低，C_{24} 四环萜烷 /C_{26} 三环萜烷小于 0.5，反映了陆源有机质不占主导。藿烷中 Ts/Tm ≥ 0.6；同时伽马蜡烷含量低，伽马蜡烷 /C_{30} 藿烷为 0.03 ～ 0.23，反映了淡水—低盐度的还原环境。规则甾烷 C_{27}、C_{28} 和 C_{29} 呈“厂”型分布，反映高等植物生烃母质具有一定的贡献。甾烷异构化成熟度指数 C_{29}-20S/（20S+20R）大于 0.5，C_{29}-ααα /（ααα+αββ）大于 0.45（表 4.3），反映为成熟油。

GMD-3 样品的正构烷烃分布属“前峰型”，具有奇碳优势，但碳数小于 22 组分的含量明显大于碳数大于 22 的组分。谱图中未见明显的“UCM 鼓包”，但轻组分大多已经消失，可能反映受到了一定强度的生物降解作用（图 4.12）。类异戊二烯烃主要以姥植比（Pr/Ph）大于 1.5，反映了较强的氧化环境；而几乎不含 β-胡萝卜烷极低，反映了淡水环境。三环萜烷特征主要以 C_{19} 含量最高，C_{20}、C_{21} 和 C_{23} 呈“上升型”分布，$C_{23}>C_{21}>C_{20}$。然而，四环萜烷含量相对低，C_{24} 四环萜烷 /C_{26} 三环萜烷小于 0.2，反映了陆源有机质不占主导。藿烷中 Ts/Tm 大于 0.6；同时伽马蜡烷含量极低，伽马蜡烷 /C_{30} 藿烷为 0.02，反映了淡水的氧化环境。规则甾烷 C_{27}、C_{28} 和 C_{29} 呈“上升型”分布，反映高等植物生烃母质占绝对的主导。甾烷异构化成熟度指数 C_{29}-20S /（20S+20R）为 0.48，C_{29}-ααα /（ααα+αββ）为 0.46（表 4.3），反映为成熟油。

4. 地球化学意义

对以上油砂的有机地球化学数据进行了综合分析，考虑到次生蚀变（生物降解）对地球化学参数的影响，首先进行了生物降解意义的探讨，在此基础上分析油源及成熟度。

（1）次生蚀变（生物降解）

综合油砂的各项地球化学特征，认为烃类受到了中等—严重的生物降解作用，为 3 ～ 4 级（Grice et al.，2000；Genov et al.，2008）。首先，根据正构烷烃的峰型、碳数分布及轻、重组分之比（图 4.12 及表 4.3），发现碳数都从 14 开始，大部分轻组分都被降解，且轻组分大多都已经发生降解，重组分比例逐渐增加。再结合姥鲛烷和植烷与其相应正构烷烃的比值，发现确实存在一定的降解作用。其次，从 *m/z*191 谱图可发现（图 4.12），三环萜烷系列的相对含量极低，可能反映了降解作用的存在。因此，古牧地油砂受到了中等—严重的生物降解作用，为 3 ～ 4 级。

（2）油源

该剖面生烃母质有两种来源，包括二叠系和侏罗系烃源岩，证据有二。第一，该剖面氯仿抽提物碳同位素存在两个端元，一个较轻，一个较重，分别具有明显的湖相烃源岩及陆源植物输入的特征（表 4.2）。第二，根据剖面油砂的有机地化谱图（图 4.12），发现不存在代表缺氧、盐湖或海相环境的 β-胡萝卜烷，伽马蜡烷的含量都极低，GMD-3 样品中高等植物来源的 C_{19} 三环萜烷、C_{29} 规则甾烷都处于主导地位，与 GMD-1、GMD-2 样品完全不同（Peters et al.，2005）。同时，结合研究区的构造背景，本研究认为 GMD-1、GMD-2 样品来源于二叠系湖相烃源岩，而 GMD-3 来自侏罗系烃源岩（陈建平等，2016a，2016b）。

（3）成熟度

在众多可表征成熟度的指标中，OEP、CPI、Pr/nC_{17} 和 Ph/nC_{18} 由于正构烷烃及类异戊二烯烃的降解作用，无法对原油的成熟度进行探讨。而前人研究成果表明 Ts /Tm 抗生物降解的能力较强，而且受成熟度的影响明显，在相同来源的情况下随成熟度的增大而增大，因此可用于生物降解，甚至是严重生物降解原油成熟度的判识（Peters and Moldowan，1993；路俊刚等，2010）。该剖面样品 Ts/Tm ≥ 0.6，且根据 C_{29}-20S /（20S+20R）及 C_{29}-ααα /（ααα+αββ）这两个成熟度参数，可发现油砂样品都已达到成熟范围（Peters et al.，2005）。

综上，根据该油气苗点分布于阜康断裂带的构造背景，结合油源判识标准分析透镜体中的烃类（即 GMD-3 样品）源自侏罗系油源（陈建平等，2016a，2016b）；而其他（GMD-1、GMD-2 样品）来自于二叠系油源，受到了中等—严重的生物降解作用，为 3 ～ 4 级。

四、油砂傅里叶红外光谱地球化学特征

对古牧地油砂全岩粉末进行了红外光谱测试，检出了众多常见基团以及指征基团，常见基团主要包括游离羟基（—OH）、亚甲基（—CH_2）、碳碳双键（—C=C—），指征基团主要包括碳氧双键（—C=O）（图 4.13）。具体而言，可发现该剖面油砂样品的亚甲基对称伸缩峰强度较弱，结合上文可知油气显示强度弱，而不饱和键丰度相对较低，证明样品已经达到了较高的成熟度。

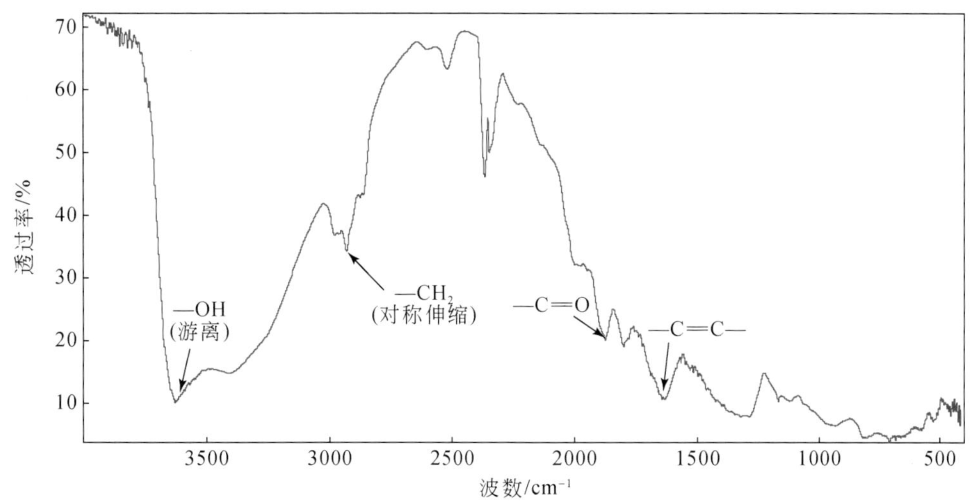

图 4.13　古牧地油砂（GMD-3 样品）傅里叶变换红外光谱谱图

五、油砂剖面流体活动特征

通过以上对于古牧地岩性、油气显示及降解程度的分析后选择侏罗系来源的 GMD-3 样品及其周围二叠系来源的 GMD-2 样品进行流体活动的分析。首先，发现在 GMD-2 样品矿物骨架周围的铁矿物含量高，几乎为胶结物的主体，胶结致密，占了胶结物的主体（图 4.14a，b）。同时，在透镜体中发现了含油气流体的运移痕迹，这类酸性流体会对碱性矿物进行溶解，包括方解石和长石类矿物（图 4.14c，d）。除此以外，再结合方解石的元素特征，初步推断高 Mn 方解石胶结物可能为早期成岩形成，来自二叠系等深部来源，其 Mn 含量高大于 0.5%，最高可达 5%（表 4.4）；后期的侏罗系含油气酸性流体对其进行破坏改造，充填于矿物间裂隙内。

综合以上特征，可发现研究区剖面整体的流体环境以氧化为主，二叠系流体和侏罗系流体先后沉淀，与之不同的是前者沉积后大多碱性矿物形成；而后期侏罗系含油气流体以酸性为主，进行二期充注。

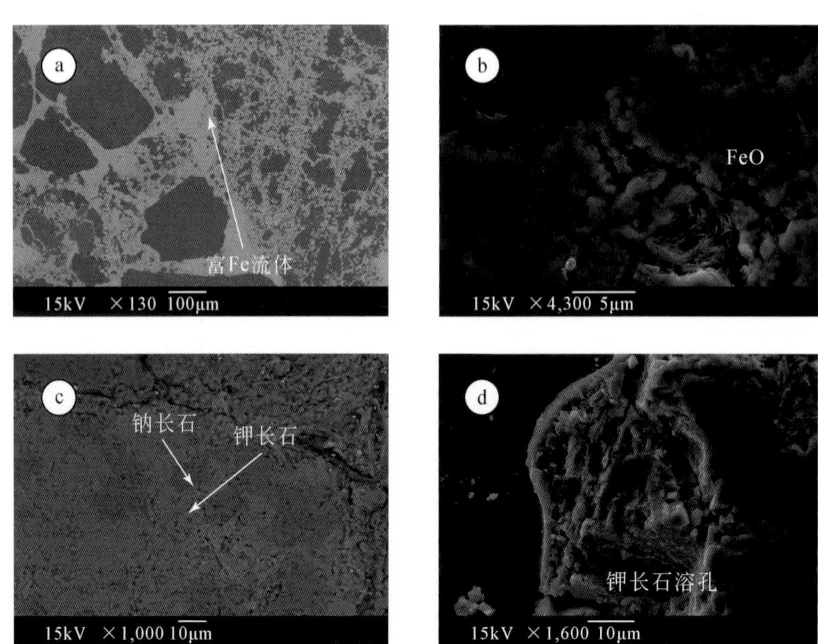

图 4.14　古牧地油砂扫描电镜图版

a. GMD-2 的背散射图像；b. GMD-2 的二次电子像；c. GMD-3 的背散射图像；d. GMD-3 的二次电子像

表 4.4　方解石胶结物元素特征　（单位：%）

元素	测试点 1	测试点 2	测试点 3
FeO	0.08	0.08	0.14
Na_2O	0.02	0.08	0.04
K_2O	0.02	0.05	0.06
MnO	0.63	0.89	5.48

续表

元素	测试点 1	测试点 2	测试点 3
MgO	0.08	0.08	0.06
CaO	53.78	56.36	57.37
Al_2O_3	0.02	0.10	0.01
SiO_2	0.12	0.43	0.14
总和	54.74	58.07	63.29

六、油砂成因模式

根据以上对研究区油砂剖面岩石学和地球化学特征的分析，建立了的成因模式，结果发现，如图 4.15，本油苗点的成因具有鲜明的“源控 + 断控”特征，烃源岩展布和断裂的分布为最主要的控制因素。

对该剖面油砂的有机地球化学分析表明，油砂中的烃类组分分别来自于二叠系湖相烃源岩和侏罗系烃源岩。因此，必须存在运移通道分别将两个层位的烃源岩与近地表的储层连通。故推测有两条（类）断裂，分别贯穿侏罗系和二叠系烃源岩，生成的油气沿着该断裂不断运移，在有利储层形成二叠系油源的油砂的同时，还可以形成侏罗系油砂透镜体构造（图 4.15）。而两类油砂都已达到成熟，故可判断沟通侏罗系油源断裂的形成时间晚，结合其演化史推测其形成不早于晚白垩世（陈建平等，2016a，2016b）。

综上，本研究认为古牧地油砂剖面是以“源控 + 断控”为特色，烃源岩展布及断裂分布是最为主要的控制因素。

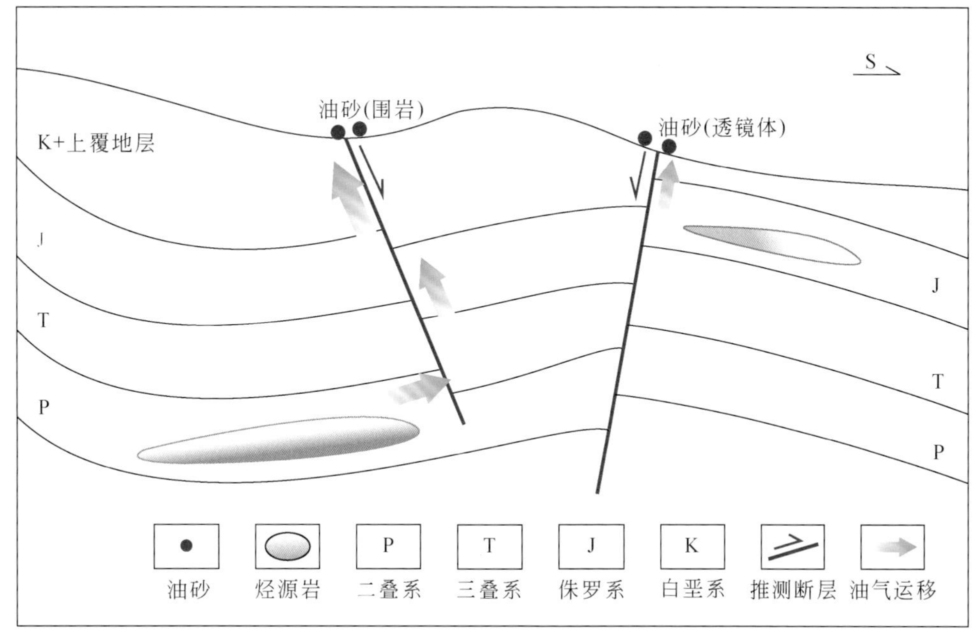

图 4.15　古牧地油砂剖面成因模式图

第五节　小泉沟沥青剖面

一、地质路线与剖面

如图 4.16 所示，小泉沟沥青剖面位于阜康市东部约 50km，地理坐标 44°05′15.04″N，88°29′31.66″E。驱车从阜康市从 111 省道沿 216 国道行驶约 38km 后，进入 303 省道，行驶约 12km 后可至。

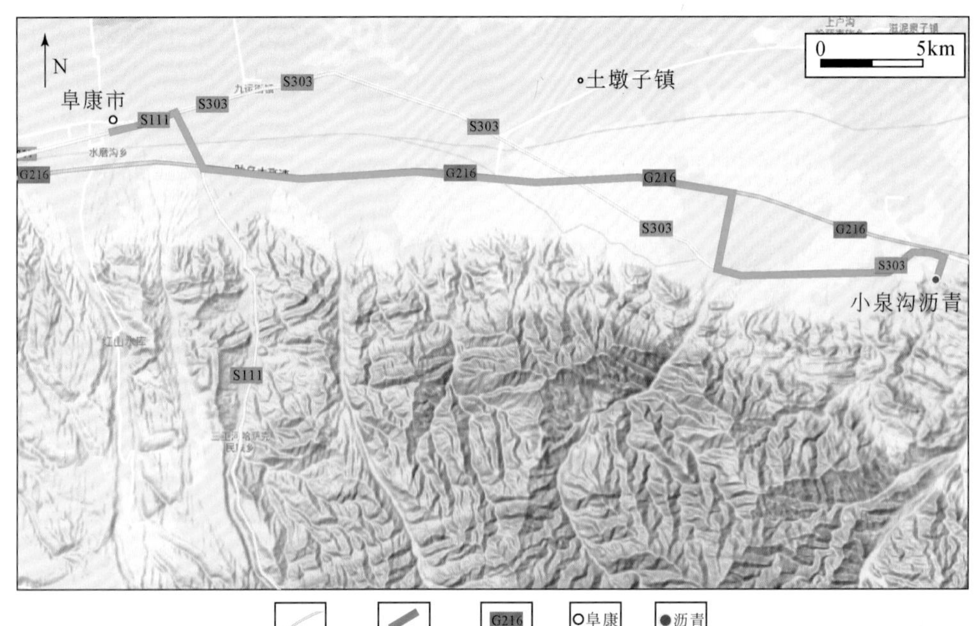

图 4.16　小泉沟沥青交通位置示意图（底图源自谷歌地图）

小泉沟沥青油苗产于断层接触的二叠系（P）与三叠系（T）的交界处（图 4.17）。断层主要发育于三叠系韭菜园组（$T_{1\text{-}2}j$）中，断层规模小，近东西向展布，属于顺层的正断层，使得上盘的三叠系（北盘）与下盘（南盘）的二叠系发生顺层接触。本剖面油苗产于韭菜园子组，地层中方解石脉非常发育且多沿裂隙分布，后期流体充填较好。

二、沥青岩石学特征

小泉沟剖面主要类型为固体沥青，与裂隙和方解石脉伴生。根据二者的结构、构造、接触关系等判断形成顺序，可发现先方解石后沥青。镜下观察后可明显发现方解石至少有两个主要形成期次，前期方解石颗粒大、裂隙宽，结晶程度好；后期颗粒小，多沿次级裂隙分布，且非常破碎。荧光下，可在方解石矿物中见到深黄绿色的微弱荧光，油气显示差（图 4.18）。

图 4.17 准噶尔盆地南缘东段阜康地区典型油气苗野外产状图（小泉沟沥青剖面）

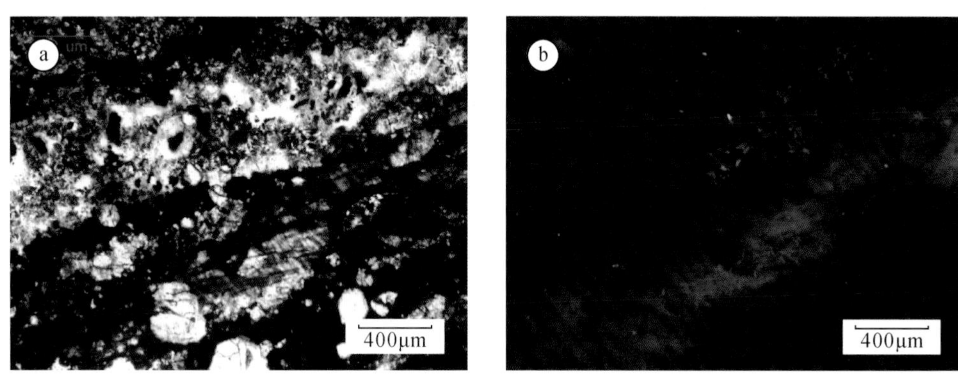

图 4.18 小泉沟沥青显微岩石学特征

a. XQG-1 的单偏光照片；b. XQG-1 的荧光照片

三、沥青有机地球化学特征

本研究分析了沥青的有机地球化学特征，只检测到了氯仿沥青含量。研究区样品的氯仿沥青含量变化大，泥岩较低，为 0.0014% ～ 0.0018%，而沥青和方解石脉的氯仿沥青含量高，为 0.0573% ～ 0.1424%。

四、沥青傅里叶红外地球化学特征

对小泉沟沥青全岩粉末进行了红外光谱测试，检出了众多常见基团及指征基团，常见基团主要包括游离羟基（—OH）、亚甲基（—CH_2）、巯基（—SH）、碳碳双键（—C═C—），指征基团主要包括碳氧双键（—C═O）（图 4.19）。具体而言，可发现该剖面沥青样品（XQG-1）的油气显示好，具有很强的亚甲基对称伸缩和反对称伸缩峰；而含方解石沥青的脉样品相比之下有机官能团相对丰度低，油气显示弱于沥青样品。

对于这一现象的成因，可认为与沥青的氯仿沥青含量有着较大联系。如图 4.19 所示，可发现 XQG-1 的亚甲基吸收峰非常明显，而 XQG-2 样品的吸收峰明显下降，可与上文的氯仿沥青含量相对应。由于 XQG-2 样品的方解石脉非常发育，因此碳氧双键的吸收峰也明显高于 XQG-1 样品。而二者的碳碳双键都有发育，说明依旧存在成熟度相对低的烃类流体。

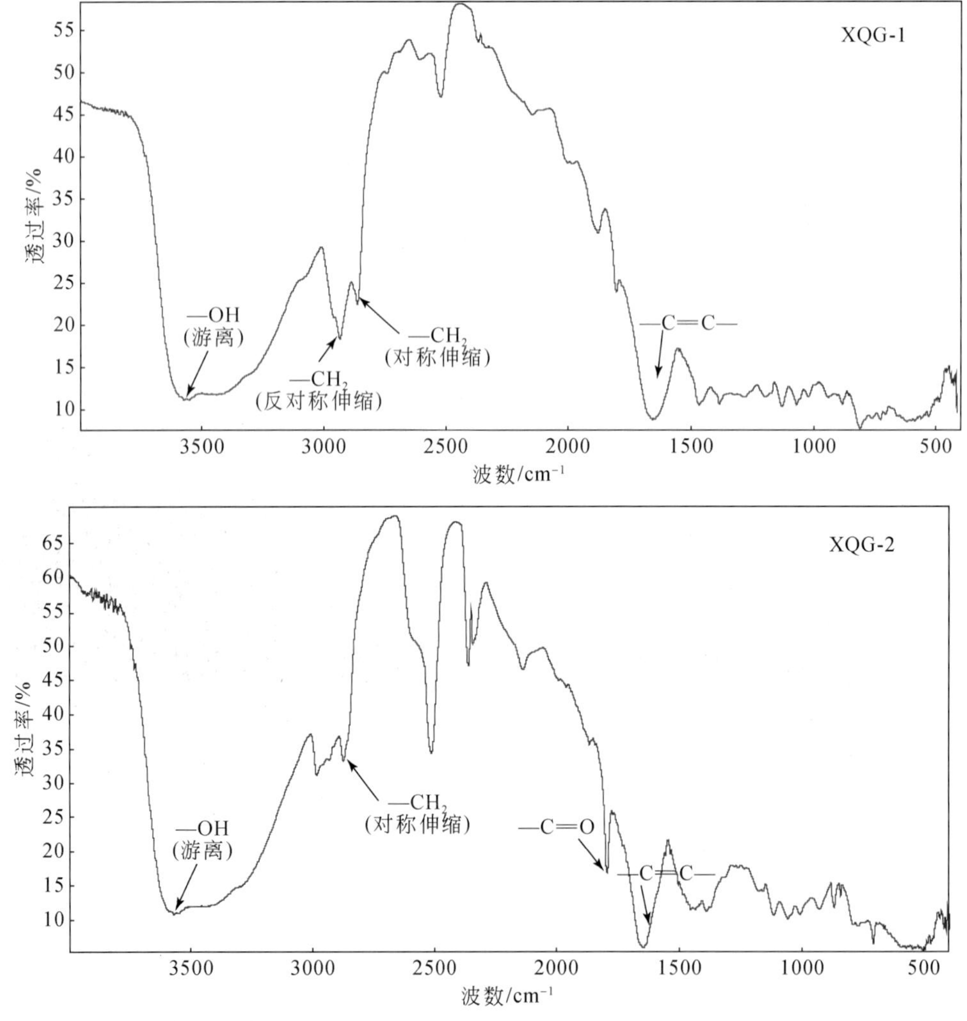

图 4.19 小泉沟沥青傅里叶变换红外光谱谱图

五、沥青剖面流体活动特征

扫描电镜背散射图像下观察发现，XQG-3 样品胶结致密，方解石大多以自形填充，且可见沥青充填于裂隙中（图 4.20a）。具体而言，该样品中发现，明显方解石形成条带，说明有两种不同的形成环境。结合方解石的元素特征，可进一步说明这一点（表 4.5）。在发育的方解石脉体中，矿物颗粒以半自形—他形充填，且可见盐类矿物形成于方解石边缘，可能与干燥的环境有关（图 4.20 b，c）。根据石英和方解石的接触关系，发现方解石先形成，而石英后形成，可能与流体环境发生变化有关。

综合以上特征，可发现该剖面整体的流体环境以先碱性后酸性环境为主。碱性的成岩环境下，两类方解石形成，一期来自深部流体，另一期来自浅层环境；之后含油气的酸性流体将方解石溶蚀，并在裂隙内形成沥青。

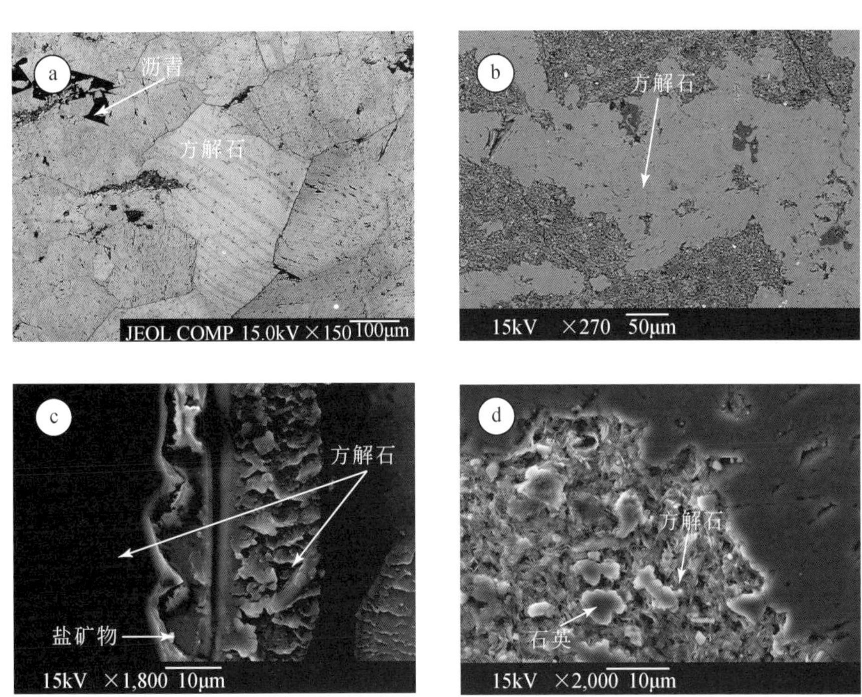

图 4.20 小泉沟沥青（XQG-3 样品）扫描电镜图版

a、b. 背散射图像，c、d. 二次电子像

表 4.5 小泉沟沥青（XQG-3 样品）方解石元素地球化学特征 （单位：%）

元素	测试点 1	测试点 2	测试点 3	测试点 4	测试点 5	测试点 6
FeO	/	0.02	/	/	/	/
Na_2O	0.01	0.02	0.01	/	0.00	/
CaO	54.45	55.23	53.49	52.51	0.03	0.01

续表

元素	测试点 1	测试点 2	测试点 3	测试点 4	测试点 5	测试点 6
MnO	0.48	0.62	1.91	1.85	52.85	53.46
MgO	0.10	0.19	0.08	0.04	2.21	1.79
K_2O	0.00	0.00	0.00	/	0.04	0.04
Al_2O_3	0.04	/	/	/	0.01	0.00
SiO_2	0.01	/	0.01	0.01	/	0.01
总和	55.08	56.07	55.50	54.41	55.14	55.34

注：“/”代表无分析数据。

六、沥青成因模式

根据以上对研究区沥青剖面岩石学和地球化学特征的分析，建立沥青的成因模式，结果发现，如图 4.21 所示，本油苗点的成因具有鲜明的“源控 + 断控”特征，烃源岩展布为最主要的控制因素。

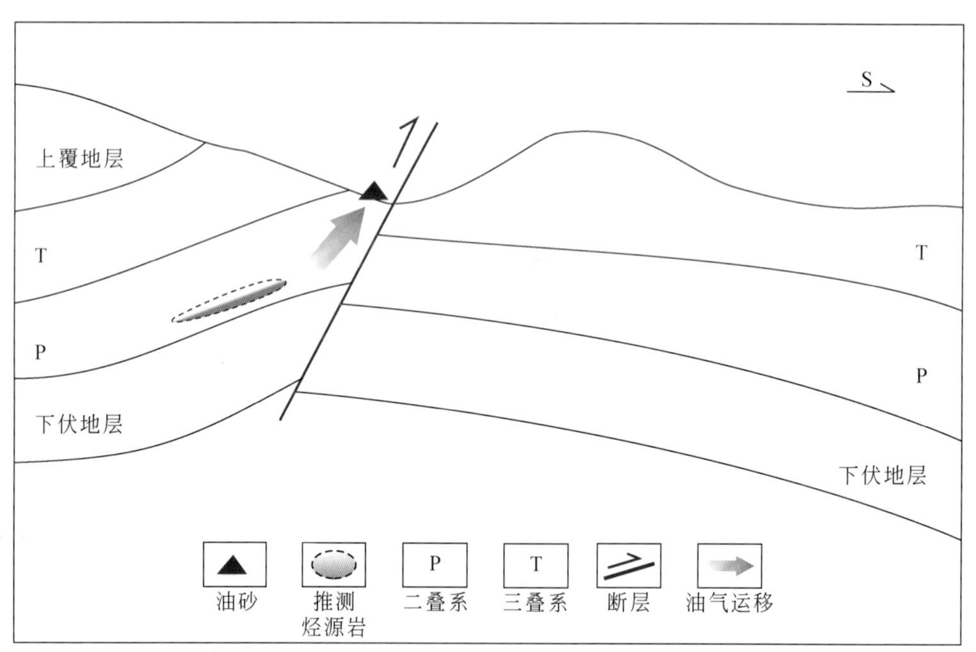

图 4.21　小泉沟沥青成因模式图

从野外剖面可见，研究区断裂发育，垂向贯穿断裂的形成为油气及成岩流体的运移提供了必要的通道。结合地质背景，推测二叠系烃源岩生成的油气沿着该断裂不断向上运移，在有利储层中聚集成藏。且本研究发现两类不同源的方解石流体，可能形成于不同期次及来源。该剖面构造活动强烈，早期油气成藏后，受到断裂的破坏而散失，形成沥青，可能为油气运移留下的标志。

综上，本研究认为小泉沟沥青是以“源控+断控”为特色，推测沥青的分布为近源分布，断裂则为流体活动提供条件。

第六节　大龙口沥青剖面

一、地质路线与剖面

如图 4.22 所示，大龙口沥青剖面位于吉木萨尔县西南约 43km 的三台镇大龙口沟和东大沟中，地理坐标 43°57'25.1"N，88°51'08.4"E。驱车从吉木萨尔县 335 国道行驶约 25km 后，进入 209 县道行驶约 14km 即可到达。

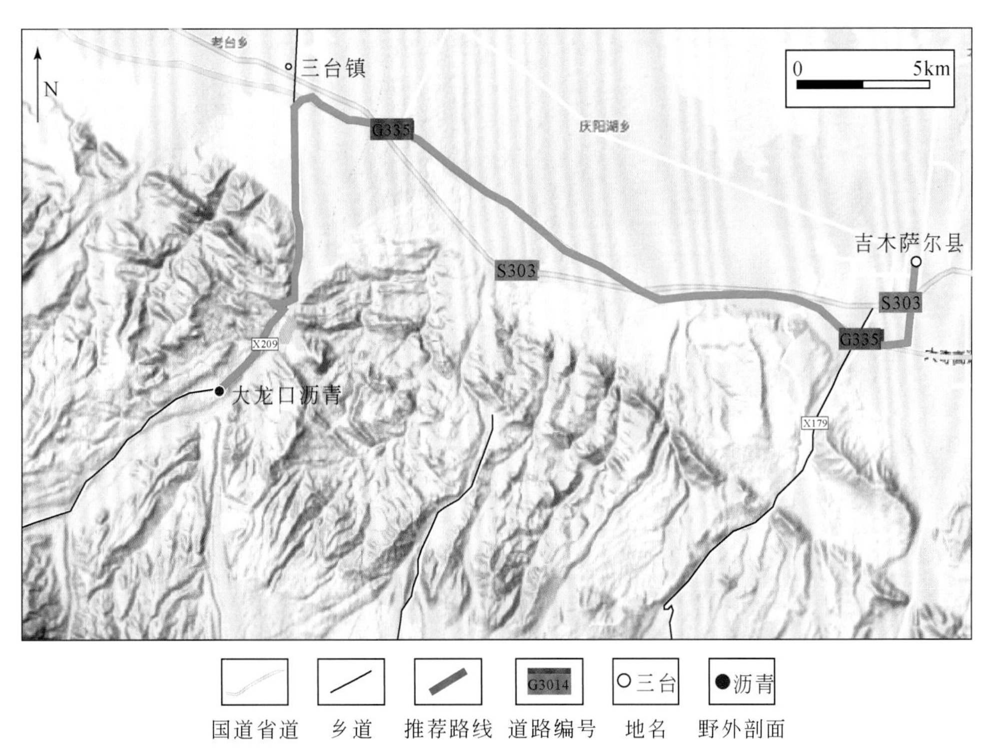

图 4.22　大龙口沥青交通位置示意图（底图源自谷歌地图）

大龙口沥青剖面由大龙口向斜和大龙口背斜构成，大龙口水库正处于向斜构造的核心部位，剖面整体走向 175°（图 4.23a—e）。大龙口主要发育背斜，背斜核部裂隙发育。本剖面发育芦草沟组地层。其中，出露的地层主要发育二叠系芦草沟组，出露厚度约 500m，分上、下两段，上段为页岩，其夹有少量的海相灰岩条带；下段也是以页岩为主，夹有 7 ～ 8 条灰岩条带，其宽度在 5 ～ 70cm。本剖面主要油苗类型为油页岩。含油量有时很大，可达到油页岩的标准，甚至可以用火点燃。大龙口东段的沥青产出比较典型，灰岩条带在近背斜核部裂隙都比较发育，其裂隙中均有不同程度的沥青脉充填，远离核部沥青的充填变得微弱（图 4.23f—h）。

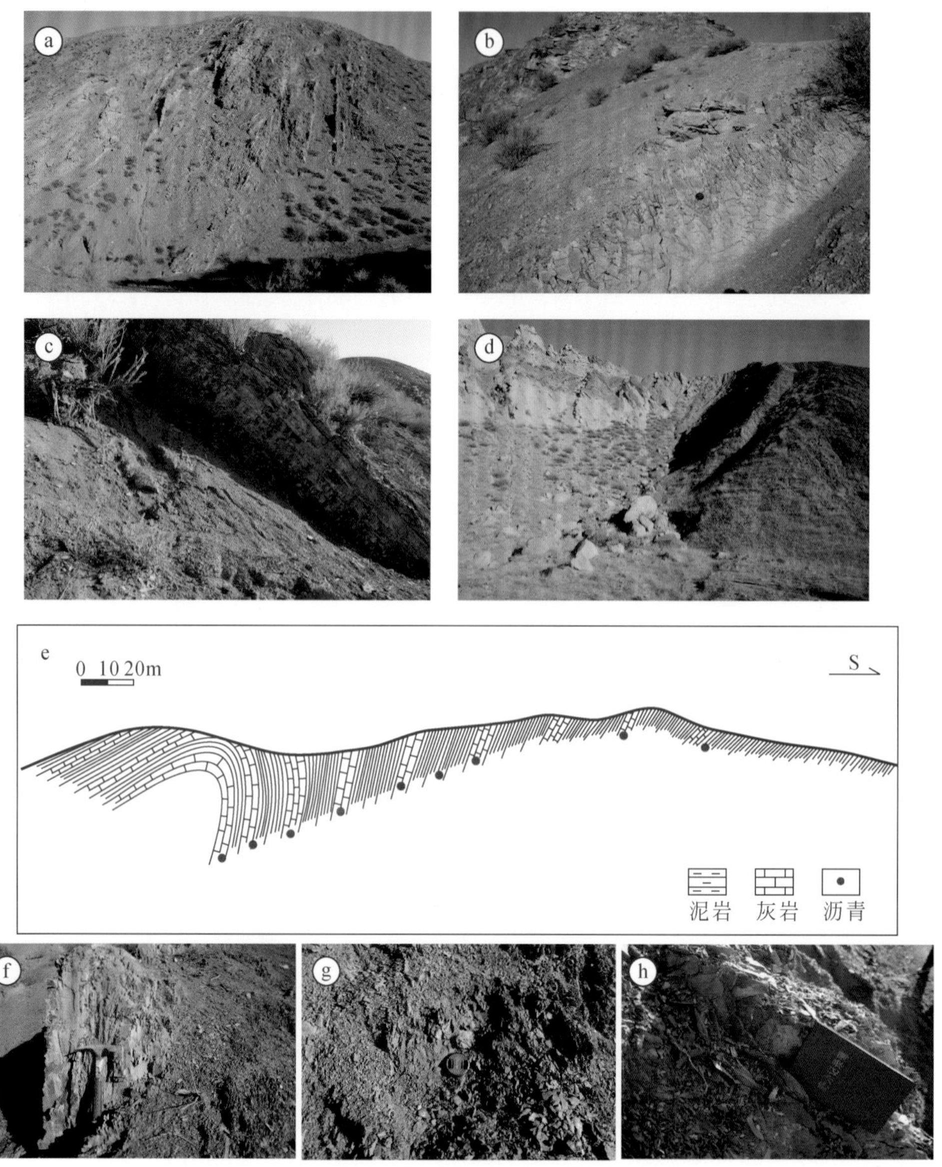

图 4.23　准噶尔盆地南缘东段阜康地区典型油气苗野外产状图（大龙口沥青剖面）

a、b、c、d. 油气苗产出野外剖面图；e. 野外剖面素描图；f. DLK-2；g. DLK-6；h. DLK-8

二、沥青岩石学特征

在显微镜观察下发现，芦草沟组沥青中的荧光显示和岩性有着一定联系。如图 4.24a

和 b 所示，泥岩整体粒度小于 0.1mm，可见方解石结晶，整体荧光显示弱，而方解石具有亮黄绿色的荧光显示，一方面可能是由于方解石本身具有荧光，另一方面可能由于其形成与含油气流体的运移有关。同时，可见方解石颗粒边缘与沥青相互共生，进一步指示了二者关联性。而在粒度更大的粉砂岩中（图 4.24c，d），荧光显示弱，油气显示差，证实了由于泥岩的封堵作用使得油气的层间运移弱。

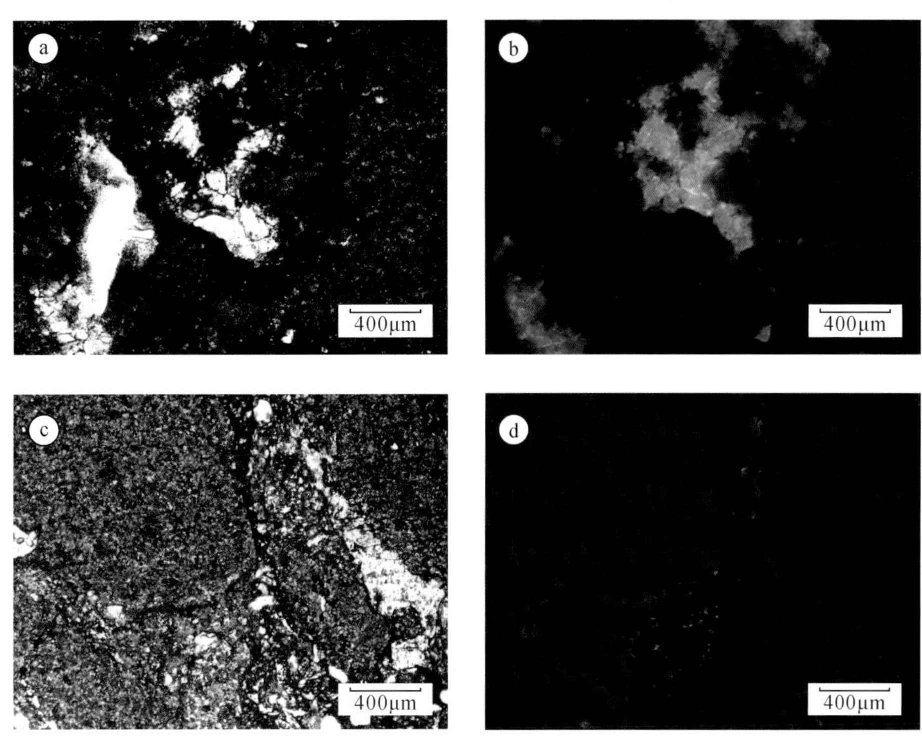

图 4.24　大龙口沥青显微岩石学特征

a、c. 单偏光照片，b、d. 荧光照片

三、沥青有机地球化学特征

分析了沥青的有机地球化学特征，包括宏观的基础和微观的分子两个尺度。

1. 基础有机地球化学特征

大龙口沥青的氯仿沥青含量变化大，最大可达 1.5%，最小可小于 0.01%（表 4.6），但总体的油气显示相对较好。族组分以饱和烃和芳香烃总体大于 60% 占主体，其中饱和烃含量最高，为 43.01% ～ 60.47%，芳香烃为 17.50% ～ 31.19%，而非烃和沥青质含量相对较低，非烃为 10.96% ～ 23.53%，而沥青质为 1.67% ～ 14.71%，二者总和小于 40%。因此可发现研究区的油质相对较轻，少数油质重，相对而言流动性相对较差。

表 4.6　大龙口沥青氯仿沥青、族组分及其碳同位素数据表

项目		DLK-2	DLK-3	DLK-5	DLK-9	DLK-11
氯仿沥青 /%		0.0737	0.0431	0.0009	1.5495	0.0033
族组分 /%	饱和烃	60.47	44.12	43.01	51.22	60.00
	芳香烃	22.92	17.65	31.19	24.39	17.5
	非烃	10.96	23.53	12.9	17.07	12.5
	沥青质	2.99	14.71	12.9	7.32	1.67
	饱和烃 + 芳香烃	83.39	61.77	74.2	75.61	77.5
	非烃 + 沥青质	13.95	38.24	25.8	24.39	14.17
碳同位素 /（‰，PDB 标准）	氯仿沥青	/	/	-31.44	/	/
	饱和烃	-31.28	-31.56	-31.32	-30.74	-29.37
	芳香烃	-30.23	-30.27	-30.91	-29.98	-29.67
	非烃	-30.44	-30.12	-30.57	-29.41	-29.76
	沥青质	-29.81	-29.15	-29.83	-30.49	-29.52

注：“/”代表无分析数据。

2. 同位素地球化学特征

该剖面的碳同位素数据如表 4.6 所示。氯仿沥青“A”组分的碳同位素为 -31.44‰。根据其族组分碳同位素，可分为不同端元，但整体都具有 $\delta^{13}C_{饱和烃}$最轻的特征。第一类（DLK-2），特征为 $\delta^{13}C_{饱和烃} < \delta^{13}C_{非烃} < \delta^{13}C_{芳香烃} < \delta^{13}C_{沥青质}$；第二类（DLK-3，5），特征为 $\delta^{13}C_{饱和烃} < \delta^{13}C_{芳香烃} < \delta^{13}C_{非烃} < \delta^{13}C_{沥青质}$；第三类（DLK-9），特征为 $\delta^{13}C_{饱和烃} < \delta^{13}C_{沥青质} < \delta^{13}C_{芳香烃} < \delta^{13}C_{非烃}$；第四类（DLK-11）非烃最轻，特征为 $\delta^{13}C_{非烃} < \delta^{13}C_{芳香烃} < \delta^{13}C_{沥青质} < \delta^{13}C_{饱和烃}$。对于出现族组分碳同位素“倒转”，可能反映受到过不同类型的次生蚀变作用（王杰等，2002；孙玉梅等，2009；陈文彬等，2010）。

3. 分子有机地球化学特征

对沥青的分子有机地球化学特征进行分析，检出了丰富的正构烷烃与类异戊二烯烃，以及萜烷、藿烷和甾烷类等化合物，谱图及具体参数见图 4.25 及表 4.7。

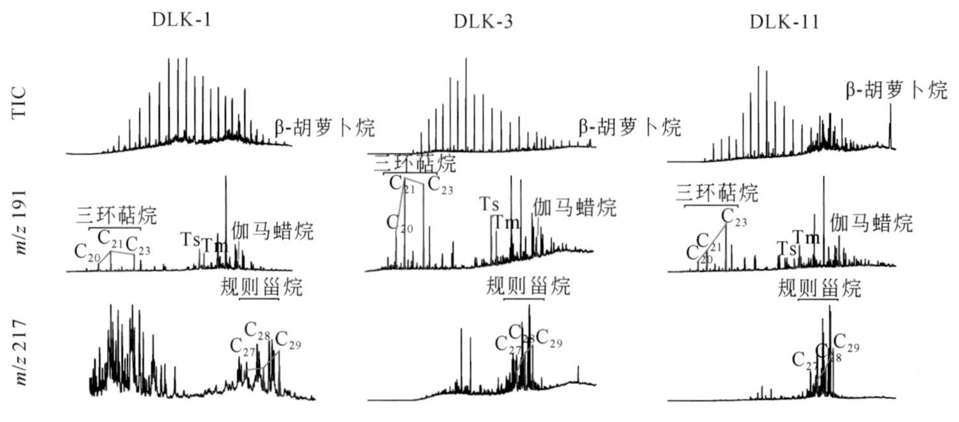

图 4.25　大龙口沥青分子有机地球化学谱图

表 4.7　大龙口沥青分子有机地球化学参数

类型	参数	DLK-1	DLK-2	DLK-3	DLK-5	DLK-7	DLK-8	DLK-9	DLK-11	DLK-12
正构烷烃	主峰碳	nC_{22}	nC_{16}	nC_{21}	nC_{23}	nC_{23}	nC_{19}	nC_{21}	nC_{21} ·	nC_{22}
	碳数范围	nC_{15}—nC_{35}	nC_{13}—nC_{36}	nC_{15}—nC_{33}	nC_{13}—nC_{34}	nC_{15}—nC_{37}	nC_{15}—nC_{37}	nC_{13}—nC_{36}	nC_{13}—nC_{32}	nC_{14}—nC_{37}
	TAR	1.33	0.24	0.25	0.49	1.60	0.29	0.43	0.12	1.42
	OEP	1.05	0.67	1.03	1.69	1.11	1.04	1.05	1.04	0.95
	CPI	1.17	1.61	1.21	1.41	1.15	1.12	1.31	1.12	1.22
	$\sum C_{21-}/\sum C_{22+}$	0.50	1.71	1.32	0.76	0.40	1.32	1.09	2.05	0.41
	$C_{21}+C_{22}/C_{28}+C_{29}$	2.16	9.58	9.87	5.42	1.70	4.02	5.81	17.39	2.37
类异戊二烯烃	Pr / Ph	0.92	0.95	0.88	1.03	1.00	1.08	0.66	1.48	1.00
	Pr / nC_{17}	0.32	1.37	0.62	0.57	0.19	0.15	0.52	0.62	1.00
	Ph /nC_{18}	0.26	1.38	0.48	0.40	0.14	0.13	0.44	0.45	1.00
萜烷	C_{19}/C_{21} 三环萜烷	0.17	0.17	0.17	0.20	0.19	0.20	0.13	0.13	0.18
	C_{20}/C_{21} 三环萜烷	0.38	0.75	0.38	0.49	0.39	0.42	0.44	0.49	0.84
	C_{21}/C_{23} 三环萜烷	1.25	1.24	1.02	0.84	1.20	1.72	1.03	0.48	0.96
	C_{24} 四环萜烷 /C_{26} 三环萜烷	0.77	0.33	0.37	0.36	0.59	0.89	0.41	0.53	0.84
藿烷	Ts / Tm	1.21	0.46	1.34	0.50	1.15	1.18	1.49	0.54	0.21
	伽马蜡烷 / C_{30} 藿烷	0.14	/	0.14	0.20	0.16	0.18	0.20	0.45	0.25
甾烷	C_{27}/C_{29} 规则甾烷	0.41	0.07	0.12	0.02	0.37	0.57	0.40	0.06	0.34
	C_{28}/C_{29} 规则甾烷	0.73	1.07	1.12	0.50	0.57	0.66	1.18	0.89	0.80
	C_{29}-20S /（20S+20R）	0.57	0.41	0.56	0.33	0.60	0.57	0.51	0.56	0.45
	C_{29}-ααα /（ααα+αββ）	0.41	0.56	0.42	0.67	0.38	0.43	0.42	0.39	0.63

注：“/”代表无分析数据。

根据谱图及地化指标参数（图 4.25；表 4.7），可描述该剖面的分子地球化学特征，总体可分为两大类。第一大类（DLK-1，2，3，9）的正构烷烃分布属“前峰型”为主，具有奇碳优势为主，整体以碳数较大的组分为主。谱图中未见明显的“UCM 鼓包”，反映受到了生物降解作用较弱（图 4.25）。类异戊二烯烃特征主要以姥植比（Pr/Ph）小于 1 为特征，反映了还原环境；β - 胡萝卜烷含量低，反映了低盐度环境。三环萜烷特征主要以 C_{21} 含量最高，C_{20}、C_{21} 和 C_{23} 呈“山峰型”分布，$C_{21} > C_{23} > C_{20}$，同时四环萜烷含量相对较低但变化大，C_{24} 四环萜烷 /C_{26} 三环萜烷为 0.33 ～ 0.77，进一步反映了淡水—低盐度的还原环境。藿烷中 Ts/Tm 为 0.46 ～ 1.49；同时伽马蜡烷含量低，伽马蜡烷 /C_{30} 藿烷小于 0.20，反映了低盐度的氧化环境。规则甾烷 C_{27}、C_{28} 和 C_{29} 呈反“L”以及“上升型”，反映还原环境下高等植物与低等生物都有着一定的贡献，但仍以高等植物占主导；甾烷异构化成熟度指数 C_{29}-20S /（20S+20R）大于 0.4，C_{29}-ααα /（ααα+αββ）大于 0.4（表 4.7），反映为成熟油。

第二大类（DLK-5，7，8，11，12）的正构烷烃分布属“前峰型”，具有奇碳优势为主，整体以碳数较大的组分为主。谱图中未见明显的“UCM 鼓包”，反映受到了生物降解作用较弱（图 4.25）。类异戊二烯烃特征主要以姥植比（Pr/Ph）大于 1 为特征，反映了弱氧化环境；含有一定量的 β-胡萝卜烷。三环萜烷特征主要以 C_{21} 或 C_{23} 含量最高，C_{20}、C_{21} 和 C_{23} 呈“上升型”或“山峰型”分布，同时四环萜烷含量相对较低但变化大，C_{24} 四环萜烷 /C_{26} 三环萜烷为 0.36 ～ 0.84。藿烷中 Ts/Tm 变化大；同时伽马蜡烷含量低，伽马蜡烷 /C_{30} 藿烷≤ 0.45，反映了低盐度的氧化环境。规则甾烷 C_{27}、C_{28} 和 C_{29} 呈“上升型”，反映弱氧化条件下高等植物的贡献占主导；甾烷异构化成熟度指数 C_{29}-20S/(20S+20R) 为 0.33 ～ 0.60，C_{29}-ααα /（ααα+αββ）为 0.38 ～ 0.67（表 4.7），整体反映为成熟油。

4. 地球化学意义

对以上沥青的地球化学数据进行了综合分析，考虑到次生蚀变（生物降解）对地球化学参数的影响，首先进行了生物降解意义的探讨，在此基础上分析油源及成熟度。

（1）次生蚀变（生物降解）

综合沥青的各项地球化学特征，认为大龙口沥青了轻微—中等的生物降解作用。首先，根据正构烷烃的峰型、碳数分布及轻、重组分之比（图 4.25 及表 4.7）可发现，碳数小于 13 的组分都已经消失，除了陆源生烃母质来源占主导以外，大部分轻组分都被降解；且正构烷烃的相关参数（OEP 和 CPI 等）都有着不同程度的异常值，和烃类的次生蚀变有关。但根据姥鲛烷和植烷及其相应碳数的正构烷烃比值发现，降解程度中等。因此，本研究认为大龙口沥青受到了轻微—中等的生物降解作用，总体为 2 ～ 3 级（Grice et al.，2000；Genov et al.，2008）。

（2）油源

该剖面沥青的生烃母质可能是以高等植物的贡献为主，但低等生物的贡献不容忽视，证据如下。首先根据碳同位素数据，如表 4.6，总体较轻，具有湖相生物母质来源的特征。再根据剖面沥青的有机地化谱图（图 4.25；表 4.7），发现存在少量代表缺氧、咸水湖相的 β-胡萝卜烷，伽马蜡烷的含量低，而代表陆源高等植物来源的 C_{19} 三环萜烷甾烷含量相对较低，但大部分样品的 C_{29} 都占主导（Peters et al.，2005）。结合研究区的构造背景，可以判断大龙口地区的油气来源为二叠系芦草沟组湖相烃源岩（陈建平等，2016a，2016b）。

（3）成熟度

在众多可表征成熟度的指标中，由于降解程度相对较低，OEP、CPI、Pr/nC_{17} 和 Ph/nC_{18} 对成熟度的探讨具有一定的可信度。结合图 4.25 及表 4.7，发现该样品整体处于成熟范围。而前人研究成果表明 Ts /Tm 抗生物降解的能力较强，而且受成熟度的影响明显，在相同来源的情况下随成熟度的增大而增大，因此可用于生物降解，甚至是严重生物降解原油成熟度的判识（Peters and Moldwan，1993；路俊刚等，2010）。大龙口沥青的 Ts/Tm 变化大但整体较高，仅有部分样品小于 1，且根据 C_{29}-20S /（20S+20R）

以及 C_{29}-ααα /（ααα+αββ）这两个成熟度参数，可发现样品为低成熟—成熟范围（Peters et al.，2005）。

四、沥青傅里叶红外光谱地球化学特征

对大龙口沥青全岩粉末进行了红外光谱测试，检出了众多常见基团及指征基团，常见基团主要包括游离羟基（—OH）、亚甲基（$—CH_2$）、碳碳双键（—C=C—），指征基团主要包括碳氧双键（—C=O）、醚键（C—O—C）（图 4.26）。具体而言，可发现该剖面沥青样品具有一定的亚甲基吸收峰，指示着除了沥青以外还存在少量轻质可流动的烃类赋存；而不饱和碳碳双键的存在则指示了存在成熟度较低的那部分烃类流体，与上文的阐述一致。

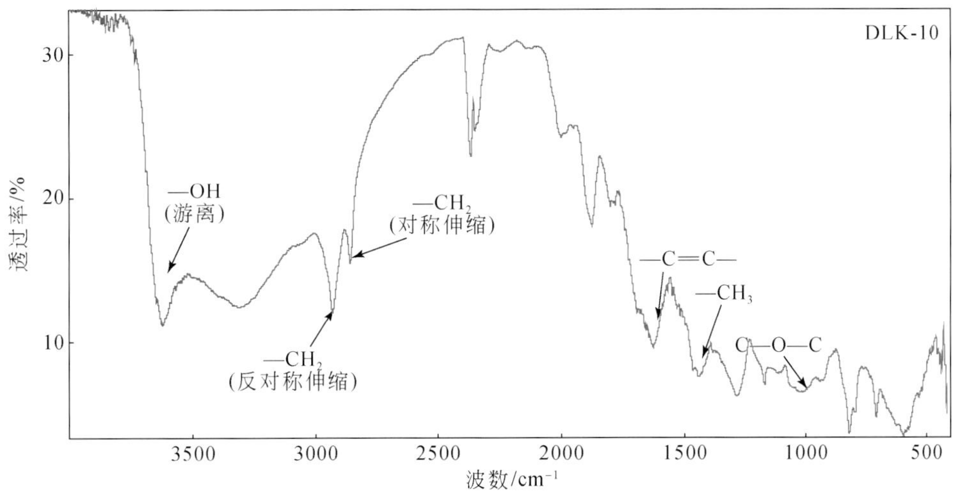

图 4.26　大龙口沥青剖面（DLK-10 样品）傅里叶变换红外光谱谱图

五、沥青剖面流体活动特征

扫描电镜背散射图像下观察发现，大龙口沥青剖面的样品胶结致密，方解石脉体非常发育（图 4.27a—c）。具体而言，该样品中可发现重晶石等代表深部碱性流体环境的矿物，说明受到了碱性成岩流体的影响（图 4.27a，d）。与此同时，可以看到两期方解石脉体发育（图 4.27b，c，e，f）。

结合电子探针所指示的方解石的元素含量（表 4.8），发现方解石脉体含有一定的 Fe、Mn，一期：Fe ＞ 0.3%、Mg ＞ 0.4%、Mn ＜ 0.5%；二期：Fe ＜ 0.3%、Mg ＜ 0.4%、Mn ＞ 0.5%。综上，大龙口沥青剖面至少存在两期不同的方解石流体活动，且沥青形成于一期和二期之间，表明一期有可能是成岩流体，二期可能形成于含油气流体运移过后，即含油气流体不断充注，之后方解石的形成使得先进入储层的那部分烃类流体被“固定”，轻组分随着时间的推移不断继续运移，而重组分的不断聚集导致沥青及沥青脉的形成。

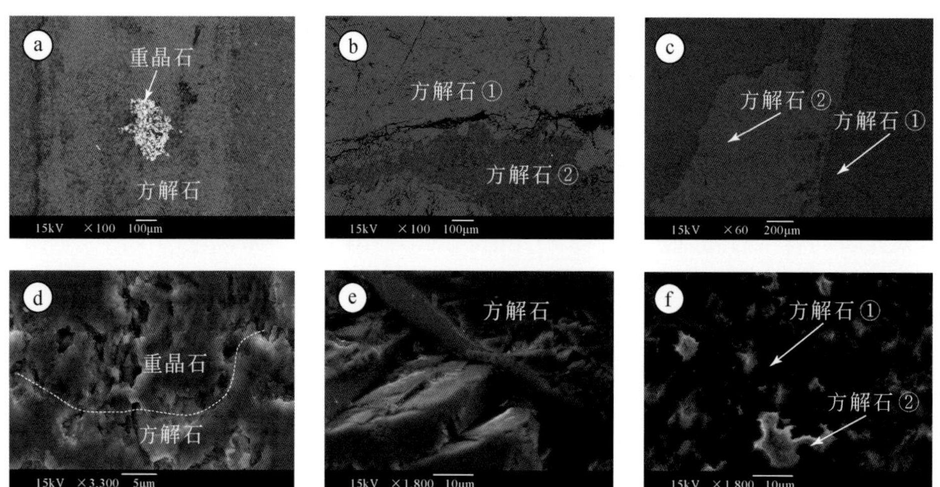

图 4.27 大龙口沥青剖面扫描电镜图版

a 和 d 为 DLK-1；b 和 e 为 DLK-7；c 和 f 为 DLK-9；a、b、c 为背散射图像，d、e、f 为二次电子像

表 4.8 大龙口沥青（DLK-7 样品）方解石元素地球化学特征 （单位：%）

元素	测试点 1	测试点 2	测试点 3	测试点 4	测试点 5	测试点 6	测试点 7
FeO	0.70	0.61	0.69	0.73	0.07	0.09	0.37
Na_2O	0.02	0.03	/	0.02	0.05	0.04	/
K_2O	0.01	0.00	0.01	0.00	0.03	/	/
MnO	0.44	0.38	0.42	0.49	0.26	0.85	0.43
MgO	0.65	0.75	0.68	0.55	0.33	0.06	0.77
CaO	54.33	55.61	54.00	55.73	51.51	52.20	52.97
Al_2O_3	0.02	0.02	0.02	0.01	0.13	0.02	/
SiO_2	0.06	0.01	0.08	0.03	/	/	/
总和	56.21	57.42	55.90	57.56	52.76	53.32	54.55

注：“/”代表无检测数据。

六、沥青成因模式

根据以上对研究区沥青剖面岩石学和地球化学特征的分析，建立沥青的成因模式，结果发现，本油苗点的成因具有鲜明的“源控”特征，烃源岩展布为最主要的控制因素（图 4.28）。

首先，该沥青的油气来源为二叠系淡水—微咸水湖相烃源岩，且结合上文对成熟度的分析发现整体处于成熟阶段，生物降解程度也弱，因此为好的烃源岩，具有很好的生烃潜力。从野外剖面来看，研究区断裂相对不发育，沥青大多沿着裂隙发育，为油气运移过后的标志。在生烃后，生成的油气沿着裂隙不断运移，在有利储层中聚集成藏，之后第二期方解石胶结，使得油气无法运移，并在储层中形成沥青。后期构造运动使得早先聚集的油气发生破坏，可能伴随着断裂的发育，使得液态烃类运移并散失，只留下固体沥青。

综上，本研究认为大龙口沥青是以“源控”为特色，“自生自储”是大龙口最主要的特点，因此烃源岩展布为最主要的控制因素，可能存在潜在断裂为油气运移通道。

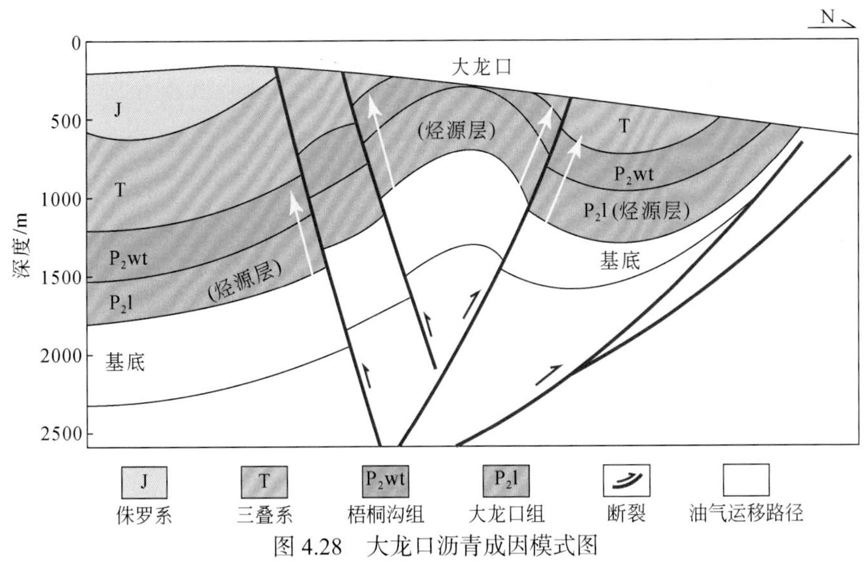

图 4.28 大龙口沥青成因模式图

第七节 烧房沟沥青剖面

一、地质路线与剖面

如图 4.29，烧房沟沥青剖面位于吉木萨尔县东南约 25km，地理坐标 43°49′40.30″N，89°12′30.80″E。驱车从吉木萨尔县行驶约 2km 后，进入 303 省道行驶约 3km 后右转进入

图 4.29 烧房沟沥青交通位置示意图（底图源自谷歌地图）

181 县道，行驶约 18km 后左转，行驶约 2km 后可至。

烧房沟剖面附近断层发育，乌拉泊组与井井子沟组呈断层接触关系，整体上为单斜地层，断裂相对不发育，构造活动较为稳定。油苗产出层位为乌拉泊组（P_2w）：红（黄）色的长石砂岩，出露厚度约 1000m；井井子沟组（P_2j）：灰绿色砂岩，出露厚度约 500m（图 4.30a—c）。本剖面的沥青砂岩裂缝中可观察到沥青膜及固体沥青，沥青脉细，宽 2 ~ 3mm，规模小。其中乌拉泊组中含有呈斑点状分布的沥青斑点，大约只有 1 ~ 3mm，大小不等（图 4.30 d—f）。

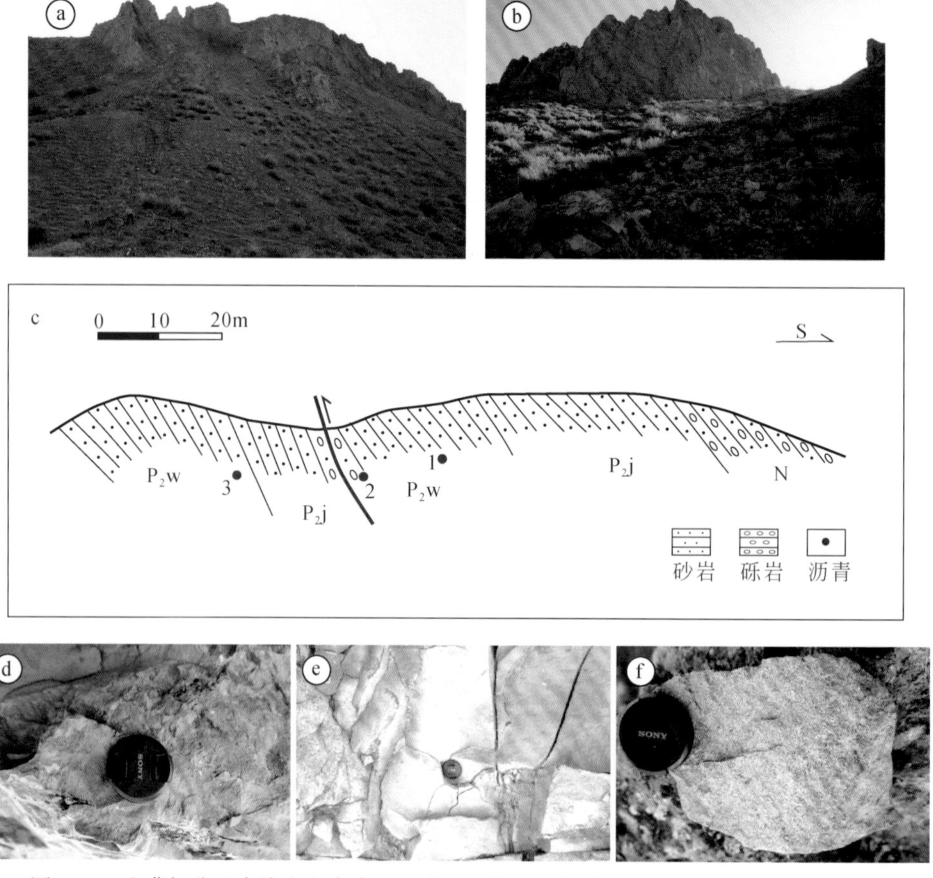

图 4.30　准噶尔盆地南缘东段阜康地区典型油气苗野外产状图（烧房沟沥青剖面）

a、b. 油气苗产出剖面图；c. 剖面素描图；d. 沥青 SFG-1；e. SFG-2；f. SFG-3

二、沥青傅里叶红外光谱地球化学特征

对烧房沟沥青全岩粉末进行了红外光谱测试，检出了众多常见基团及指征基团，常见基团主要包括亚甲基（$—CH_2$）、碳碳双键（—C=C—），指征基团主要包括碳氧双键（—C=O）（图 4.31）。具体而言，可发现该剖面沥青样品亚甲基丰度极低，同时也含有少量的碳碳双键吸收峰，可能指示着可运移的烃类流体含量极低，另外具有不饱和

组分的低成熟烃类流体的含量也较少，大多为形成于矿物裂隙内的“不可动”沥青。

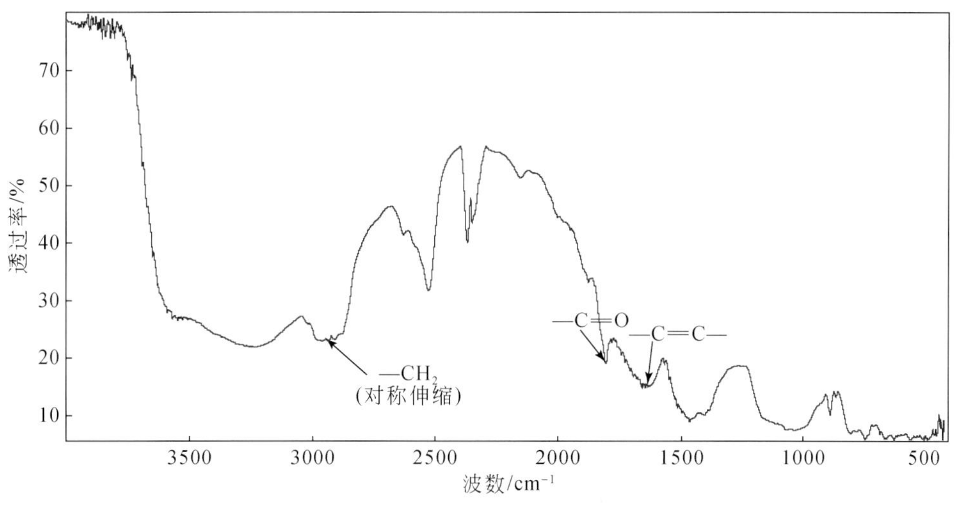

图 4.31　烧房沟沥青剖面（SFG-2 样品）傅里叶变换红外光谱谱图

三、沥青成因模式

根据以上对研究区沥青剖面地球化学特征的分析，建立沥青的成因模式，结果发现，如图 4.32 所示，本油苗点的成因具有鲜明的“源控”特征，烃源岩展布为最主要的

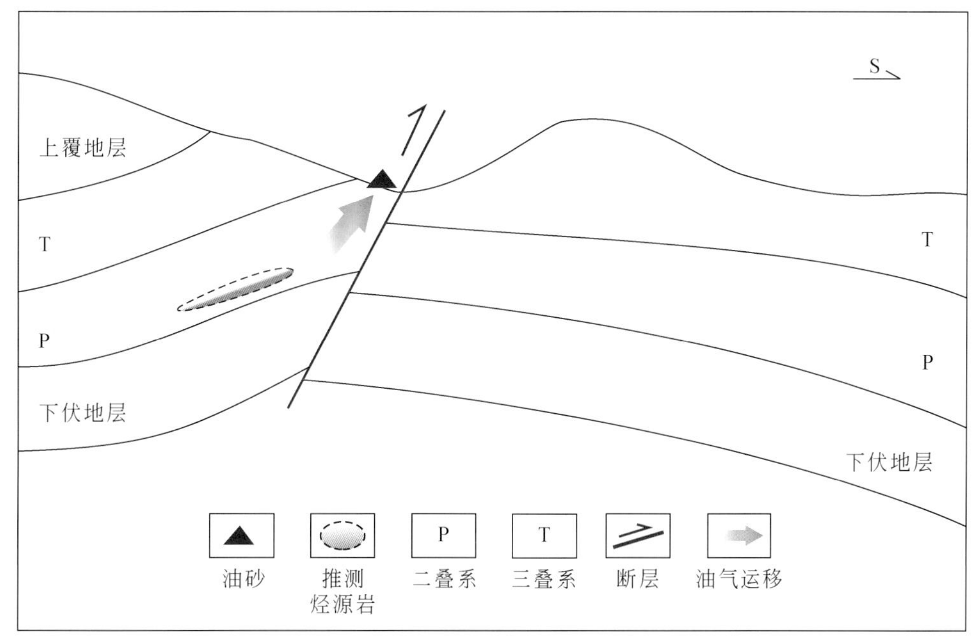

图 4.32　烧房沟沥青成因模式图

控制因素，且受到断裂破坏的影响。从野外剖面来看，研究区断裂发育，因此垂向贯穿断裂则为油气运移提供了必要的通道。结合地质背景，推测二叠系烃源岩生成的油气沿着该断裂不断向上运移，在有利储层中聚集成藏。油气成藏后，由于断裂持续开启，因此含油气流体中的轻组分逐渐逸散，从而不可动的重组分逐渐聚集形成沥青，可能为油气运移过后的标志。

综上，本研究认为小泉沟沥青是以“源控 + 断控”为特色，推测沥青的分布近源，断裂则为流体活动提供条件。

第五章

准噶尔盆地东缘与外围盆地地区

第一节　准噶尔盆地东缘沙帐地区油气苗

一、地质背景和油气苗分布

准噶尔盆地东缘地区在地理上主要是指吉木萨尔、奇台以北地区，构造上属于东部隆起，是准噶尔盆地的重要一级构造单元之一（图 5.1），其陆内过程主要表现为逆冲推覆构造，由一系列逆冲断层和断层相关褶皱组成，形成了现今凹陷与凸起相间分布的“棋盘

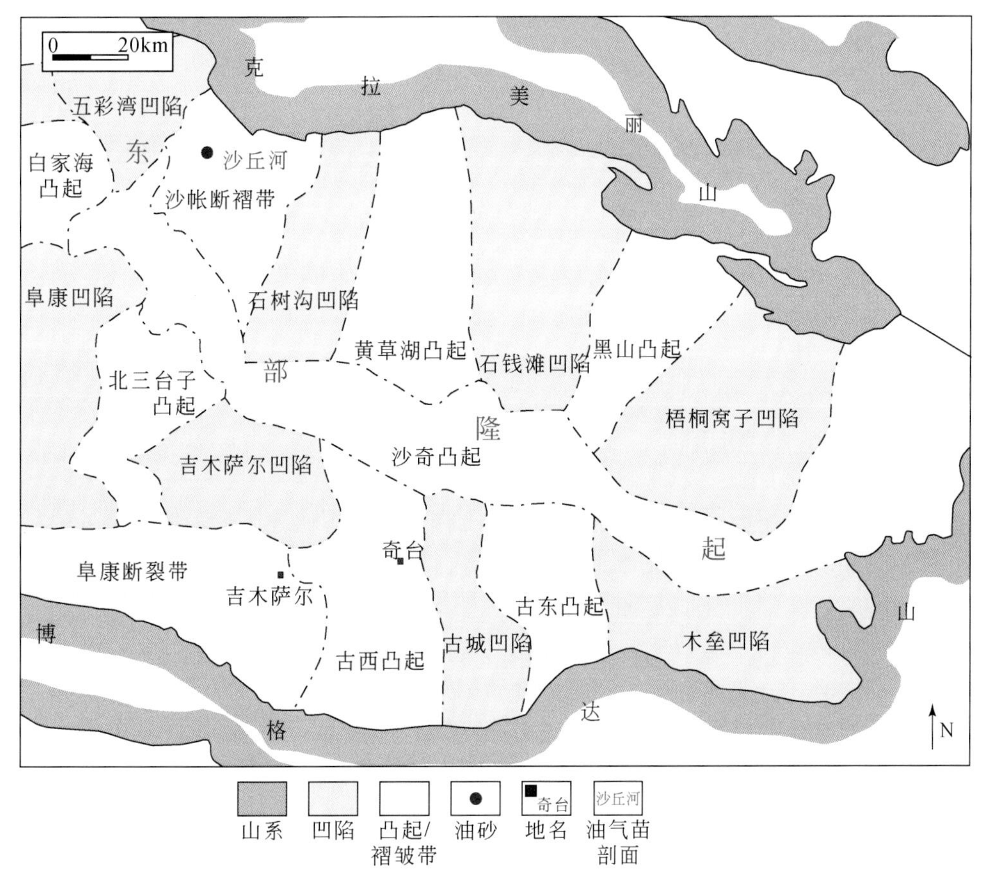

图 5.1　准噶尔盆地东缘构造单元划分及油气苗分布简图

式”构造格局，自晚石炭世以来主要经历了海西期、印支期、燕山期和喜马拉雅期等多期不同程度的构造叠加演化（李溪滨和江建衡，1987；薛新克等，2000；李锦轶等，2006；梅文科，2014；赵淑娟等，2014；郑孟林等，2018）（图 5.2），发育地层主要有石炭系、二叠系、三叠系、侏罗系、白垩系与新生界（王绪龙等，2013；陈建平等，2016；郑孟林等，2018）（图 5.3）。

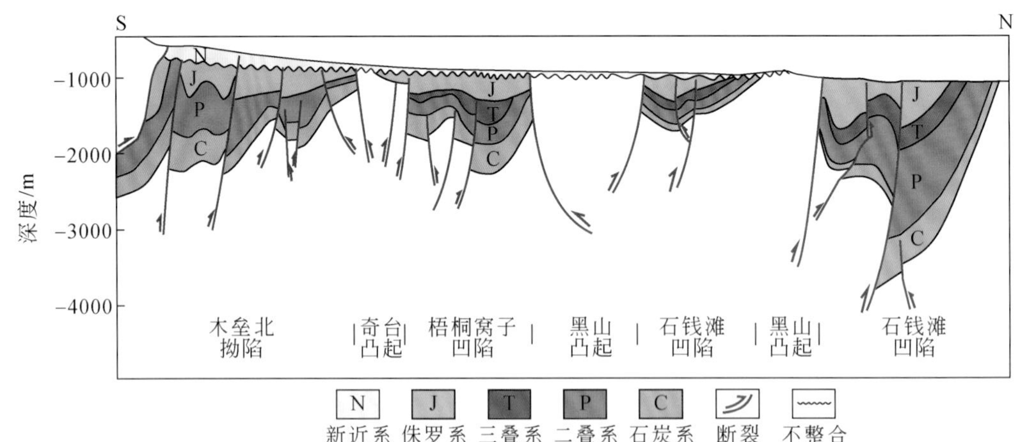

图 5.2　准噶尔盆地东缘构造剖面图

前人报道的该地区油气苗点少，其中最为代表性的剖面则为沙丘河油砂（薛成等，2011；崔鑫等，2016）。（图 5.1，图 5.3）。目前，对这一剖面的研究主要为油砂中烃类的生物降解强度研究。已有研究表明，沙丘河地区的原油生物降解非常强，可高达 6 级，正烷烃和类异戊二烯烃都被分解；而且绝大部分甾烷和萜烯都被生物降解，并产生了一些新的生物降解产物（Zhang et al.，1988）。关于其成因模式，前人总结为长距离运移并受到次生调整改造成因（Hu et al.，1989）。

二、典型油气苗剖面

在仔细梳理前人研究成果的基础上，本次工作共踏勘了研究区最为代表性的油气苗剖面——沙丘河油砂①（图 5.1，图 5.3）（薛成等，2011；崔鑫等，2016）。这个油气苗剖面从类型上来说，发育油砂，从垂向分布层位上来说其发育于中生代侏罗系。

对沙丘河油砂进行了岩石学、有机和无机地球化学的综合研究，具体实验及测试内容主要包括岩石学薄片、油气苗的氯仿沥青含量、族组分、同位素、链烷烃、生物标志物、扫描电镜和傅里叶变换红外光谱等（表 5.1）。在此基础上，结合地质背景建立油气苗的成因模式，探讨其形成主控因素和勘探意义。

① 据新疆油田公司内部报告，1994，油气苗卡片。

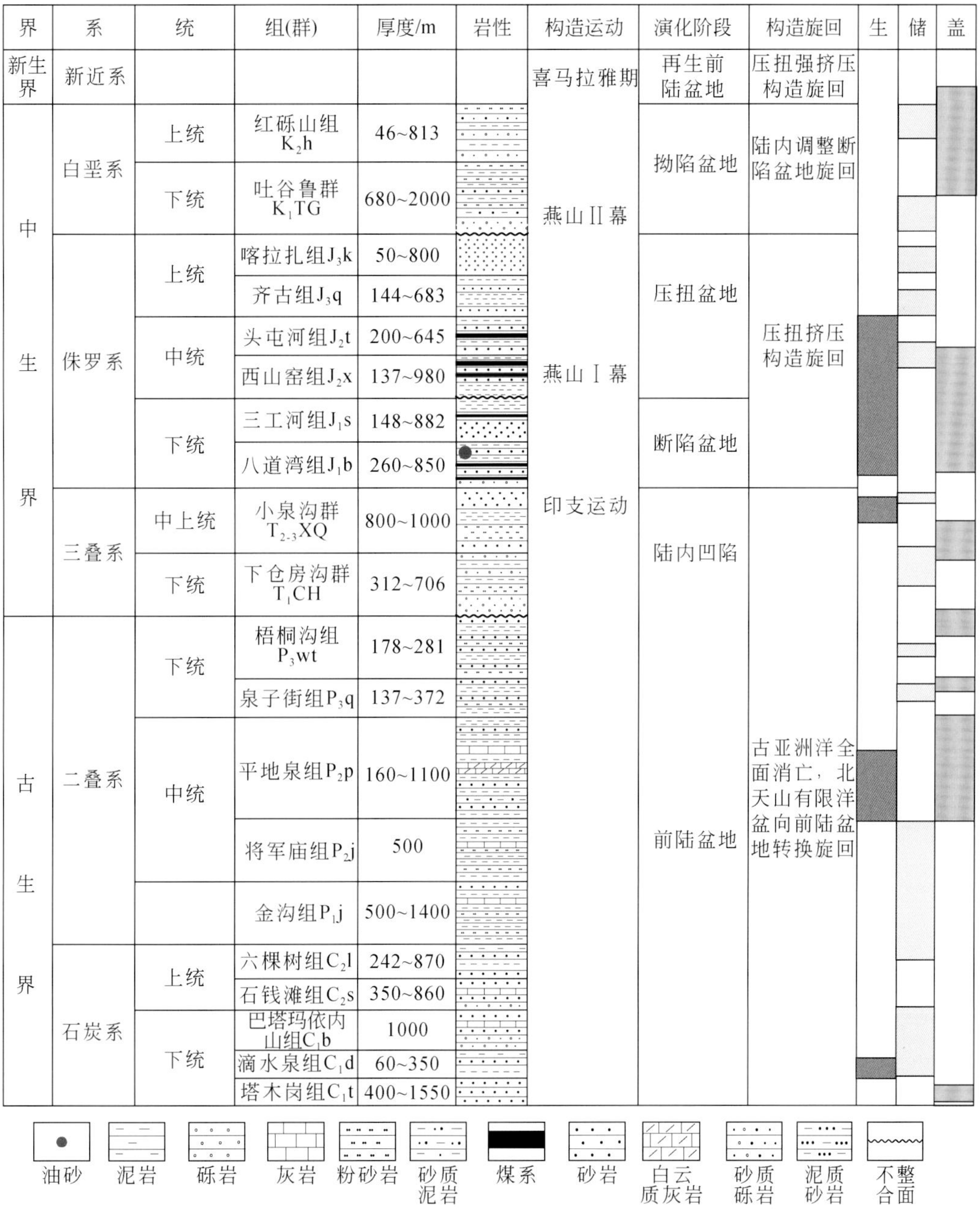

界	系	统	组(群)	厚度/m	岩性	构造运动	演化阶段	构造旋回	生	储	盖
新生界	新近系					喜马拉雅期	再生前陆盆地	压扭强挤压构造旋回			
中生界	白垩系	上统	红砾山组 K_2h	46~813			坳陷盆地	陆内调整断陷盆地旋回			
		下统	吐谷鲁群 K_1TG	680~2000		燕山Ⅱ幕					
	侏罗系	上统	喀拉扎组 J_3k	50~800			压扭盆地	压扭挤压构造旋回			
			齐古组 J_3q	144~683							
		中统	头屯河组 J_2t	200~645							
			西山窑组 J_2x	137~980		燕山Ⅰ幕					
		下统	三工河组 J_1s	148~882			断陷盆地				
			八道湾组 J_1b	260~850							
	三叠系	中上统	小泉沟群 $T_{2\text{-}3}XQ$	800~1000		印支运动	陆内凹陷	古亚洲洋全面消亡，北天山有限洋盆向前陆盆地转换旋回			
		下统	下仓房沟群 T_1CH	312~706							
古生界	二叠系	下统	梧桐沟组 P_3wt	178~281			前陆盆地				
			泉子街组 P_3q	137~372							
		中统	平地泉组 P_2p	160~1100							
			将军庙组 P_2j	500							
			金沟组 P_1j	500~1400							
	石炭系	上统	六棵树组 C_2l	242~870							
			石钱滩组 C_2s	350~860							
		下统	巴塔玛依内山组 C_1b	1000							
			滴水泉组 C_1d	60~350							
			塔木岗组 C_1t	400~1550							

图 5.3 准噶尔盆地东缘生储盖综合柱状图（据易泽军，2018 修改）

表 5.1 准噶尔盆地东缘沙丘河地区油气苗基本工作量汇总表 （单位：个）

油气苗剖面	油气苗类型	采样	测试项目								
			a	b	c	d	e	f	g	h	i
沙丘河	油砂	6	2	6	1	2	2	3	1	1	/

a. 岩石学薄片；b. 氯仿沥青“A”；c. 族组分；d. 同位素；e. 饱和烃与类异戊二烯烃；f. 生物标志物；g. 扫描电镜；h. 傅里叶变换红外光谱；i. 电子探针；“/”代表无分析数据。

三、地质路线与剖面

如图 5.4，沙丘河油砂位于吉木莎尔县北西方向约 50km，地理坐标 45°04′16.62″N，88°58′40.33″E。驱车从吉木莎尔县出发，先向西沿 G335 行驶约 10km，然后向北沿 G216 行驶约 30km，向西转沙漠便道行驶约 10km 即可到达。

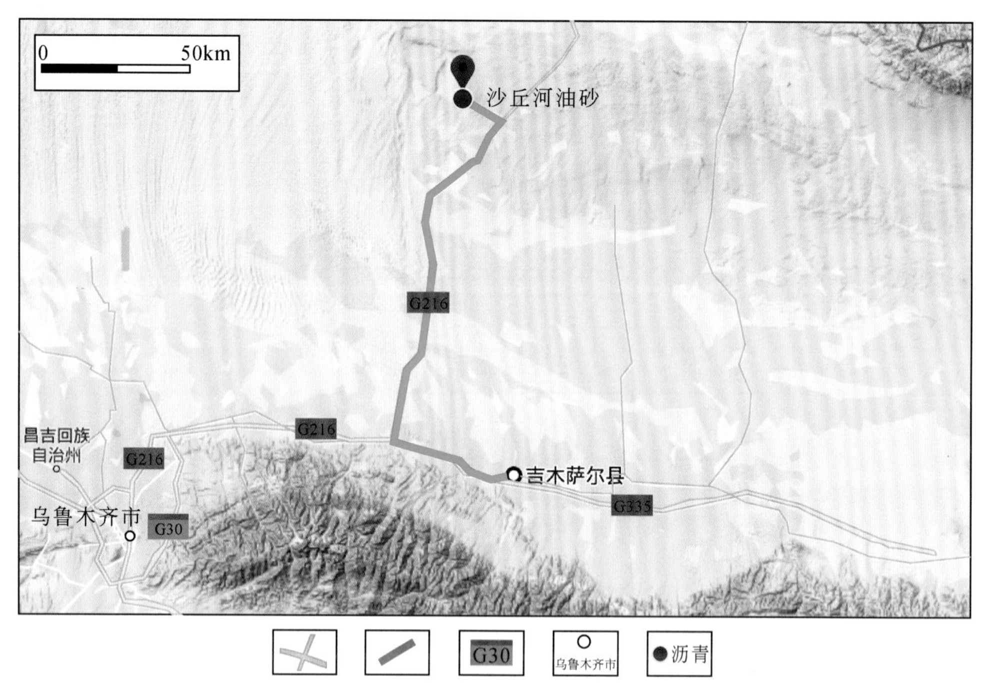

图 5.4　沙丘河油砂交通位置示意图（底图源自谷歌地图）

油砂产于沙丘河背斜，野外为一个平缓的鼻状构造，轴长 4km，北翼较陡（倾角 7° ～ 23°），东南翼较缓（5° ～ 10°）向西南倾没，倾没角 10°；轴部出露下八道湾组、上八道湾组、三工河组及西山窑组地层；剖面沿走向切割了背斜北翼（图 5.5a—e）。油砂主要出露于中生代下侏罗统八道湾组砂岩透镜体中，地层产状平缓，延展性好，产状为 310° ∠ 15°；八道湾组砂岩层中夹有数条煤线，砂岩油浸现象明显，但因地层产状较缓，追踪困难，只能断续的看见一系列的油砂薄层（图 5.6a—e）。

四、油砂岩石学特征

沙丘河油砂在单偏光下，可发现砂岩的胶结程度高，孔隙非常发育，整体粒径为 0.3mm 左右，石英及长石等矿物之间为颗粒支撑，颗粒间的接触关系为点、线接触，可见明显的黄褐色原油分布，少见暗色的沥青（图 5.7a，c）；荧光下，发现整体油气显示非常好，以黄绿色荧光为主，含少许的亮黄色荧光，可推断研究区整体油质较轻（图 5.7b，d）。

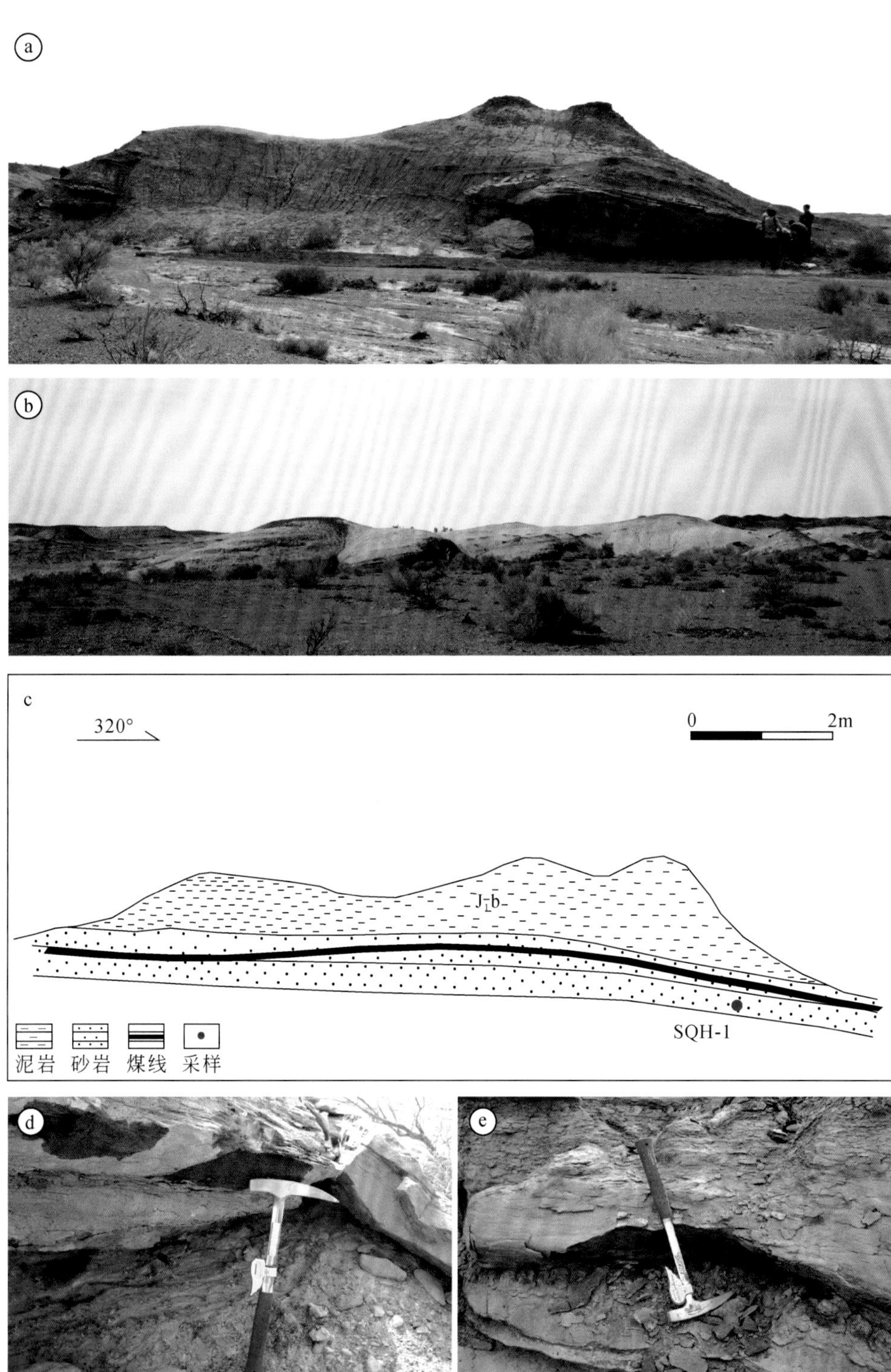

图 5.5 准噶尔盆地东缘典型油气苗野外产状图（沙丘河油砂 1 号剖面）

a、b. 沙丘河油砂 1 号剖面；c. 剖面素描图；d、e. SQH-1

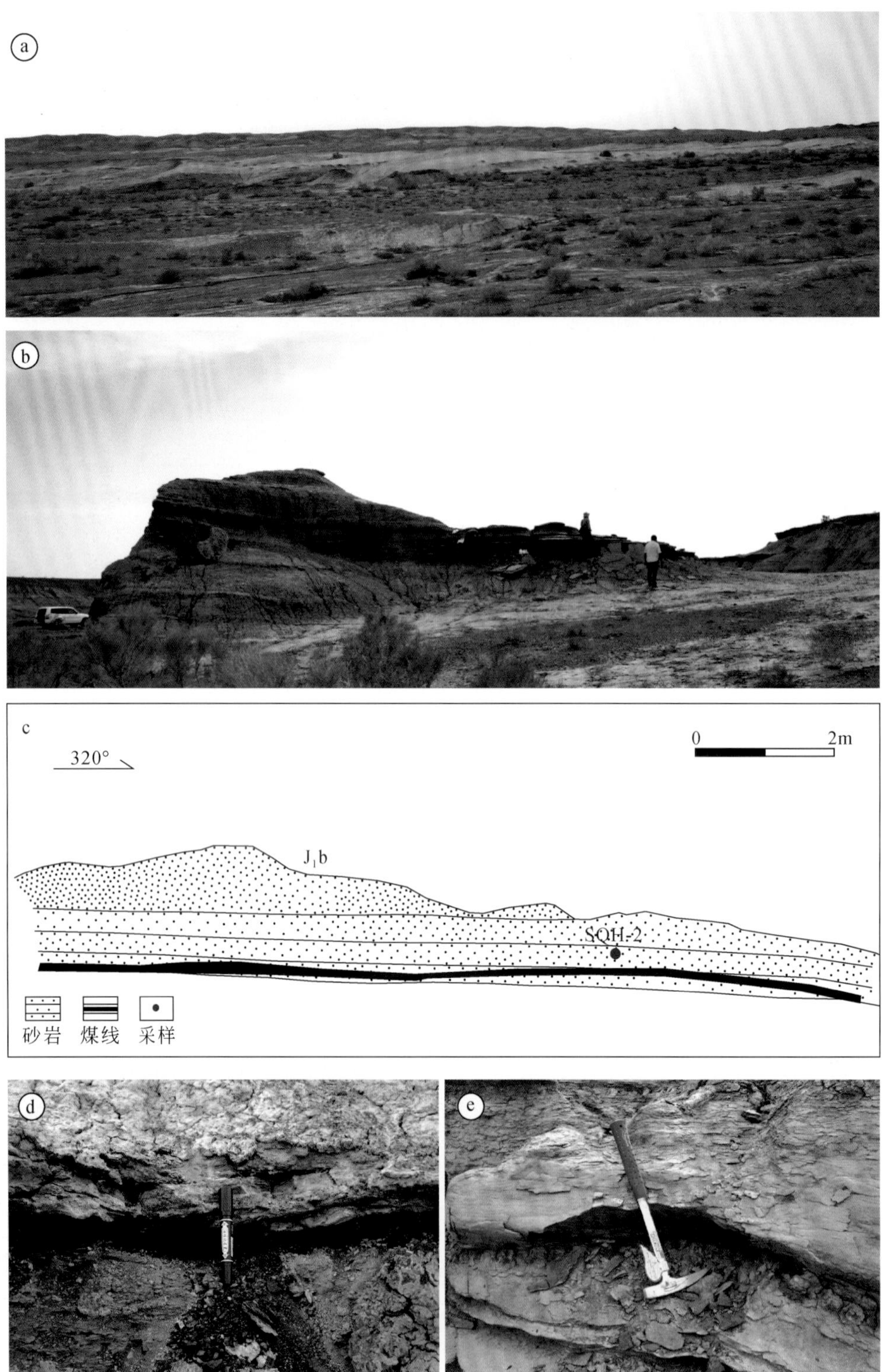

图 5.6 准噶尔盆地东缘典型油气苗野外产状图（沙丘河油砂 2 号剖面）

a、b. 沙丘河油砂 2 号剖面；c. 剖面素描图；d、e. SQH-2

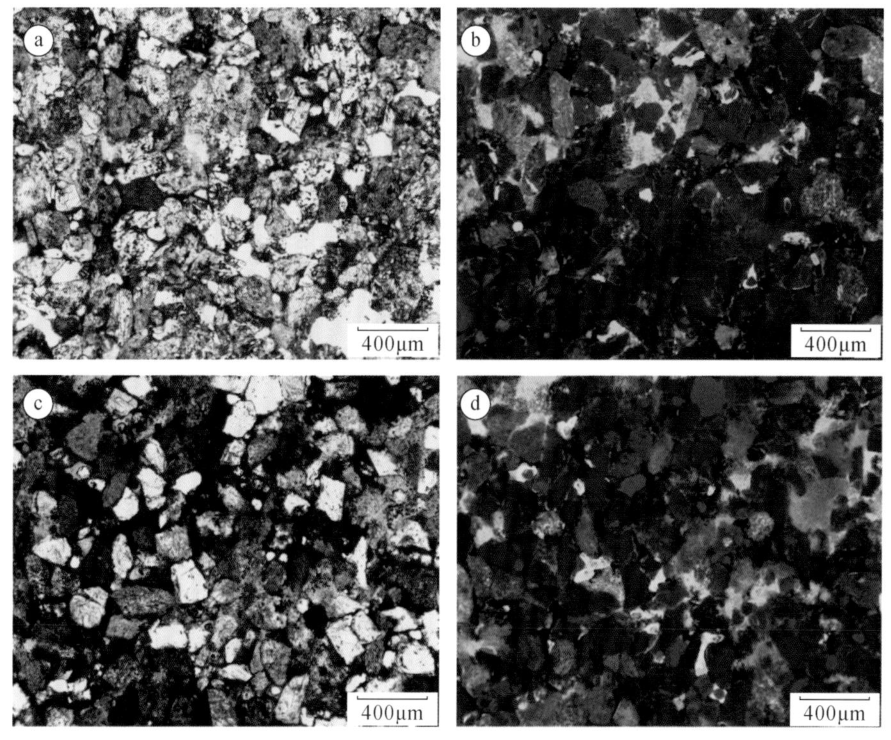

图 5.7　沙丘河油砂显微岩石学特征

a. SQH-1 的单偏光照片；b. SQH-1 的荧光照片；c. SQH-2 的单偏光照片；d. SQH-2 的荧光照片

五、油砂有机地球化学特征

分析了油砂的有机地球化学特征，包括宏观的基础和微观的分子两个尺度。

1. 基础有机地球化学特征

沙丘河油砂的氯仿沥青含量高，为 1.0217% ～ 2.5788%，油气显示好。除此以外，其族组分特征主要以非烃和沥青质为主，分别为 21.35% 和 16.29%，而饱和烃和芳香烃的含量低，分别为 25.28% 及 2.81%，可反映其油质重，流动性非常差。除此以外，该剖面的碳同位素为 −34.16‰和 −32.84‰，因此推测可能来自相似的油气来源。

2. 分子有机地球化学特征

对沙丘河油砂的分子有机地球化学特征进行分析，检出了萜烷、藿烷和甾烷类等化合物，谱图及具体参数见图 5.8 及表 5.2，而正构烷烃及类异戊二烯烃的含量极低，基本未检测到。

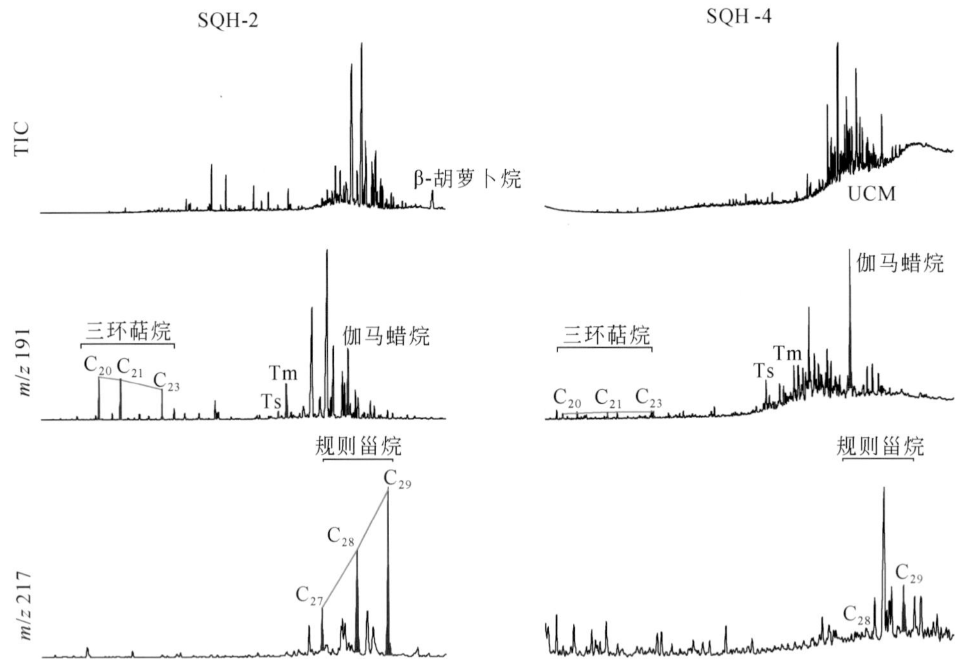

图 5.8　沙丘河油砂分子有机地球化学谱图

表 5.2　沙丘河油砂分子有机地球化学参数

类型	参数	SQH-1	SQH-2	SQH-3	SQH-4
正构烷烃	主峰碳	/	/	nC_{33}	nC_{29}
	碳数范围	/	/	nC_{28}—nC_{33}	nC_{28}—nC_{34}
	OEP	/	/	4.50	1.72
	CPI	/	/	1.17	1.97
萜烷	C_{19}/C_{21} 三环萜烷	0.31	0.26	0.07	0.47
	C_{20}/C_{21} 三环萜烷	0.67	0.79	0.91	0.46
	C_{21}/C_{23} 三环萜烷	1.10	1.01	1.05	0.87
	C_{24} 四环萜烷 /C_{26} 三环萜烷	0.27	0.24	1.17	0.30
藿烷	Ts / Tm	0.03	0.22	0.10	1.01
	伽马蜡烷 /C_{30} 藿烷	0.47	0.29	0.22	0.55
甾烷	C_{27}/C_{29} 规则甾烷	0.94	1.07	0.30	0.89
	C_{28}/C_{29} 规则甾烷	0.78	0.78	1.06	0.70
	C_{29}-20S /（20S+20R）	0.06	0.10	0.33	0.34
	C_{29}-ααα /（ααα+αββ）	0.79	0.78	0.77	0.59

注：“/”代表无分析数据。

根据谱图及地化指标参数（图 5.8；表 5.2），可描述该剖面的分子地球化学特征，总体上可分为两大类型。第一类包括SQH-1，SQH-3和SQH-4样品，其正构烷烃分布属“后峰型”，具有明显的奇碳优势。谱图中可发现明显的“UCM鼓包”，反映受到了较强的降解作用（图5.8）。三环萜烷特征主要以C_{21}含量最高，C_{20}、C_{21}和C_{23}呈“山峰型”或“上升型”。然而，四环萜烷含量较低，C_{24}四环萜烷/C_{26}三环萜烷为0.27～1.11，整体反映存在一定量的陆源有机质；而其异常高值可能由于降解作用导致。藿烷中Ts/Tm变化大，为0.03～1.01，其异常高值可能由于降解作用导致；同时伽马蜡烷含量中等，伽马蜡烷/C_{30}藿烷比值为0.22～0.55，反映了较低—中等盐度的沉积环境。规则甾烷C_{27}、C_{28}和C_{29}呈“V”型，反映出低等生物生烃贡献的同时高等植物也有着一定的生烃贡献；甾烷异构化成熟度指数C_{29}-20S/(20S+20R)为0.06～0.34，C_{29}-ααα/(ααα+αββ)为0.59～0.79（表5.2），反映为未成熟油。

第二类包括SQH-2样品，由于降解作用未检测到链烷烃的相关参数（图5.8；表5.2）。三环萜烷特征主要以C_{21}含量最高，C_{20}、C_{21}和C_{23}呈“山峰型”分布，$C_{21} > C_{23} > C_{20}$。然而，四环萜烷含量较低，C_{24}四环萜烷/C_{26}三环萜烷为0.24，整体反映存在一定量的陆源有机质；藿烷中Ts/Tm为0.22，同时伽马蜡烷含量较低，伽马蜡烷/C_{30}藿烷为0.29。规则甾烷C_{27}、C_{28}和C_{29}呈“下降型”，反映低等浮游生物的贡献占主导。甾烷异构化成熟度指数C_{29}-20S/（20S+20R）为0.10，C_{29}-ααα/（ααα+αββ）为0.78（表5.2），反映为未成熟油。

3. 地球化学意义

对以上油砂的有机地球化学数据进行综合分析，考虑到次生蚀变（生物降解）对地球化学参数的影响，首先进行了生物降解意义的探讨，在此基础上分析油源及成熟度。

（1）次生蚀变（生物降解）

综合研究区油砂的各项地球化学特征，认为烃类受到了强烈的生物降解作用，可达7～8级（Wenger and Isaksen，2002）。首先，绝大多数链烷烃并未检测到，且在TIC谱图发现了明显的“UCM鼓包”，指示着强烈的降解作用（图5.8；表5.2）。其次，从*m/z* 191和*m/z* 217色谱谱图可发现（图5.8），油砂样品的三环萜烷含量极低，C_{24}四环萜烷/C_{26}三环萜烷最大大于1，Ts/Tm在整体小于0.25的情况下出现了大于1的异常，表明三环萜含量减少，反映了降解作用的存在；规则甾烷也大多被分解，也证实了降解作用的强烈。因此，沙丘河油砂受到了中等—强烈的生物降解作用。

（2）油源

该剖面生烃母质主要以低等水生生物为主，证据有二。第一，该剖面氯仿抽提物碳同位素整体轻，具有明显的低等浮游生物输入的特征（表5.2）。第二，根据剖面油砂的有机地化谱图（图5.8），发现存在代表缺氧、盐湖或海相环境的伽马蜡烷，其含量相对较高，且代表高等植物来源的C_{19}三环萜烷、C_{29}规则甾烷相对低，反映出油气来源主体为湖相烃源岩（Peters et al.，2005）。因此，结合研究区的构造背景，可认为沙丘河油砂的油气来源于二叠系湖相烃源岩。（陈建平等，2016a，2016b）。

（3）成熟度

在众多可表征成熟度的指标中，OEP、CPI、Pr/nC_{17} 和 Ph/nC_{18} 由于正构烷烃及类异戊二烯烃的降解作用，无法对原油的成熟度进行探讨。而前人研究成果表明 Ts/Tm 抗生物降解的能力较强，而且受成熟度的影响明显，在相同来源的情况下随成熟度的增大而增大，因此可用于生物降解，甚至是严重生物降解原油成熟度的判识（Peters and Moldowan，1993；路俊刚等，2010）。该剖面样品 Ts/Tm 变化大，且根据 C_{29}-20S/（20S+20R）及 C_{29}-ααα /（ααα+αββ）这两个成熟度参数，可发现油砂样品都为未成熟（Peters et al.，2005）。

综上，根据该油气苗点分布于东部隆起的构造背景，结合油源判识标准分析透镜体中的烃类源自二叠系油源（陈建平等，2016a，2016b），受到了强烈的生物降解。

六、油砂傅里叶红外光谱地球化学特征

对沙丘河油砂全岩粉末进行了红外光谱测试，检出了众多常见基团及指征基团，常见基团主要包括游离羟基（—OH）、亚甲基（$—CH_2$）、碳碳双键（—C=C—）（图 5.9）。具体而言，可发现明显的亚甲基吸收峰，与上文镜下观察到的轻质油组分相对应。不仅如此，不饱和的碳碳双键的检出体现了油砂的成熟度低。

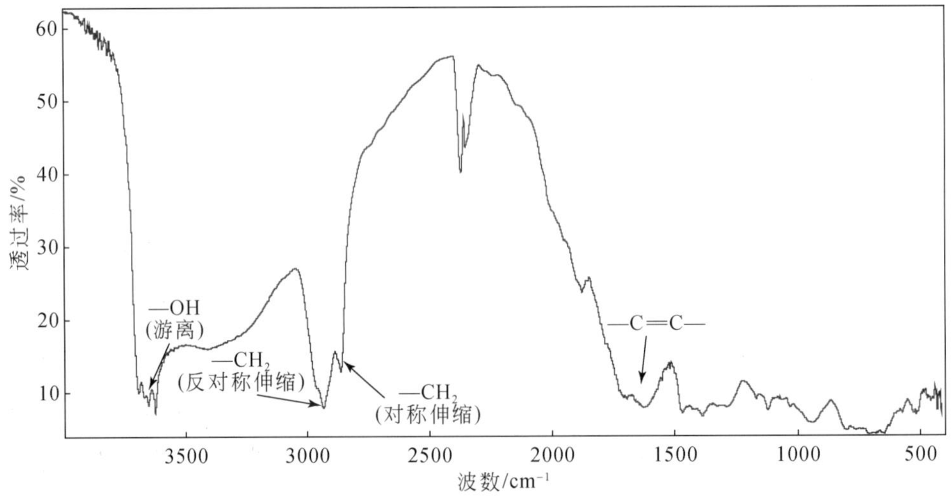

图 5.9　沙丘河油砂（SQH-2 样品）傅里叶变换红外光谱谱图

七、油砂剖面流体活动特征

通过以上对于该剖面岩性、油气显示及降解程度的分析后，选择 SQH-4 样品进行流体活动的分析。首先，在背散射图像下发现样品矿物骨架间的黑色有机质含量高，胶结致密，占了胶结物的主体（图 5.10a）。同时，在二次电子像下发现了含油气流体的运移痕迹，即裂隙内发育大量黑色有机质残留；而且矿物形态不规则，因此推测研究区受到构造活动

的影响，使得已经聚集的少量未成熟油气遭到了后期的改造与破坏，从而形成未成熟的降解程度高的油砂（图 5.10b）。

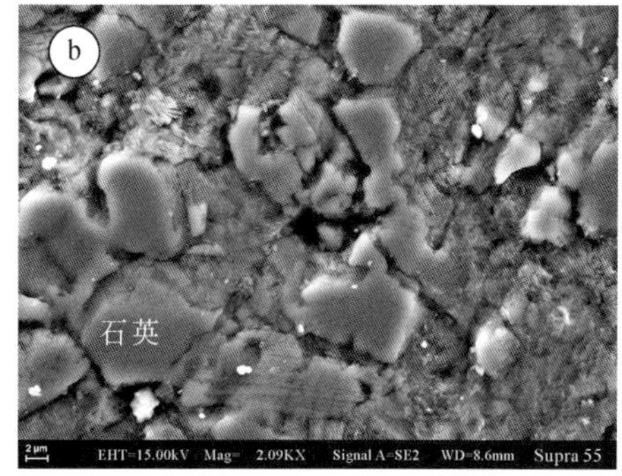

图 5.10 沙丘河油砂（SQH-4）扫描电镜图版

a. 背散射图像；b. 二次电子像

八、油砂成因模式

根据以上对研究区油砂剖面岩石学和地球化学特征的分析，建立了的成因模式，结果发现，如图 5.11 所示，本油苗点的成因具有鲜明的“源控 + 断控”特征，烃源岩分布和断裂最主要的控制因素。

对该剖面油砂的地球化学分析表明，油砂中的烃类组分来源来自二叠系湖相烃源岩。因此，必须发育运移通道，分别将烃源岩与侏罗系储层连通。因此推测有类似的断裂，贯穿侏罗系和二叠系，生成的油气沿着该断裂不断向上运移，使得形成二叠系油源的油砂（图 5.11）。不仅如此，推测在小规模的油气聚集后，研究区受到构造活动的影响，使

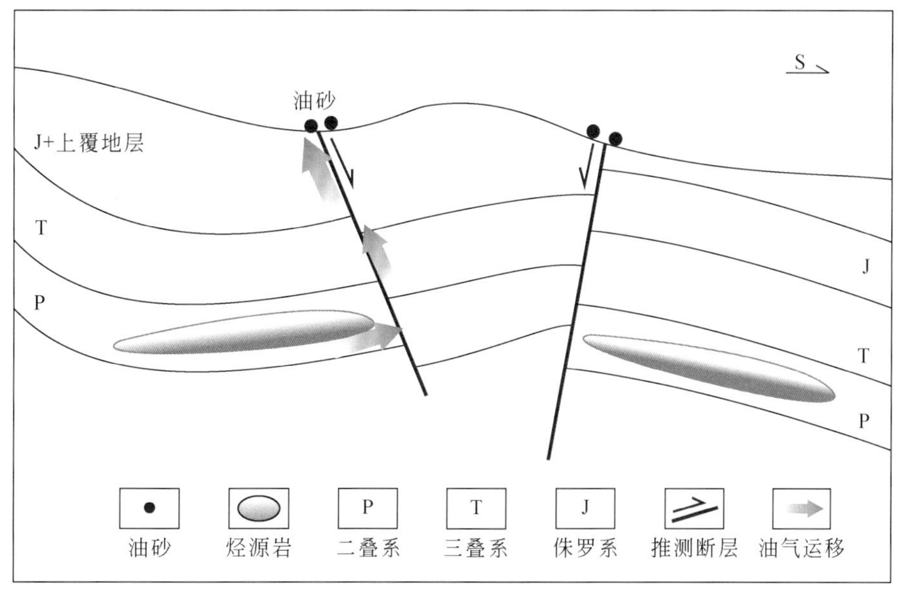

图 5.11 沙丘河油砂剖面成因模式图

已经聚集的少量未成熟油气遭到了后期的改造与破坏，从而形成未成熟的降解程度高的油砂。

综上，本研究认为古牧地油砂剖面是以“源控 + 断控”为特色，烃源岩展布及断裂分布是最为主要的控制因素。

第二节　和丰盆地布龙果尔地区油气苗

一、地质背景和油气苗分布

和丰盆地布龙果尔地区在地理上主要是新疆西北部的塔城地区，是西准噶尔褶皱带内部的一个山间盆地，构造上位于和丰盆地南缘的布龙果尔凹陷内（图 5.12），该地区从晚震旦世就一直处于拉张状态，而晚奥陶世由大洋变为有限洋盆，中晚泥盆世—早石炭世进入残留海盆阶段，早石炭世末，进入陆内造山阶段（吕喜朝，1994；张朝军等，2006；韩宝福等，2010）。海西期构造运动是布龙果尔地区内最强烈的构造运动时期，燕山构造运动区内处于相对伸展的构造环境，喜马拉雅构造运动时期山体抬升，盆地下降（宋到福等，2011）（图 5.13），发育地层主要是从上奥陶统至新近系，包括泥盆系、石炭系、侏罗系、古近系及第四系（匡立春等，2011；宋到福等，2011；高岗等，2012）（图 5.14）。

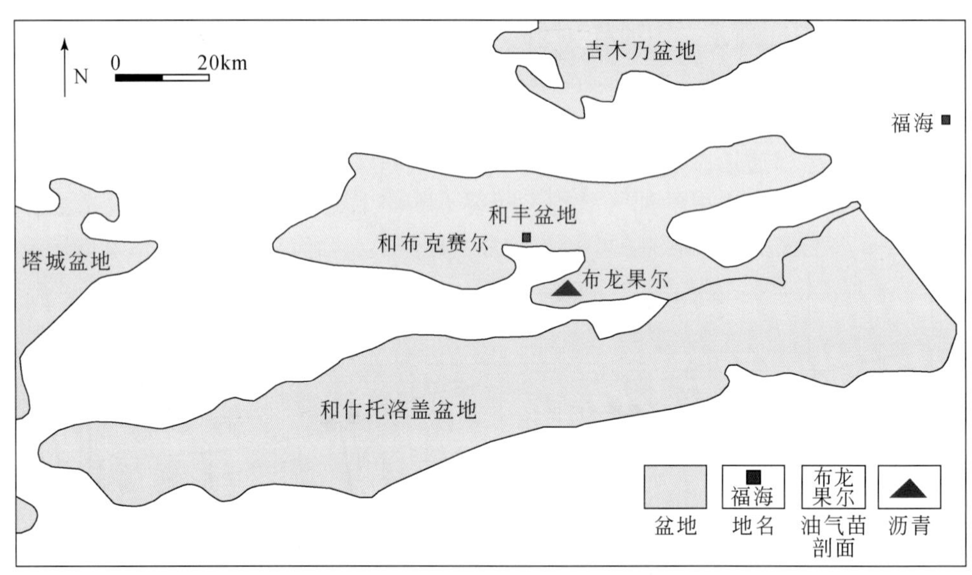

图 5.12　和丰盆地构造单元划分及油气苗分布简图（据高岗等，2012 修改）

前人报道该地区油气苗点少，最为代表性的剖面则为布龙果尔沥青（匡立春等，2011；高岗等，2012）（图 5.12，图 5.14）。目前，对这一剖面的研究认为该古油藏及沥青的油页岩可能来自中泥盆统呼吉尔斯特上亚组煤岩及碳质泥岩，其成因为古油藏破坏后形成沥青，可能具有两期成藏，一期为和布克河组油藏，二期为八道湾组油藏（匡立春等，2011；高岗等，2012）。

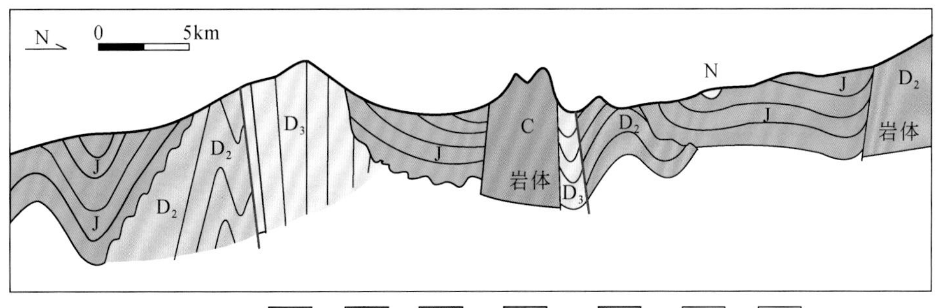

N 新近系　J 侏罗系　C 石炭系　D_3 上泥盆统　D_2 中泥盆统　断裂　不整合

图 5.13　和丰盆地布龙果尔地区造剖面图

界	系	统	组(群)	厚度/m	岩性	构造运动	构造事件
新生界	古近系	中新统	塔西河组 N_1t	179		喜马拉雅运动	山体抬升盆地下降
		始新统—渐新统	乌伦古组 $E_{2-3}w$	436			
中生界	侏罗系	中统	头屯河组 J_2t	226			压扭应力增大构造抬升
			西山窑组 J_2x	596			
		下统	三工河组 J_1s	415		燕山运动	构造伸展
			八道湾组 J_1b	500			
古生界	石炭系	下统	黑山头组 C_1h	809			陆内造山
	泥盆系	上统	和布克河组 D_3hb	911			
			洪古勒楞组 D_3h	1661		海西运动	构造动荡 局部火山喷发
			朱鲁木特组 D_3z	430			
		中统	呼吉尔斯特组 D_2h	460			

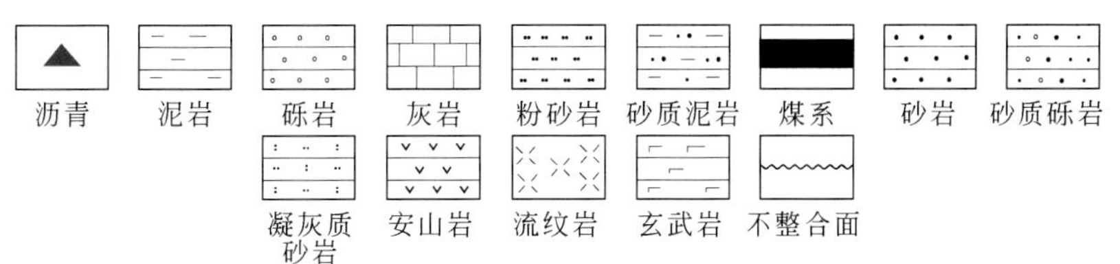

图 5.14　和丰盆地布龙果尔地区综合柱状图（据宋到福等，2011 修改）

二、典型油气苗剖面

在仔细梳理前人研究成果的基础上，本次工作共踏勘了研究区最为代表性的油气苗剖面——布龙果尔沥青[①]（图 5.12、图 5.14）（匡立春等，2011；高岗等，2012）。这个油气苗剖面从类型上来说，发育沥青，从垂向分布层位上来说，发育于中生界侏罗系。

对布龙果尔沥青进行了岩石学、有机和无机地球化学的综合研究，具体实验及测试内容主要包括岩石学薄片、油气苗的氯仿沥青含量、族组分、同位素、链烷烃、生物标志物、扫描电镜和傅里叶变换红外光谱等（表 5.3）。在此基础上，结合地质背景建立油气苗的成因模式，探讨其形成主控因素和勘探意义。

表 5.3　和丰盆地布龙果尔地区油气苗基本工作量汇总表　（单位：个）

油气苗剖面	油气苗类型	采样	测试项目								
			a	b	c	d	e	f	g	h	i
布龙果尔	沥青	8	4	8	1	1	4	4	1	1	/

a. 岩石学薄片；b. 氯仿沥青“A”；c. 族组分；d. 同位素；e. 饱和烃与类异戊二烯烃；f. 生物标志物；g. 扫描电镜；h. 傅里叶变换红外光谱；i. 电子探针；“/”表示无分析数据。

三、地质路线与剖面

如图 5.15，布龙果尔沥青剖面位于和布克赛尔蒙古自治县南东方向约 20km，地理坐

图 5.15　布龙果尔沥青交通位置 示意图（底图源自谷歌地图）

① 据新疆油田公司内部报告，1994，油气苗卡片。

标 46°38'59.6"N，85°48'39.0"E。驱车从和布克赛尔蒙古自治县出发，进入 225 省道行驶约 18km，然后右转进入乡间小道行驶约 2km 可至。

布龙果尔剖面处于谢米斯台褶皱带东端与阿尔加提褶皱带交汇部位，和丰盆地南缘山前的布龙果尔地区；剖面位于布龙果尔向斜北翼，出露地层为和布克河组（D_3hb）的底部；岩性为砂、砾岩与流纹岩组成的陆相沉积—火山喷发旋回，夹少量深灰色泥岩和灰黑色碳质泥岩。沥青主要出露于和布克河组（D_3hb）的底部流纹岩垂向裂缝中（图 5.16 a 和 b）。

布龙果尔沥青脉产于垂向裂缝中，剖面采集相关样品 8 块（图 5.16c）。分别为 BLGE-1 沥青脉，BLGE-2 沥青脉旁的流纹岩，BLGE-3 流纹岩，BLGE-4 方解石脉，

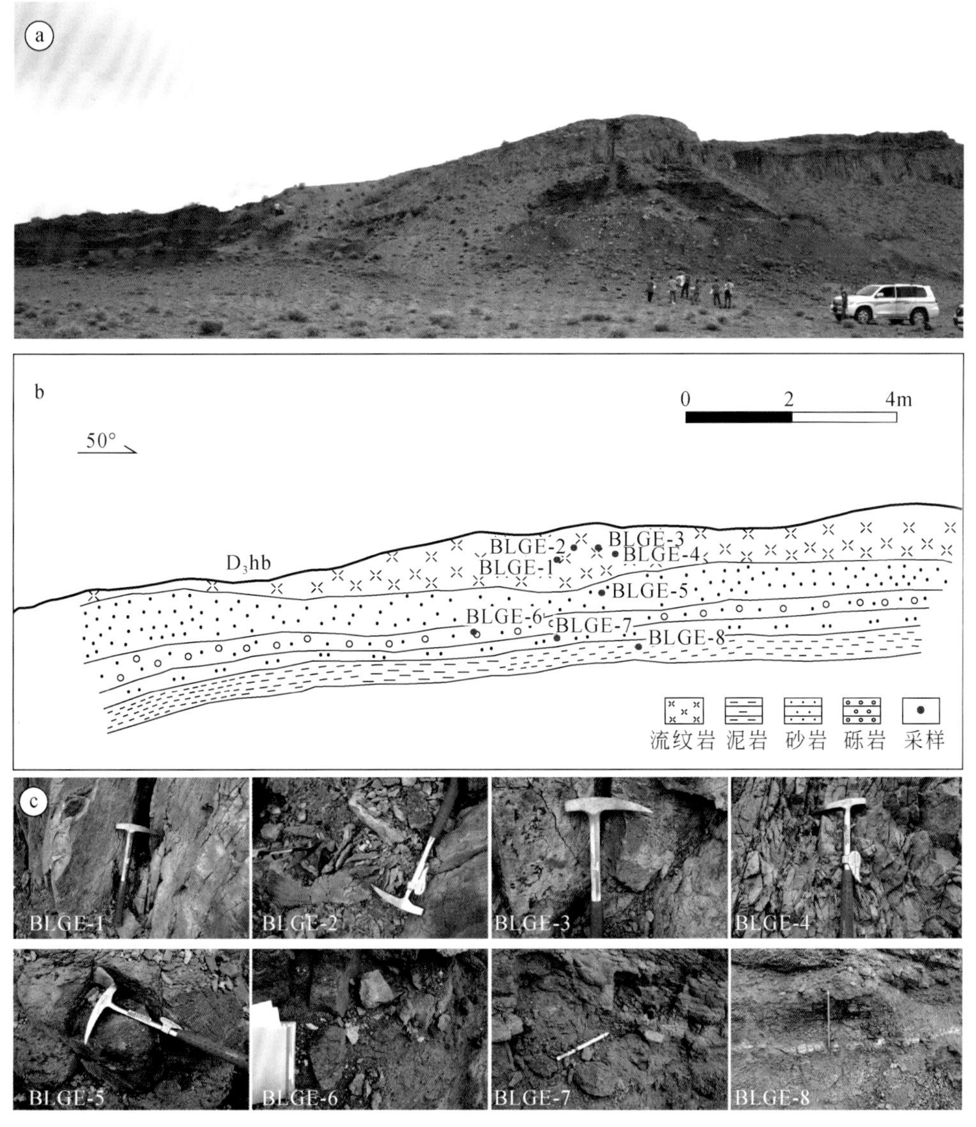

图 5.16　和丰盆地布龙果尔地区油气苗野外产状图（布龙果尔沥青剖面）

a. 野外剖面照片；b. 剖面素描图；c. 采样图版

第五章　准噶尔盆地东缘与外围盆地地区

BLGE-5 沥青砂岩，BLGE-6 含砾沥青砂岩，BLGE-7 沥青细砂岩，BLGE-8 灰黑色碳质泥岩，其中流纹岩气孔发育，并有拉长现象，流纹岩的裂隙发育，其中充填了沥青脉。

四、沥青岩石学特征

正交光下，流纹岩气孔发育，并有拉长现象，流纹岩的裂隙发育，其中充填了沥青脉，其中 BLGE-1 与 BLGE-3 最为典型。如图 5.17a 和 b 所示，两者均为流纹岩裂缝中的脉状物质，显微镜下可知为方解石脉，其表面可见沥青斑点。

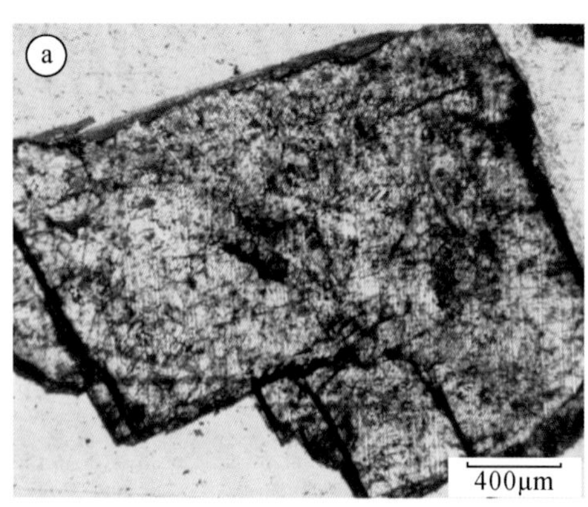

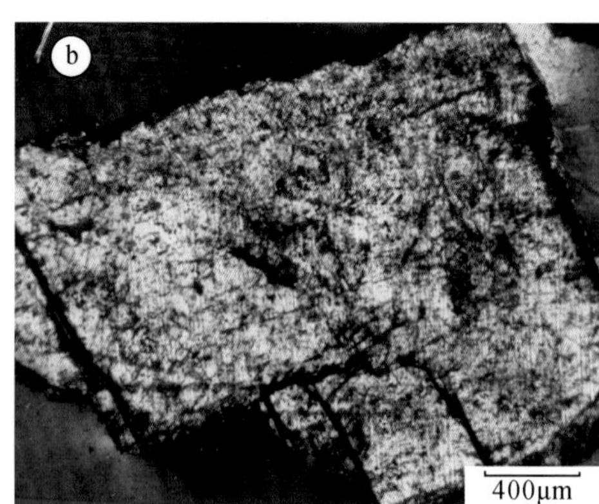

图 5.17　布龙果尔沥青显微岩石学特征

a. BLGE-1 的正交光照片；b. BLGE-3 的正交光照片

五、沥青有机地球化学特征

分析了沥青的有机地球化学特征，包括宏观的基础和微观的分子两个尺度。

1. 基础有机地球化学特征

布龙果尔沥青的氯仿沥青含量为 0.0069% ～ 1.3321%，整体油气显示较差—中等。烃类族组分以饱和烃和芳香烃含量最高，分别为 25.43% 和 2.86%；其次为非烃和沥青质，含量分别为 18.00% 和 3.71%，油质重，流动性差。该剖面的氯仿沥青碳同位素较重，为 -19.78‰。

2. 分子有机地球化学特征

对布龙果尔沥青的分子有机地球化学特征进行分析，仅检测出了正构烷烃与类异戊二烯烃，谱图及具体参数见图 5.18 及表 5.4。

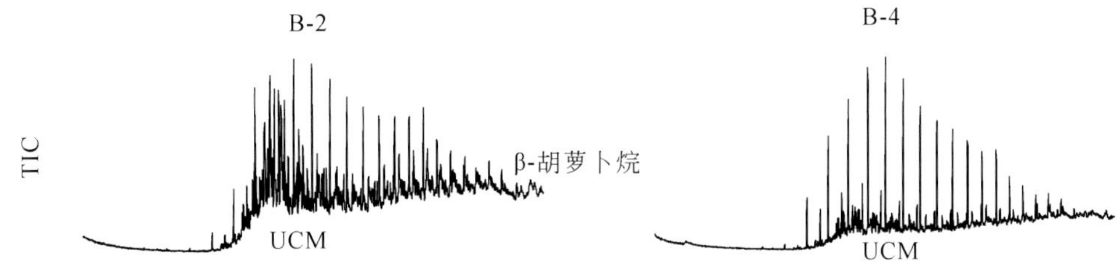

图 5.18　布龙果尔沥青分子有机地球化学谱图

表 5.4　布龙果尔沥青有机地球化学参数

类型	参数	SQH-2	SQH-3	SQH-4
正构烷烃	主峰碳	nC_{21}	nC24	nC_{22}
	碳数范围	nC_{16}—nC_{32}	nC_{16}—nC_{37}	nC_{16}—nC_{37}
	TAR	1.75	4.56	1.84
	OEP	1.15	0.99	0.97
	CPI	1.09	1.07	1.09
	$\sum C_{21-}/\sum C_{22+}$	0.46	0.23	0.44
	$C_{21}+C_{22}/C_{28}+C_{29}$	2.23	1.22	2.60
类异戊二烯烃	Pr / Ph	0.40	0.50	/
	Pr / nC_{17}	0.22	0.33	/
	Ph / nC_{18}	0.19	0.14	0.12

注：“/”代表无分析数据。

根据谱图及地化指标参数（图 5.18；表 5.4），可描述该剖面的分子地球化学特征。布龙果尔沥青的正构烷烃分布属“前峰型”，碳数大于 22 组分的含量明显大于碳数小于 22 的组分。谱图中可发现明显的“UCM 鼓包”，除了含量太低，还有可能是由于受到了生物降解作用（图 5.18）。类异戊二烯烃中姥植比（Pr/Ph）≤ 0.5，反映了较强的还原环境；未检出 β - 胡萝卜烷，反映了淡水环境。其余组分由于含量太低导致无分析数据。

3. 地球化学意义

对以上沥青的有机地球化学数据进行了综合分析，考虑到次生蚀变（生物降解）对地球化学参数的影响，首先进行了生物降解意义的探讨，在此基础上分析油源及成熟度。

（1）次生蚀变（生物降解）

综合沥青的各项地球化学特征，认为烃类受到了严重的生物降解作用，可达 3 ～ 4 级（Wenger and Isaksen，2002）。首先，根据正构烷烃的峰型、碳数分布及轻、重组分之比（图 5.18；表 5.4），发现绝大部分轻组分都被降解。而根据姥鲛烷、植烷及其相应的正构烷烃的比值，可发现这并非异常严重的降解程度。因此，研究区沥青受到了严重的降解，可达 3 ～ 4 级。

（2）油源

目前对于研究区沥青的油气来源还难定论。首先，剖面氯仿抽提物碳同位素整体重，不具有陆相湖相烃源岩的特征，可能为当前尚未深入研究的某套海相生油层系（匡立春等，2011）。除此以外，结合匡立春等（2011）已经报道的数据，和布克河组沥青油源应来自沉积环境呈氧化性、母质类型差的一套源岩，推测可能来自中泥盆统呼吉尔斯特上亚组煤岩及碳质泥岩。

综上，根据该油气苗点分布于和丰盆地南缘的构造背景，结合油源判识标准分析，透镜体中的烃类源自泥盆系油源（匡立春等，2011），受到了强烈的生物降解。

六、沥青傅里叶红外光谱地球化学特征

对布龙果尔沥青全岩粉末进行了红外光谱测试，检出了众多常见基团及指征基团，常见基团主要包括游离羟基（—OH）、碳碳双键（—C=C—）（图 5.19）。具体而言，可发现布龙果尔沥青样品的油质重，未检出代表轻质油的亚甲基吸收峰，且大多轻组分都被降解，当前处于高演化阶段。

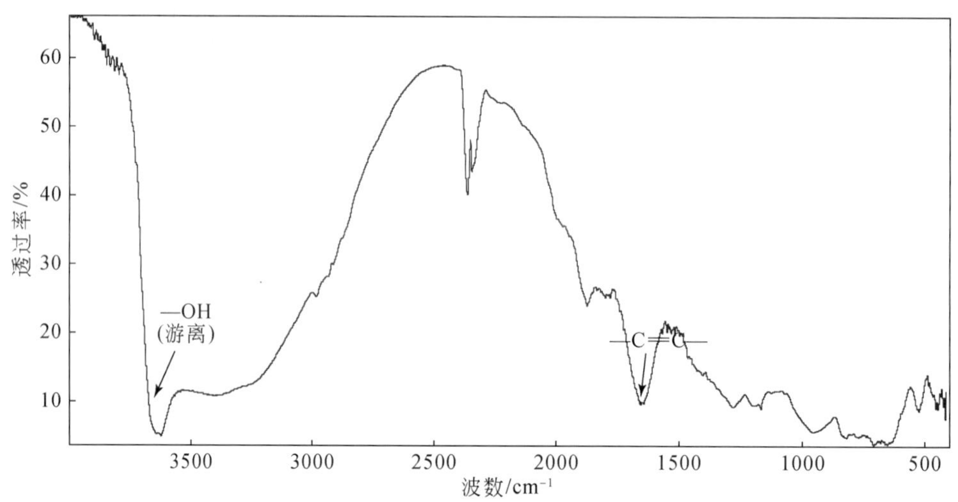

图 5.19　布龙果尔沥青（B-3 样品）傅里叶变换红外光谱谱图

七、沥青剖面流体活动特征

通过以上对于该剖面岩性、油气显示及降解程度的分析，以透镜体 B-2 样品进行流体活动的分析。首先，该样品胶结程度高，利用扫描电镜二次电子像发现方解石晶体形态较好，占了主体（图 5.20a，b）。同时，发现了沥青和方解石共生，初步判断是先形成方解石后形成沥青，沥青包裹在方解石矿物周围，且与方解石界面平直，为次生成因（图 5.20c，d）。

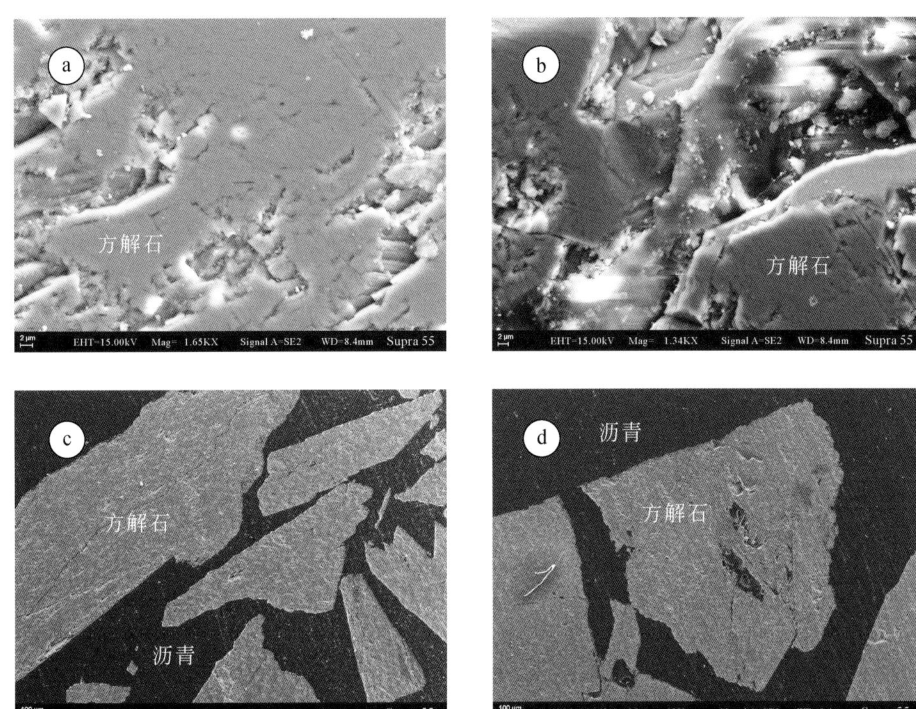

图 5.20　布龙果尔沥青（B-2）扫描电镜图版（二次电子像）

八、沥青成因模式

根据以上对研究区沥青剖面岩石学和地球化学特征的分析，建立了的成因模式，结果发现，如图 5.21，本油苗点的成因具有鲜明的“源控”特征，烃源岩分布是最主要的控制因素。

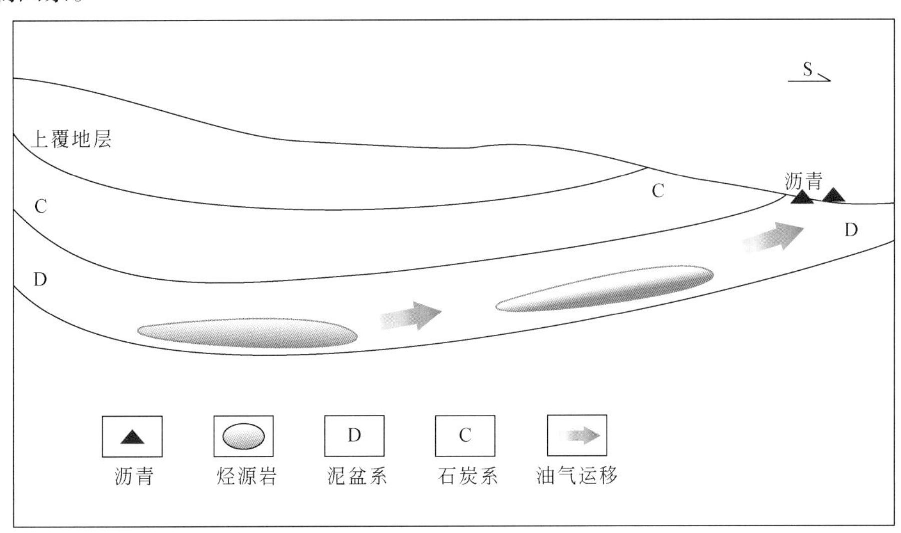

图 5.21　布龙果尔沥青剖面成因模式图

该剖面沥青的地球化学分析表明，沥青中的烃类组分来源来自泥盆系烃源岩。因此，沥青的产出与烃源岩层位相近，可认为“近源”分布。烃源岩排烃后大多受到降解作用等次生蚀变的影响，于储层间的裂隙内形成沥青。而后期构造运动将其出露于地表。该剖面具有原生油气藏的特征，因此受到断裂的影响并不强烈（图 5.21）。

综上，本研究认为布龙果尔沥青剖面是以“源控”原生油藏型油气苗为特色，烃源岩展布为最主要的控制因素。

第三节　伊犁盆地油气苗

一、地质背景和油气苗分布

伊犁盆地在地理上位于新疆西部，位于哈萨克斯坦—准噶尔古板块南缘的伊犁—中天山地块上的裂陷 - 拗陷盆地（图 5.22）（张国伟等，1999；李胜祥等，2006；熊绍云等，2011；赵川喜等，2012），其形成演化经历了震旦系—早古生代加里东期、晚古生代华力西期和中、新生代阿尔卑斯期三大构造演化阶段（张国伟等，1999；赵川喜等，2012）（图 5.23），发育地层主要有泥盆系、石炭系、二叠系、三叠系、侏罗系、古近系、新近系及第四系（李光云，2002）（图 5.24）。

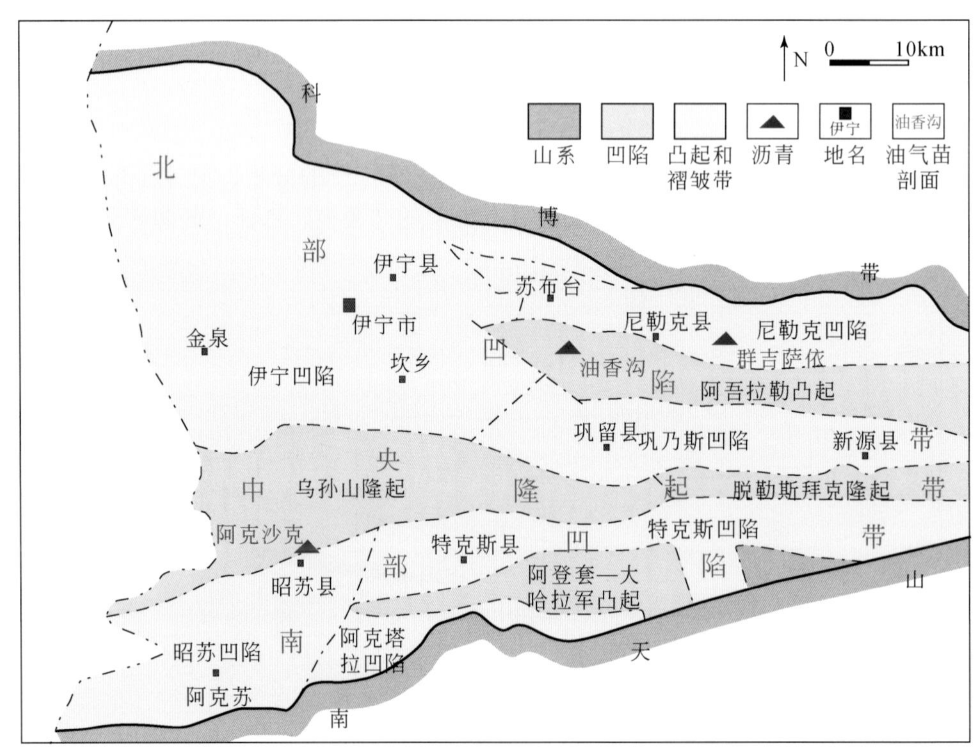

图 5.22　伊犁盆地构造单元划分及油气苗分布简图

深度/m
4000
0
-4000
N 0 8km
上覆地层
岩体
C
J
T
P
岩体
上覆地层 侏罗系 三叠系 二叠系 石炭系 断裂

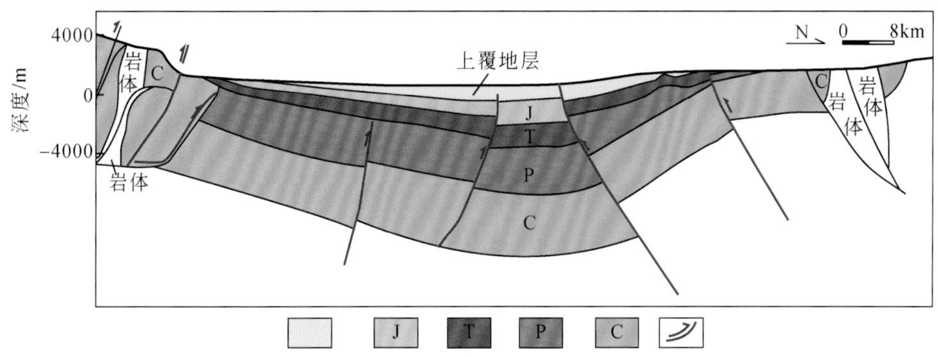

图 5.23 伊犁盆地造剖面图

界	系	统	组(群)	厚度/m	岩性	构造运动	演化阶段	构造旋回	生	储	盖
新生界	第四系										
	新近系	上新统	独山子组N_2d	212							
		中新统	塔西河组N_1t	286		喜马拉雅运动	山间压陷盆地	山间盆地形成阶段			
			沙湾组N_1s	238							
	古近系		红色岩组Eh	361							
中生界	白垩系	上统	东沟组K_2d	235							
	侏罗系	中上统	艾维尔沟群$J_{2\text{-}3}A$	333							
		中统	西山窑组J_2x	525		燕山运动					
		下统	三工河组J_1s	232							
			八道湾组J_1b	382			陆内凹陷盆地	逆冲位移阶段			
	三叠系	中上统	小泉沟群$T_{2\text{-}3}XQ$	532		印支运动					
		下统	苍房沟群T_1ch	785							
古生界	二叠系	上统	巴斯尔干组P_3b	618							
		中统	塔木齐萨伊组P_2t	1153							
			哈米斯特组P_2h	148							
			晓山萨依组P_2x	622			热塌陷盆地				
		下统	乌郎组P_1w	1331		海西运动		陆内裂谷作用阶段			
	石炭系	上统	科古琴山组C_2k	694							
			东图津河组C_2d	133							
		下统	阿克沙克组C_1a	1038			裂谷盆地				
			大哈拉军山组C_1d	619							

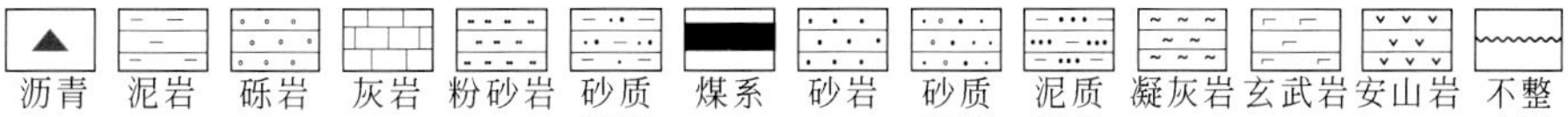

沥青 泥岩 砾岩 灰岩 粉砂岩 砂质泥岩 煤系 砂岩 砂质砾岩 泥质砂岩 凝灰岩 玄武岩 安山岩 不整合面

图 5.24 伊犁盆地综合柱状图（据熊绍云等，2011 修改）

前人报道该地区铀矿非常发育，而在铀矿的矿化点也大多发现了地表的油气苗点，具体包括昭苏、尼勒克、阿克沙克等（李光云，2002；李胜祥等，2006；熊绍云等，2011）。（图 5.22，图 5.24）。目前，对该盆地油气苗的研究认为，在下石炭统阿克沙克组泥晶灰岩、生屑灰岩、砂屑灰岩、介壳灰岩、白云岩及灰岩缝合线中发现大量沥青及油苗显示（郝继鹏等，2003；熊绍云等，2011）；同时，在中二叠统巴卡勒河组也发育沥青质页岩和砂岩（崔智林等，1996；谢其锋等，2014）。而且，大量沥青等有机质与铀矿共生，在铀矿附近都有地表的油气显示（王果等，2000；王军和耿树方，2009；张虎军，2011）。但目前由于对伊犁盆地的研究及勘探程度相对较低，因此对研究区油气苗鲜见较为深入的成因及地质意义的探讨。

二、典型油气苗剖面

在仔细梳理前人研究成果的基础上，本次工作共踏勘了研究区最为代表性的油气苗剖面，包括昭苏、尼勒克、阿克沙克等（图 5.22，图 5.24）（李光云，2002；李胜祥等，2006；熊绍云等，2011）。这个油气苗剖面从类型上来说，发育沥青，从垂向分布层位上来说，其发育于古生界石炭系和二叠系。

对这些油气苗点进行了岩石学、有机和无机地球化学的综合研究，具体实验及测试内容主要包括岩石学薄片、油气苗的氯仿沥青含量、族组分、同位素、链烷烃、生物标志物、扫描电镜和傅里叶变换红外光谱等（表 5.5）。在此基础上，结合地质背景建立油气苗的成因模式，探讨其形成主控因素和勘探意义。

表 5.5　伊犁盆地油气苗基本工作量汇总表（单位：个）

油气苗剖面	油气苗类型	采样	测试项目								
			a	b	c	d	e	f	g	h	i
群吉萨依	沥青	4	2	4	/	/	3	3	/	/	/
油香沟	沥青	3	/	3	/	/	/	/	/	/	/
阿克沙克	烃源岩	1	/	/	/	/	/	/	/	/	/

a. 岩石学薄片；b. 氯仿沥青“A”；c. 族组分；d. 同位素；e. 饱和烃与类异戊二烯烃；f. 生物标志物；g. 扫描电镜；h. 傅里叶变换红外光谱；i. 电子探针；“/”代表无分析数据。

三、群吉萨依沥青

1. 地质路线与剖面

如图 5.25 所示，群吉萨依沥青剖面位于尼勒克县南东方向约 30km，地理坐标 43°45′47.4″N，82°45′47.4″E。驱车从尼勒克县出发，沿 315 省道、773 县道和 774 县道开往 013 乡道行驶约 22km，然后进入 020 乡道行驶约 6km 后进入 009 乡道，行驶约 500m 后可至。

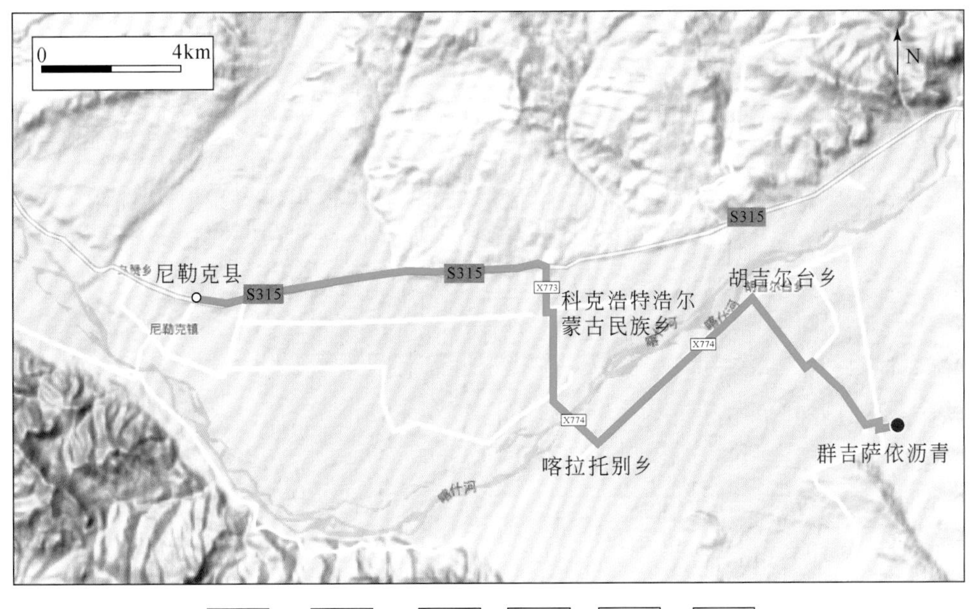

S315　○尼县　●沥青

国道省道　推荐路线　道路编号　地名　野外剖面　乡道

图 5.25　群吉萨依沥青交通位置示意图（底图源自谷歌地图）

群吉萨依剖面油苗产出层位为二叠系塔姆萨依组；油页岩为深灰色，有淡淡的油香味，产状为沥青，多发育于裂隙内（如图 5.26）。油页岩为深灰色，有淡淡的油香味。在灰岩条带层裂缝中可见两期方解石脉充填，一期方解石干净，另一期被原油浸染，经降解形成固体沥青。

图 5.26　伊犁盆地油气苗野外产状图（群吉萨依沥青）

2. 沥青岩石学特征

在镜下可观察到两期结构不同的方解石脉，矿物表面呈现黑色，可能与沥青的赋存有关（图 5.27 a，c）；荧光显示均较弱，可见沥青分布于方解石颗粒之间的裂隙中（图 5.27b，d）。

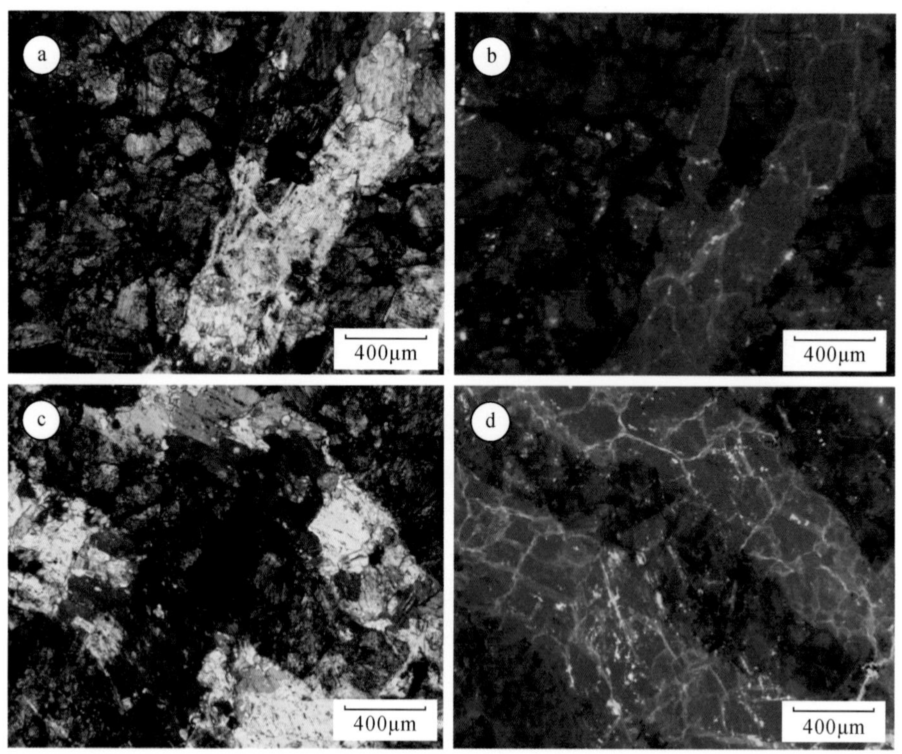

图 5.27　群吉萨依沥青显微岩石学特征

a. QJSY-1 的单交光照片；b. QJSY-1 的荧光照片；c. QJSY-2 的单交光照片；d. QJSY-2 的荧光照片

3. 沥青有机地球化学特征

分析了沥青的有机地球化学特征，主要为宏观的基础和微观的分子两个尺度。

（1）基础有机地球化学特征

群吉萨依沥青的氯仿沥青含量总体从 0.0033% 到 0.0196% 都有分布，但总体含量低。再结合沥青的赋存形式，可发现沥青最后形成于方解石颗粒间裂隙，这决定了总体的油气显示差，有机质丰度低。

（2）分子有机地球化学特征

对群吉萨依沥青的分子有机地球化学特征进行了分析，所检出的正构烷烃与类异戊二烯烃，具体谱图和参数见图 5.28 和表 5.6。其余组分可能由于含量极低未检测到。

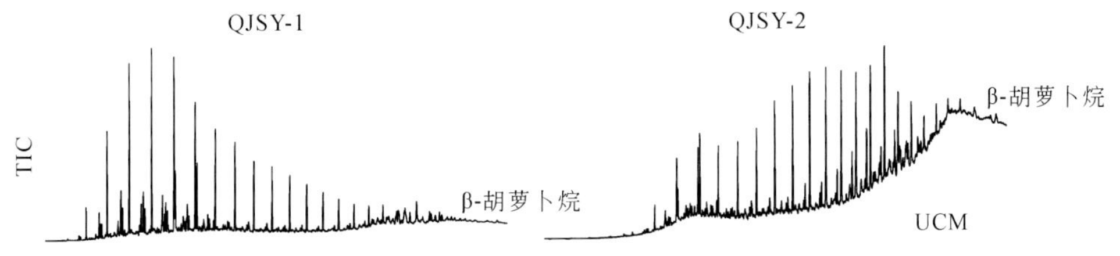

图 5.28　布龙果尔沥青分子有机地球化学谱图

表 5.6　群吉萨依沥青有机地球化学数据表

类型	参数	QJSY-1	QJSY-2	QJSY-3
正构烷烃	主峰碳	nC_{17}	nC_{25}	nC_{17}
	碳数范围	nC_{12}—nC_{35}	nC_{15}—nC_{37}	nC_{12}—nC_{37}
	TAR	0.15	2.92	0.71
	OEP	1.10	1.02	1.21
	CPI	1.08	1.12	1.19
	$\sum C_{21-} / \sum C_{22+}$	2.66	0.26	0.78
	$C_{21}+C_{22} / C_{28}+C_{29}$	2.94	0.69	1.35
类异戊二烯烃	Pr / Ph	0.80	0.34	0.57
	Pr / nC_{17}	0.32	0.58	0.68
	Ph / nC_{18}	0.56	1.45	1.59

根据样品的谱图及有机地化指标参数（图 5.28 和表 5.6），可描述该剖面的分子地球化学特征。群吉萨依沥青的正构烷烃分布属“前峰型”为主，也存在“后峰型”；碳数大于 22 的组分与小于 22 的组分变化大。谱图中可发现明显的“UCM 鼓包”，除了含量太低，还有可能是由于受到了生物降解作用（图 5.28）。类异戊二烯烃中姥植比（Pr/Ph）小于 1.0，反映了较强的还原环境；未检出 β- 胡萝卜烷，反映了淡水环境。

（3）地球化学意义

次生蚀变（生物降解）：综合沥青的各项地球化学特征，认为烃类受到了严重—强烈的生物降解作用，为 4 ～ 5 级（Wenger and Isaksen，2002）。根据正构烷烃的峰型、碳数分布及轻、重组分之比（表 5.6），发现绝大部分轻组分都被降解，同时明显的“UCM 鼓包”也指示了降解作用的存在。不仅如此，姥鲛烷、植烷与相应的正构烷烃比值发现其也受到了一定的降解。因此，群吉萨依沥青受到了 4 ～ 5 级严重—强烈的生物降解作用。而根据图 5.28 和表 5.6，发现研究区沥青总体反映出缺氧还原环境的生烃母质特征，结合研究区的构造背景及前人研究资料，其来源可推测为二叠系湖相（潜在）烃源岩（崔智林等，1996；谢其锋等，2014）。

四、油香沟沥青

如图 5.29 所示，油香沟沥青剖面位于伊宁县南东方向约 75km，地理坐标 43°45′7.45″N，82°03′9.42″E。驱车从伊宁县出发，沿 G218 伊墩高速行驶约 47km，然后进入 218 国道行驶约 11km 后左转，行驶约 8km 后可至。

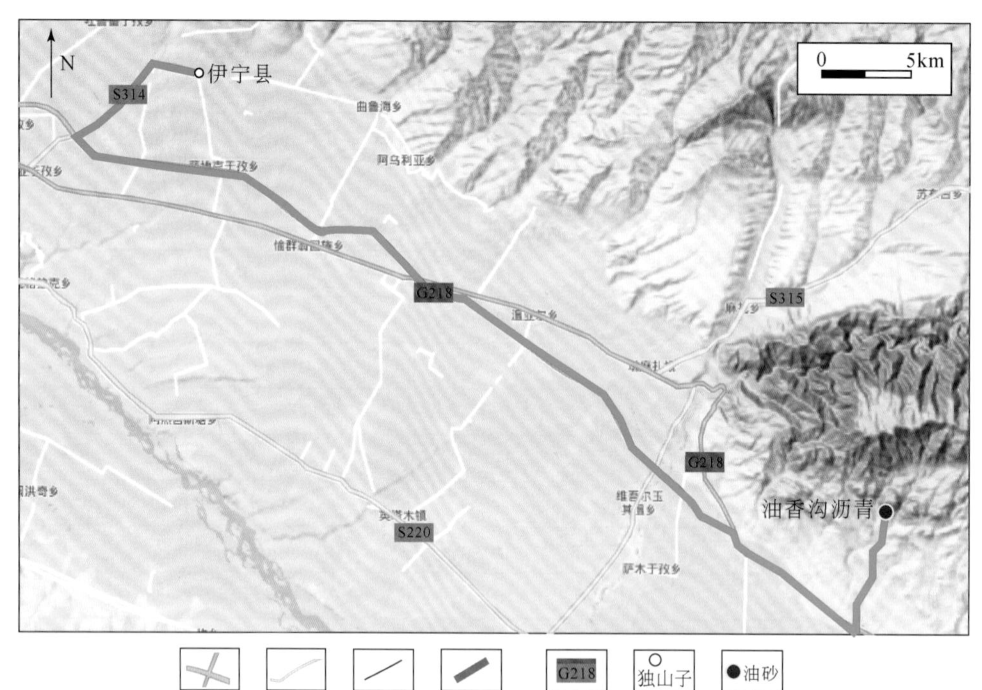

图 5.29　群吉萨依沥青交通位置示意图（底图源自谷歌地图）

油香沟沥青剖面，如图 5.30 所示，产于哈密斯特组（P_2h）砾岩层中，砾石大小不一，最大可达 50 ～ 60cm，部分砾石被冲走留下孔洞；其上覆地层为铁木里克组（P_2t），岩性为黄褐色砂岩，分选好，成分成熟度较高，可做良好储层，多见球状风化、X 共轭剪节理等现象。本剖面的氯仿沥青含量为 0.0006% ～ 0.0013%，油气显示差。结合前人的研究资料及地质背景，本研究推测油香沟沥青的油气来源很有可能为塔姆其萨依组烃源岩（谢其锋等，2014）。

五、阿克沙克沥青剖面

1. 地质路线与剖面

如图 5.31 所示，阿克沙克沥青剖面位于昭苏县北部约 20km，地理坐标

图 5.30　伊犁盆地油气苗野外产状图（油香沟沥青）

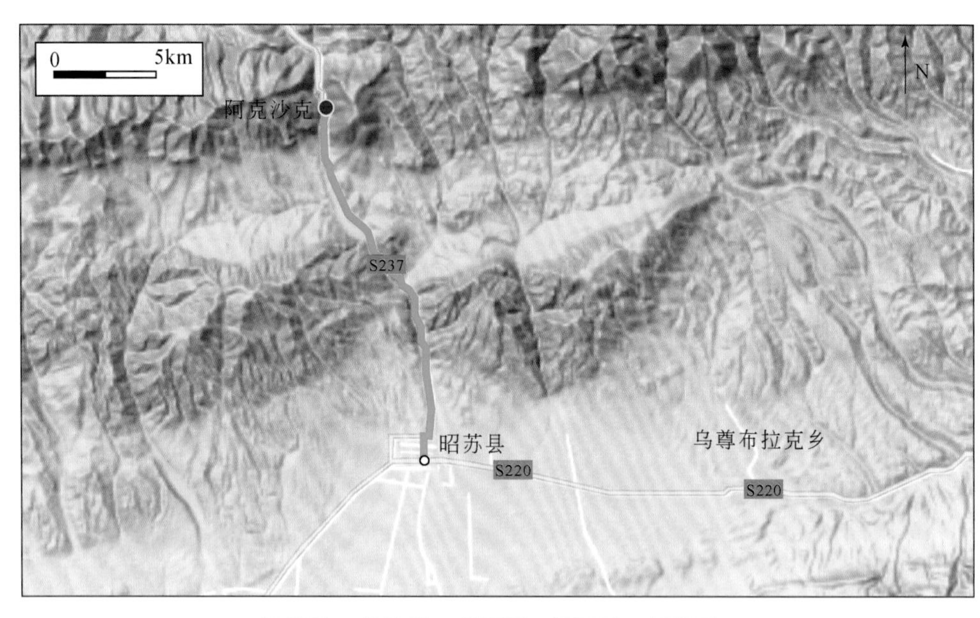

图 5.31 阿克沙克剖面交通位置示意图（底图源自谷歌地图）

43°18′37.21″N，81°04′4.14″E。驱车从昭苏县出发，沿 237 省道行驶约 18km 后可至，剖面位于公路旁。

阿克沙克沥青剖面主要发育石炭系阿克沙克组灰岩（C_1a），阿克沙克组灰岩为烃源岩，具有一定的生烃潜力，在该地区出露广泛，规模较大，该剖面处具有数十米厚（图 5.32）；灰岩中方解石脉发育，可见较大的结晶颗粒，表面纯净，乳白色（图 5.33）。

图 5.32　伊犁盆地油气苗野外产状图（阿克沙克沥青剖面）

图 5.33　伊犁盆地油气苗野外产状图［阿克沙克灰岩（AKSK-1）采样］

2. 沥青有机地球化学特征

（1）有机地球化学特征

研究区沥青的氯仿沥青含量 0.0015%，可见油气显示较差。但对阿克沙克沥青的分子有机地球化学特征进行了分析，发现丰富的正构烷烃与类异戊二烯烃，以及萜烷、藿烷和甾烷类等化合物，谱图及具体参数见图 5.34 及表 5.7。

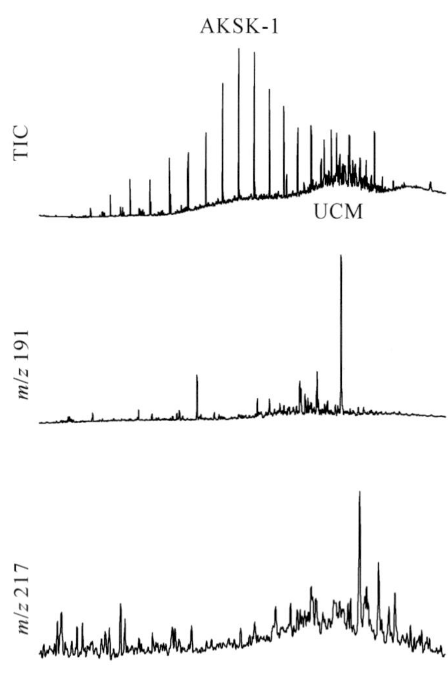

图 5.34 阿克沙克沥青分子有机地球化学谱图

表 5.7 阿克沙克沥青分子有机地球化学参数

类型	参数	AKSK-1	类型	参数	AKSK-1
正构烷烃	主峰碳	nC_{23}	萜烷	C_{19}/C_{21} 三环萜烷	0.17
	碳数范围	nC_{17}—nC_{30}		C_{20}/C_{21} 三环萜烷	0.91
	TAR	5.20		C_{21}/C_{23} 三环萜烷	0.76
	OEP	1.12		C_{24} 四环萜烷 /C_{26} 三环萜烷	3.59
	CPI	1.38	藿烷	Ts / Tm	0.83
	$\sum C_{21-} / \sum C_{22+}$	0.23		伽马蜡烷 /C_{30} 藿烷	3.59
	$C_{21}+C_{22} / C_{28}+C_{29}$	1.33	甾烷	C_{27}/C_{29} 规则甾烷	0.39
类异戊二烯烃	Pr / Ph	0.33		C_{28}/C_{29} 规则甾烷	0.37
	Pr / nC_{17}	1.00		C_{29}-20S /（20S+20R）	0.62
	Ph / nC_{18}	0.86		C_{29}-ααα /（ααα+αββ）	0.61

根据谱图及地化指标参数（图 5.34；表 5.7），可了解该剖面的分子地球化学特征。研究区沥青的正构烷烃分布属“单峰型”，具有奇碳优势，碳数大于 22 组分的含量明显大于碳数小于 22 的组分。谱图中可发现这层砂岩具明显的“UCM 鼓包”，反映受到了生物降解作用（图 5.34）。类异戊二烯烃主要以姥植比（Pr/Ph）小于 1 为特征，反映了还原环境；含有少量 β - 胡萝卜烷，反映了具有一定的盐度环境。三环萜烷特征主要以 C_{23} 含量最高，C_{20}、C_{21} 和 C_{23} 呈“上升型”分布，$C_{23} > C_{21} > C_{20}$。然而，四环萜烷含量高，

C_{24} 四环萜烷 /C_{26} 三环萜烷为 3.59，该值异常高，反映了陆源有机质占主导。藿烷中 Ts/Tm 为 0.83；同时伽马蜡烷含量高，伽马蜡烷 /C_{30} 藿烷为 3.59，反映了存在一定盐度的还原环境。规则甾烷 C_{27}、C_{28} 和 C_{29} 呈反“L”型，反映还原环境下高等植物生烃母质含量高。甾烷异构化成熟度指数 C_{29}-20S /（20S+20R）为 0.62，C_{29}-ααα /（ααα+αββ）为 0.61（表 2.3），反映为高成熟油。

（2）地球化学意义

次生蚀变（生物降解）方面，综合沥青的各项地球化学特征，认为烃类受到了严重—强烈的生物降解作用，为 4 ～ 5 级（Wenger and Isaksen，2002）。根据正构烷烃的峰型、碳数分布及轻、重组分之比（表 5.7），发现绝大部分轻组分都被降解，同时明显的“UCM 鼓包”也指示了降解作用的存在。不仅如此，姥鲛烷、植烷与相应的正构烷烃比值发现其也受到了一定的降解。因此，阿克沙克沥青受到了 4 ～ 5 级严重—强烈的生物降解作用。而根据图 5.34 和表 5.7，发现研究区沥青总体反映出缺氧还原环境的特征，且高等植物贡献明显占主导，结合研究区的构造背景及前人研究资料，沥青的来源为阿克沙克组（郝继鹏等，2003；熊绍云等，2011；李玉文等，2011）。研究区沥青的 Ts/Tm 较高为 0.83，且根据 C_{29}-20S /（20S+20R）及 C_{29}-ααα /（ααα+αββ）这两个成熟度参数，可发现沥青样品都已达到成熟范围（Peters et al.，2005）。

综上，不难发现石炭系阿克沙克组碳酸盐岩是伊犁盆地最有前景的勘探目的层系之一，但当前研究和勘探程度低，未来可进行深入研究（熊绍云等，2011；李玉文等，2011）。

参考文献

阿布力米提，吴晓智，李臣，等 . 2004. 准南前陆冲断带中段油气分布规律及成藏模式 [J]. 新疆石油地质，25（5）：489-491.

阿布力米提，曹剑，陈静，等 . 2015. 准噶尔盆地玛湖凹陷高成熟油气成因与分布 [J]. 新疆石油地质，36（4）：379-384.

蔡义峰，仲伟军，陈军，等 . 2016. 准噶尔盆地南缘齐古背斜复杂构造模式研究 [J]. 新疆地质，4：523-526.

曹剑，胡文瑄，张义杰，等 . 2005. 准噶尔盆地红山嘴—车排子断裂带含油气流体活动特点地球化学研究 [J]. 地质论评，51（5）：591-599.

曹剑，胡文瑄，姚素平，等 . 2006. 准噶尔盆地西北缘油气成藏演化的包裹体地球化学研究 [J]. 地质论评，52（5）：700-706.

曹剑，胡文瑄，姚素平，等 . 2009. 准噶尔盆地储层中的锰元素及其原油运移示踪作用 [J]. 石油学报，30（5）：705-710.

陈发景，汪新文，汪新伟 . 2005. 准噶尔盆地的原型与构造演化 [J]. 地学前缘，12（3）：77-89.

陈建平，王绪龙，邓春萍，等 . 2016a. 准噶尔盆地烃源岩与原油地球化学特征 [J]. 地质学报，90（1）：37-67.

陈建平，王绪龙，邓春萍，等 . 2016b. 准噶尔盆地油气源、油气分布与油气系统 [J]. 地质学报，90（3）：421-450.

陈石，郭召杰，漆家福，等 . 2016. 准噶尔盆地西北缘三期走滑构造及其油气意义 [J]. 石油与天然气地质，37（3）：322-331.

陈书平，漆家福，于福生，等 . 2007. 准噶尔盆地南缘构造变形特征及其主控因素 [J]. 地质学报，81（2）：151-157.

陈伟，郝晋进，张健，等 . 2011. 准噶尔盆地南缘托斯台背斜的几何学分析 [J]. 石油学报，32（1）：90-94.

陈文彬，伊海生，谭富文，等 . 2010. 南羌塘侏罗系烃源岩氯仿沥青 “A” 组分碳同位素特征 [J]. 中国地质，37（6）：1740-1746.

崔鑫，李江海，李维波，等 . 2016. 中国东西部油砂矿带成藏对比及勘探启示 [J]. 特种油气藏，23（1）：1-5.

崔智林，梅志超，屈红军，等 . 1996. 新疆伊犁盆地上二叠统研究 [J]. 高校地质学报，（3）：332-338.

戴金星，吴小奇，倪云燕，等 . 2012. 准噶尔盆地南缘泥火山天然气的地球化学特征 [J]. 中国科学：地球科学，（2）：178-190.

杜宏宇，王铁冠，胡剑梨，等 .2004. 三塘湖盆地上二叠统烃源岩中的 25- 降藿烷系列与微生物改造作用 [J]. 石油勘探与开发，31（1），42-44.

范光华，李建新 . 1985. 准噶尔盆地南缘油源探讨 [J]. 新疆石油地质，6（4）：11-18.

高岗，王绪龙，柳广弟，等 . 2012. 和丰盆地泥盆系烃源岩有机地化特征与生烃潜力 [J]. 新疆石油地质，（3）：290-292.

高小其，梁卉，王海涛，等 . 2015. 北天山地区泥火山的地球化学成因 [J]. 地震地质，37（4）：1215-1224.

高苑，王永莉，郑国东，等 . 2012. 新疆准噶尔盆地独山子泥火山天然气地球化学特征 [J]. 地球学报，33（6）：989-994.

郭召杰，吴朝东，张志诚，等 . 2011. 准噶尔盆地南缘构造控藏作用及大型油气藏勘探方向浅析 [J]. 高校地质学报，17（2）：185-195.

韩宝福，郭召杰，何国琦 . 2010. “钉合岩体”与新疆北部主要缝合带的形成时限 [J]. 岩石学报，26（8）：2233-2246.

郝芳，邹华耀，杨旭升，等 . 2003. 油气幕式成藏及其驱动机制和识别标志 [J]. 地质科学，38（3）：413-424.

郝继鹏，杨志勇，史建宏，等 .2003. 伊犁盆地石炭系—二叠系含油气性特征 [J]. 沉积与特提斯地质，(01)：75-83.

郝玉鸿，张银德，周文，等 . 2013. 准噶尔盆地西北缘风城油砂分布特征及成矿条件 [J]. 物探化探计算技术，35（6）：675-682.

何登发，贾承造 . 2005. 冲断构造与油气聚集 [J]. 石油勘探与开发，32（2）：55-62.

何登发，尹成，杜社宽，等 . 2004. 前陆冲断带构造分段特征——以准噶尔盆地西北缘断裂构造带为例 [J]. 地学前沿，11（3）：91-100.

何登发，贾承造，周新源，等 . 2005. 多旋回叠合盆地构造控油原理 [J]. 石油学报，26（3）：1-9.

何登发，吴松涛，赵龙，等 . 2018. 玛湖凹陷二叠—三叠系沉积构造背景及其演化 [J]. 新疆石油地质，39（1）：35-47.

何钊 . 1989. 准噶尔盆地南缘西部油苗 [J]. 新疆石油地质，10（1）：87-88.

胡文瑄，金之钧，张义杰，等 . 2006. 油气幕式成藏的矿物学和地球化学记录——以准噶尔盆地西北缘油藏为例 [J]. 石油与天然气地质，27（4）：442-450.

黄彦庆，侯读杰 . 2009. 准噶尔盆地四棵树凹陷原油地球化学特征分析 [J]. 天然气地球科学，20（2）：282-286.

冀冬生，肖立新，徐亚楠 . 2015. 独山子背斜构造演化序列及其对油气成藏的控制 [J]. 科学技术与工程，15（6）：154-158.

贾承造，何登发，雷振宇，等 . 2000. 前陆冲断带油气勘探 [M]. 北京：石油工业出版社 .

康晏，乔俊，刘军锷，等 . 2011. 盆缘超剥带成藏规律分析——以坨 154 块为例 [J]. 西部探矿工程，(12)：95-102.

匡立春，齐雪峰 . 2011. 新疆西准噶尔布龙果尔古油藏的发现及其石油地质意义 [J]. 地质学报，85（2）：224-233.

况军，朱新亭 . 1990. 准噶尔盆地南缘托斯台地区构造特征及形成机制 [J]. 新疆石油地质，（2）：95-102.

况军，贾希玉 . 2005. 喜马拉雅运动与准噶尔盆地南缘油气成藏 [J]. 新疆石油地质，26（2）：129-133.

李德生 . 1982. 中国含油气盆地的构造类型 [J]. 石油学报，3：1-11.

李光云 . 2002. 伊犁盆地油气地质特征及勘探前景 [J]. 新疆地质，20（1）：72-76.

李锦轶，何国琦，徐新，等 . 2006. 新疆北部及邻区地壳构造格架及其形成过程的初步探讨 [J]. 地质学报，80（1）：148-168.

李锰，王道，李茂伟，等 . 1996. 新疆独山子泥火山喷发特征的研究 [J]. 内陆地震，10（4）：359-362.

李梦，刘冬冬，郭召杰 . 2013. 准噶尔盆地南缘泥火山活动及其伴生油苗的地球化学特征和意义 [J]. 高校地质学报，19（3）：484-490.

李胜祥，欧光习，韩效忠，等 . 2006. 伊犁盆地油气与地浸砂岩型铀矿成矿关系研究 [J]. 地质学报，80(1)：

112-118.

李玮，胡健民，瞿洪杰，等 . 2009. 准噶尔盆地西北缘中生代盆地边界讨论 [J]. 西北大学学报，39（5）：821-830.

李溪滨，姜建衡 . 1987. 准噶尔盆地东部石油地质概况及油气分布的控制因素 [J]. 石油与天然气地质，8（1）：99-107.

李玉文，余朝丰，熊绍云，等 . 2011. 伊犁盆地石炭系石油地质特征与勘探潜力 [J]. 海相油气地质，16(03)：30-37.

李忠权，张寿庭，应丹琳，等 . 2010. 准噶尔盆地南缘托斯台地区构造特征研究 [J]. 成都理工大学学报（自科版），37（6）：593-598.

梁峰，刘人和，拜文华，等 . 2010. 风城地区白垩系沉积特征及油砂成矿富集规律 [J]. 大庆石油学院学报，34（4）：35-39.

林潼，李文厚，等 . 2013. 新疆准噶尔盆地南缘深层有利储层发育的影响因素 [J]. 地质学报，32（09）：1461-1470.

林小云，覃军，陈哲，等 . 2013. 准南四棵树凹陷烃源岩评价及分布研究 [J]. 石油天然气学报，35(11)：1-5.

刘和甫 . 1993. 沉积盆地地球动力学分类及构造样式分析 [J]. 地球科学，18（6）：699-724.

刘和甫 . 1995. 伸展构造及其反转作用 [J]. 地学前缘，2（1）：113-123.

刘文斌，姚素平，胡文瑄，等 . 2003. 流体包裹体的研究方法及应用 [J]. 新疆石油地质，24（3）：264-267.

路成，李晓剑，路顺行，等 . 2015. 新疆吉木萨尔大龙口背斜核部露头构造样式研究 [J]. 地质学刊，39(2)：211-217.

路俊刚，陈世加，王绪龙，等 . 2010. 严重生物降解稠油成熟度判识——以准噶尔盆地三台—北三台地区为例 [J]. 石油实验地质，（4）：373-376.

罗福忠，李军，胡伟华 . 2008. 托斯台逆断裂 - 褶皱带晚第四纪活动特征 [J]. 内陆地震，22（1）：14-21.

吕喜朝 . 1994. 沙尔布尔山地区构造演化 [J]. 新疆工学院学报，2：95-101.

马德龙，何登发，袁剑英，等 .2019. 准噶尔盆地南缘前陆冲断带深层地质结构及对油气藏的控制作用：以霍尔果斯—玛纳斯—吐谷鲁褶皱冲断带为例 [J]. 地学前缘，26（01）：165-177.

梅文科 . 2014. 准噶尔盆地东缘地区二维地震解释方案研究 [J]. 中国石油勘探，19（2）：46-52.

苗建宇，周立发，邓昆，等 . 2004. 新疆北部中二叠统烃源岩有机质与沉积环境的关系 [J]. 地球化学，33（6）：551-559.

倪倩，刘建，赵智鹏，等 . 2014. 准南霍玛吐背斜带原油地球化学特征及油源分析 [J]. 长江大学学报（自然科学版），（32）：5-8.

潘秀清，杨成美，况军 . 1986. 准噶尔盆地南缘构造型式及构造评价 [J]. 新疆石油地质，1：15-23.

庞雄奇，周新源，姜振学，等 . 2012. 叠合盆地油气藏形成演化与预测评价 [J]. 地质学报，86（1）：1-101.

漆家福，陈书平，杨桥，等 . 2008. 准噶尔 - 北天山盆山过渡带构造基本特征 [J]. 石油与天然气地质，29(2).

单祥，郭华军，邹志文，等 . 2018. 碱性环境成岩作用及其对储集层质量的影响——以准噶尔盆地西北缘中—下二叠统碎屑岩储集层为例 [J]. 新疆石油地质，39（1）：55-62.

邵雨，汪仁富，张越迁，等 . 2011. 准噶尔盆地西北缘走滑构造与油气勘探 [J]. 石油学报，32（6）：976-984.

沈扬，林会喜，赵乐强，等 . 2015. 准噶尔盆地西北缘超剥带油气运聚特征与成藏模式 [J]. 新疆石油地质，

36（5）：505-509.
宋到福，何登发，李涤，等 . 2011. 准噶尔盆地西北缘布龙果尔凹陷构造变形特征解析 [J]. 地质科学，46（3）：679-695.
宋明水，赵乐强，龚亚军，等 . 2016. 准噶尔盆地西北缘超剥带圈闭含油性量化评价 [J]. 石油学报，37（1）：64-71.
宋岩，徐永昌 . 2005. 天然气成因类型及其鉴别 [J]. 石油勘探与开发，32（4）：24-29.
宋岩，方世虎，赵孟军，等 . 2005. 前陆盆地冲断带构造分段特征及其对油气成藏的控制作用 [J]. 地学前缘，12（3）：31-38.
隋风贵 . 2015. 准噶尔盆地西北缘构造演化及其与油气成藏的关系 [J]. 地质学报，89（4）：779-793.
孙玉梅，李友川，黄正吉 . 2009. 部分近海湖相烃源岩有机质异常碳同位素组成 [J]. 石油勘探与开发，36（5）：609-616.
孙自明，洪太元，张涛. 2008. 新疆北部哈拉阿拉特山走滑—冲断复合构造特征与油气勘探方向 [J]. 地质科学，43（2）：309-320.
孙自明 . 2015. 新疆博格达山北缘大龙口地区构造特征与油气勘探前景 [J]. 现代地质，29（01）：45-53.
陶国亮，胡文瑄，张义杰，等 . 2006. 准噶尔盆地西北缘北西向横断裂与油气成藏 [J]. 石油学报，27（4）：23-28.
田敏，李臻 . 2014. 天山北麓齐古断褶带构造演化及油气成藏模式 [J]. 2014 年中国地球科学联合学术年会，2389-2392.
王勃，汪新 . 2019. 准噶尔盆地南缘南安集海背斜新生代构造特征 [J]. 科技通报，35（1）：54-59.
王道 . 2000. 新疆北天山地区泥火山与地震 [J]. 内陆地震，14（4）：350-353.
王道，李茂玮，李锰，等 . 1997. 新疆独山子泥火山喷发的初步研究 [J]. 地震地质，1：14-16.
王果，华仁民，秦立峰 . 2000. 中，新生代陆相沉积盆地砂岩型铀矿床流体作用研究 [J]. 高校地质学报，6（3）：437-446.
王杰，陈践发，王大锐，等 . 2002. 华北北部中，上元古界生烃潜力及有机质碳同位素组成特征研究 [J]. 石油勘探与开发，29（5）：13-15.
王军，耿树方 . 2009. 伊犁盆地库捷尔太铀矿床层间氧化带与铀矿化特征研究 [J]. 中国地质，36（3）：705-713.
王伟锋，王毅，陆诗阔，等 . 1999. 准噶尔盆地构造分区和变形样式 [J]. 地震地质，21（4）：324-333.
王绪龙，支东明，王屿涛，等 . 2013. 准噶尔盆地烃源岩与油气地球化学 [M]. 北京：石油工业出版社，1-565.
王彦君，魏东涛，潘建国，等 . 2012. 准南独山子背斜构造几何学和运动学参数的确定及其意义 [J]. 高校地质学报，（4）：711-718.
王祝彬，肖渊甫，孙燕，等 . 2010. 准噶尔风城油砂矿床成矿模式及主控因素分析 [J]. 金属矿山，（4）：114-117.
吴俊军，游利萍，杨和山 . 2013. 准噶尔盆地阜康断裂带构造演化与油气成藏 [J]. 新疆石油地质，34（1）：36-40.
吴孔友，瞿建华，王鹤年 . 2014. 准噶尔盆地大侏罗沟断层走滑特征、形成机制及控藏作用 . [J]. 中国石油大学学报，3（5）：41-47.
吴庆福 . 1985. 哈萨克斯坦板块准噶尔盆地板片演化讨论 [J]. 新疆石油地质，6（1）：1-7.

参考文献

夏义平，刘万辉，徐礼贵，等. 2007. 走滑断层的识别标志及其石油地质意义 [J]. 中国石油勘探，1：17-23.
肖序常，汤耀庆，冯益民，等 . 1992. 新疆北部及其邻区大地构造 [M]. 北京：地质出版社 .
谢其锋，周立发，刘羽 . 2014. 伊犁盆地二叠系烃源岩地球化学特征及其地质意义 [J]. 石油学报，35（1）：50-57.
熊绍云，余朝丰，李玉文，等 . 2011. 伊犁盆地下石炭统阿克沙克组沉积特征及演化 [J]. 石油学报，32（05）：797-805.
徐朝晖，徐怀民，林军，等. 2008. 准噶尔盆地西北缘 256 走滑断层带 特 征 及 地 质 意 义 [J]. 新 疆 石 油 地 质，29（3）：309-310.
徐怀民，徐朝晖，李震华，等. 2008. 准噶尔盆地西北缘走滑断层特征及油气地质意义 [J]. 高校地质学报，14（2）：217-222.
徐嘉伟. 1995. 论走滑断层作用的几个主要问题 [J]. 地学前缘，2（1/2）：125-135.
许春明，贺小苏，吴晓智，等 . 1992. 准噶尔盆地托斯台地区构造分析及油气勘探前景 [J]. 新疆石油地质，3：197-205.
薛成，冯乔，田华 . 2011. 中国油砂资源分布及勘探开发前景 [J]. 新疆石油地质，（4）：348-350.
薛新克，李新兵，王俊槐 . 2000. 准噶尔盆地东部油气成藏模式及勘探目标 [J]. 新疆石油地质，21（6）：462-464.
杨斌，蒋助生，李建新，等 . 1991. 准噶尔盆地西北缘油源研究 [M]. 兰州：甘肃科技出版社，97-109.
杨海波，陈磊，孔玉华 . 2004. 准噶尔盆地构造单元划分新方案 [J]. 新疆石油地质，25（6）：686-688.
杨晓芳，于红梅，赵波，等 . 2014. 新疆北天山泥火山固体喷出物特征及成因机制初探 [J]. 地震地质，36（1）：123-136.
叶松，张文淮，张志坚，等 . 1998. 有机包裹体荧光显微分析技术简介 [J]. 地质科技情报，17（2）：76-80.
易泽军 . 2018. 准噶尔盆地东部二叠系地质结构及成因机制 [D]. 北京：中国地质大学（北京）.
臧春艳，单玄龙，李剑，等 . 2006. 准噶尔盆地西北缘中生代油砂分布特征及开发前景 [J]. 世界地质，25（1）：49-53.
张朝军，何登发，吴晓智，等 . 2006. 准噶尔多旋回叠合盆地的形成与演化 [J]. 中国石油勘探，11（1）：47-58.
张国伟，李三忠，刘俊霞，等 .1999. 新疆伊犁盆地的构造特征与形成演化 [J]. 地学前缘，6（4）：203-214.
张虎军 . 2011. 伊犁盆地蒙其古尔铀矿床后生蚀变及铀矿物组成研究 [J]. 能源研究与管理，4：31-33.
张景坤，周基贤，王海静，等 . 2017. 准噶尔盆地西北缘超剥带轻质油的发现及意义 [J]. 地质通报，36（4）：493-502.
张恺，罗志立，张清，等 . 1980. 中国含油气盆地的划分与远景 [J]. 石油学报 .
张鸾沣，雷德文，唐勇，等 . 2015. 准噶尔盆地玛湖凹陷深层油气流体相态研究 [J]. 地质学报，89（5）：957—969.
张闻林，王世谦，肖文 . 2000. 安集海背斜和吐谷鲁背斜成藏机制 [J]. 天然气工业，20（5）：22-26.
张兴雅，马万云，王玉梅，等 . 2015a. 准噶尔盆地古近系生烃潜力与油气源特征研究 [J]. 沉积与特提斯地质，35（01）：25-32.

张兴雅，赵龙，党思思，等 . 2015b. 准噶尔盆地白垩系烃源岩与原油地球化学特征 [J]. 矿物岩石地球化学通报，34（3）：626-632.

张逊，庄新国，涂其军，等 . 2018. 准噶尔盆地南缘芦草沟组页岩的沉积过程及有机质富集机理 [J]. 地球科学，43（2）：538-550.

张义杰 . 2002. 新疆准噶尔盆地断裂控油气规律研究 [D]. 北京：中国石油大学（北京）.

张越迁，汪新，刘继山，等 . 2011. 准噶尔盆地西北缘乌夏走滑构造及油气勘探意义 [J]. 新疆石油地质，32（5）：447-450.

张枝焕，向奎，秦黎明，等 . 2012. 准噶尔盆地四棵树凹陷烃源岩地球化学特征及其对车排子凸起油气聚集的贡献 [J]. 中国地质，39（2）：326-337.

赵白 . 1992. 准噶尔盆地的形成与演化 [J]. 新疆石油地质，13（2）：191-196.

赵川喜，赵玉玲，张玉英，等 . 2012. 伊犁盆地油气勘探潜力分析 [J]. 科协论坛（下半月），5：138-140.

赵传鹏，罗良，漆家福，等 . 2013. 山前带地质及油气成藏特征探讨 [J]. 现代地质，27（5）：1033-1040.

赵凡，贾承造，袁剑英，等 . 2012. 塔里木盆地西部走滑相关断裂特征及其控藏作用 [J]. 地质论评，58（4）：660-670.

赵淑娟，李三忠，刘鑫，等 . 2014. 准噶尔盆地东缘构造：阿尔泰与北天山造山带交接转换的陆内过程 [J]. 中国科学：地球科学，44（10）：2130-2141.

郑超，刘宜文，魏凌云，等 . 2015. 准噶尔盆地南缘霍尔果斯背斜构造解析及有利区常预测 [J]. 断块油气田，22（6）：692-695.

郑孟林，田爱军，杨彤远，等 . 2018. 准噶尔盆地东部地区构造演化与油气聚集 [J]. 石油与天然气地质，39（05）：67-77.

周朝济 . 1985. 准噶尔盆地南缘及东部地区油气富集带的探讨 [J]. 新疆石油地质，2：12-17.

周卿，阎建国，黄立良，等 . 2015. 走滑断裂和裂缝发育带的地震地质综合识别——以准噶尔盆地西北缘玛南地区为例 [J]. 物探化探计算技术，37（2）：249-257.

庄新明 . 2006. 准噶尔盆地四棵树凹陷石油地质特征及勘探方向 [J]. 新疆地质，24（4）：429-433.

Allen M B，Sengor A M C，Natalin B A. 1995. Junggar，Turfan and Alakol Basins as Late Permian to Early Triassic extensional structures in a sinistral shear zone in the Altaid Orogenic Collage，Central-Asia [J]. Journal of the Geological Society，152（2）：327-338.

Aydin A，Borja R I，Eichhubl P. 2006. Geological and mathematical framework for failure modes in granular rock [J]. Journal of Structure Geology，28（1）：83-98.

Boudou J P，Duran B，Oudin J L. 1984. Diagenetic trends of a Tertiary low-rank coal series [J]. Geochimica et Cosmochem Acta，48：2005-2010.

Brooks J D，Gould K，Smith J W. 1969.Isoprenoid hydrocarbons in coal and petroleum [J]. Nature，222（5）：90.

Cao J，Jin Z J，Hu W X，et al. 2010.Improved understanding of petroleum migration history in the Honghche fault zone，northwestern Junggar Basin （northwest China）：Constrained by vein-calcite fluid inclusions and trace elements [J]. Marine and Petroleum Geology，27：61-68.

Carroll A R，Brassell S C，Graham S A. 1992. Upper Permian Lacustrine Oil Shales，Southern Junggar Basin，Northwest China [J]. AAPG Bulletin，76（12）：1874-1902.

Carroll A R. 1998. Upper Permian lacustrine organic facies evolution，southern Junggar Basin，NW China[J].

参考文献

Organic Geochemistry，28（11）：649-667.

Didyk B M，Simoneit B R T，Brassell S C，et al. 1978. Organic geochemical indicators of palaeoenvironmental conditions of sedimentation［J］. Nature，272：216-222.

Feng Y，Coleman R G，Tilton G et al. 1989. Tectonic evolution of the west Junggar Region，Xinjiang，China［J］. Tectonics，8（4）：729-752.

Genov G，Nodland E，Skaare B B，et al. 2008. Comparison of biodegradation level and gas hydrate plugging potential of crude oils using FT-IR spectroscopy and multi-component analysis［J］. Organic Geochemistry，39（8）：1229-1234.

Grice K，Alexander R，Kagi R I. 2000. Diamondoid hydrocarbon ratios as indicators of biodegradation in Australian crude oils［J］. Organic Geochemistry，31（1）：67-73.

Harding T P. 1974. Petroleum traps associated with wrench fault［J］. American Association of Petroleum Geologists，58（7）：1290-1304.

Harding T P. 1985. Seismic characteristics and identification of negative flower structures，positive flower structures and positive structural inversion［J］. American Association of Petroleum Geologists，69（4）：1016-1058.

Harding T P. 1990. Identification of wrench faults using subsurface structural data：criteria and pitfalls［J］. American Association of Petroleum Geologists，75（11）：1779-1788.

Hu J，Xu S，Cheng K. 1989. Geological and geochemical studies of heavy oil reservoirs in China［J］. Chinese Journal of Geochemistry，8（4）：331-344.

Jiang Z，Fowler M G. 1986. Carotenoid-derived alkanes in oils from northwestern China［J］. Organic Geochemistry，10：831-839.

Jiang Z，Fowler M G，Lewis C A，et al. 1990. Polycyclic alkanes in a biodegraded oil from the Karamayi oilfield，northwestern China［J］. Organic Geochemistry，15：35-46.

Jin Z J，Cao J，Hu W X，et al. 2008. Episodic petroleum fluid migration in fault zones of the northwestern Junggar Basin（northwest China）：Evidence from hydrocarbon-bearing zoned calcite cement［J］. AAPG Bulletin，92（5）：1225-1243.

Karlsen D A，Nedkvitne T，Larter S R，et al. 1993. Hydrocarbon composition of authigenic inclusions：application to elucidation of petroleum reservoir filling history［J］. Geochimica et Cosmochimica Acta，57：3641-3659.

Koopmans M P，Koster J，Kaam-Peters H M E. 1996. Diagenetic and Catagenetia products of isorenieratene：Molecular indicators for photic zone anoxia［J］. Geochimica et Cosmochem Acta，60：67-96.

Li N，Huang H，Chen D. 2014. Fluid sources and chemical processes inferred from geochemistry of pore fluids and sediments of mud volcanoes in the southern margin of the Junggar Basin，Xinjiang，northwestern China［J］. Applied Geochemistry，46：1-9.

Nakada R，Takahashi Y，Tsunogai U，et al. 2011. A geochemical study on mud volcanoes in the Junggar Basin，China［J］. Applied Geochemistry，26（7）：1065-1076.

Pan C C，Yang J Q，Fu J M，et al. 2003. Molecular correlation of free oil & inclusion oil of reservoir rocks in the Junggar Basin, China [J]. Organic Geochemistry, 34: 357-374.

Peters K E, Moldowan J M. 1993.The Biomarker Guide: Interpreting Molecular Fossils in Petroleum and Ancient Sediments [M]. New Jersey: Prentice Hall, 110-265.

Peters K E, Walters C C, Moldowan J M. 2005. The biomarker guide: Volume 2: biomarkers and isotopes in the environment and human history[J]. University of Cambridge, 471.

Powell T G, Mckirdy D M. 1973. Relationship between ratio of pristane to phytane, crude oil composition and geological environment in Australia [J]. Nature, 243 (124): 37-39.

Segaii P, Pollard D D. 1983. Nucleation and growth of strike slip faults in granite [J]. Journal of Geophysical Research Solid Earth, 88: 555-568.

Smeraglia L, Berra F, Billi A, et al. 2016. Origin and role of fluids involved in the seismic cycle of extensional faults in carbonate rocks [J]. Earth and Planetary Science Letters, 450: 292-305.

Sorkhabi R, Tsuji Y. 2005. The place of faults in petroleum traps [J]. American Association of Petroleum Geologists, 85: 1-31.

Sylvester A G. 1988. Strike-slip faults [J]. Geological Society of America Bulletin, 100: 1666-1703.

Tang G J, Wyman D A, Wang Q, et al. 2012. Asthenosphere-lithosphere interaction triggered by a slab window during ridge subduction: trace element and Sr-Nd-Hf-Os isotopic evidence from Late Carboniferous tholeiites in the western Junggar area (NW China) [J]. Earth and Planetary Science Letters, 329-330: 84-96.

Tao S, Tang D, Xu H, et al. 2013. Organic geochemistry and elements distribution in Dahuangshan oil shale, southern Junggar Basin: origin of organic matter and depositional environment[J]. International Journal of Coal Geology, 115: 41-51.

Walker R J, Holdsworth R E, Imber J, et al. 2013. Fault zone architecture fluid flow in interlayered basaltic volcaniclastic –crystalline sequences [J]. Journal of Structure Geology, 51: 92-104.

Wan Z, Wang X, Lu Y, et al. 2017. Geochemical characteristics of mud volcano fluids in the southern margin of the Junggar basin, NW China: implications for fluid origin and mud volcano formation mechanisms[J]. International Geology Review, 59 (13): 1723-1735.

Wang Y, Cao J, Li X, et al. 2019. Cretaceous and Paleogene saline lacustrine source rocks discovered in the southern Junggar Basin, NW China[J]. Journal of Asian Earth Sciences, 185: 104019.

Wenger L M, Isaksen G H. 2002.Control of hydrocarbon seepage intensity on level of biodegradation in sea bottom sediments[J]. Organic Geochemistry, 33 (12): 1277-1292.

Woodcock N H, Fischer M. 1986. Strike-slip duplex[J]. Journal of Structural Geology, 8 (7): 725-735.

Yang G X, Li Y J, Xiao W J, et al. 2015. OIB-type rocks within West Junggar ophiolitic melanges: Evidence for the accretion of seamounts [J]. Earth-Science Reviews, 150: 477-496.

Zhang D, Huang D, Li J. 1988. Biodegraded Sequence of Karamay Oils and Semi-quantitative Estimation of Their Biodegraded Degrees in Junggar Basin, China[M]. Organic Geochemistry in Petroleum Exploration. Pergamon, 295-302.

Zheng G, Ma X, Guo Z, et al. 2017. Gas geochemistry and methane emission from Dushanzi mud volcanoes in the southern Junggar Basin, NW China[J]. Journal of Asian Earth Sciences, 149: 184-190.

Zheng G, Xu W, Etiope G, et al. 2018.Hydrocarbon seeps in petroliferous basins in China: a first inventory[J]. Journal of Asian Earth Sciences, 151: 269-284.

Zong R W, Wang Z Z, Jiang T, et al. 2016.Late Devonian radiolarian-bearing siliceous rocks from the karamay ophiolitic melanges in western Junggar: implications for the evolution of the Paleo-Asian Ocean [J]. Palaeogeography, Palaeoclimatology, Palaeoecology, 448: 266-278.